园艺苗木生产技术

第二版

孟凡丽　张力飞　主编

化学工业出版社
·北京·

内容简介

《园艺苗木生产技术》是“十四五”职业教育国家规划教材，教材以模块化设计教材结构，以求最大程度适应工学结合、理实融合式的教学的需要。全书分为10个模块：岗位认识与教学设计、园艺苗圃地的选择与规划、实生繁殖技术、嫁接繁殖技术、扦插繁殖技术、压条繁殖技术、分株繁殖技术、无病毒苗木繁育技术、工厂化育苗繁育技术和常见园艺苗木繁育技术，共32个工学结合项目。根据教育部对课程思政的要求，将课程思政与职业素养融入教材中，还附有“课程思政案例”，介绍我国传统农耕文化的历史成就，践行二十大立德树人的根本任务。在具体项目设计上按照学习目标、资讯平台、项目实施、问题探究、拓展学习和复习思考题的体例编排，体现基于工作过程的教学设计。另外在编排体例上设置“知识窗”小栏目，增强了知识性和趣味性。教材配有丰富的数字资源，可扫描二维码学习观看。

本书是职业技术院校园艺技术专业的教材，也可作为相关专业远程教育、技术培训及园艺育苗生产技术人员学习的参考书。

图书在版编目（CIP）数据

园艺苗木生产技术/孟凡丽，张力飞主编. —2版. —北京：化学工业出版社，2023.7
“十四五”职业教育国家规划教材
ISBN 978-7-122-40714-6

Ⅰ.①园…　Ⅱ.①孟…②张…　Ⅲ.①苗木-栽培技术-职业教育-教材　Ⅳ.①S723

中国版本图书馆CIP数据核字（2022）第019534号

责任编辑：李植峰　迟　蕾　王嘉一　　装帧设计：王晓宇
责任校对：宋　玮

出版发行：化学工业出版社（北京市东城区青年湖南街13号　邮政编码100011）
印　　装：三河市延风印装有限公司
787mm×1092mm　1/16　印张16¾　字数411千字　2024年2月北京第2版第1次印刷

购书咨询：010-64518888　　售后服务：010-64518899
网　　址：http://www.cip.com.cn
凡购买本书，如有缺损质量问题，本社销售中心负责调换。

定　　价：49.80元

《园艺苗木生产技术》（第二版）

编 审 人 员

主　　编　**孟凡丽　张力飞**

副 主 编　**卜庆雁　张文新　于强波**

编写人员（按姓名汉语拼音排列）

韩红艳（晋中学院）

贺红霞（吉林省农业科学院）

梁春莉（辽宁农业职业技术学院）

刘　丽（济宁市高级职业学校）

孟凡丽（辽宁农业职业技术学院）

卜庆雁（辽宁农业职业技术学院）

宋　静（山西农业大学）

于红茹（辽宁农业职业技术学院）

于强波（辽宁农业职业技术学院）

张力飞（辽宁农业职业技术学院）

张文新（辽宁农业职业技术学院）

主　　审　**陈杏禹**（辽宁农业职业技术学院）

王永生（锦州市松山新区大穆果树苗木繁育专业合作社）

第二版前言

园艺苗木生产技术是高职高专园艺技术等农学相关专业的核心课程。在国家示范校高职院校建设成果的基础上，我们编写了《园艺苗木生产技术》。该教材入选了“十二五”职业教育国家规划教材、“十三五”职业教育国家规划教材和“十四五”职业教育国家规划教材，并在多所高职院校教学实践中应用，得到院校师生的肯定与欢迎。根据教育部《职业院校教材管理办法》《教育部关于职业院校专业人才培养方案制订与实施工作的指导意见》等文件要求，此次我们广泛收集用书院校反馈意见和农业专家的建议，对《园艺苗木生产技术》进行了全面修订。本次修订主要工作如下：

1. 根据中共中央办公厅和国务院办公厅《关于深化新时代学校思想政治理论课改革创新的若干意见》，按照教育部对课程思政的要求与部署，在传授知识和技能的同时要培养学生的品行，做到“德技共修”。教材每个模块设计了“课程思政案例”。考虑到现代农业先进人物和事迹比较容易收集和查阅，各地宣讲现代农业先进人物和事迹具有区域性，故教材不将此类内容作为案例，而是在项目学习目标中提出“思政与素质目标”，密切结合本单元内容，融入专业需求，有针对性地引导与强化学生的职业素养培养，践行党的二十大强调的“落实立德树人根本任务，培养德智体美劳全面发展的社会主义建设者和接班人”。各院校在教学过程中自行设计完成。教材中提供的案例主要是古书记载的育苗繁育史记内容，这部分内容查阅有一定难度，但可充分体现我国传统农耕文化在育苗领域的卓越成就，通过学习，可增加学生“学农爱农”的自信心、“强农兴农”的责任感。

2. 不再采用传统的彩插形式提供图片，而是将补充、完善的苗木生产彩色图片、教学课件、视频、动画等立体化数字资源以二维码形式呈现，丰富的数字资源不仅有助于学生直观地学习知识难点和技能操作，也将给教师课堂组织和学生课后自学自练提供极大便利。

3. 邀请行业企业专家参与教材的审定，保证教材内容符合岗位生产实际，提升教材的职业性和实用性。

本教材修订虽然吸收采纳了各方意见和建议，但难免还有疏漏之处，敬请师生在使用过程中批评指正，以便进一步修改和完善。

编者

前言

园艺苗木生产技术是园艺技术专业的专业主干课程之一，是用于果树、蔬菜和园林花木苗木生产的应用性课程。为了在今后的教学过程中最大限度地应用取得的教改成果，我们组织相关院校教师，引入新的教学理念，吸纳新的专业内容，采用新的编排形式，力求更接近生产实际，更利于学生学习，更方便“教、学、做”合一。

本书属于工学结合教材。在编写过程中，我们坚持基于岗位与职业能力分析，突出能力培养，强调理论应用，科学性与应用性相结合和利于“教、学、做”的编写原则，确定教材内容，并结合高职学生的认知规律，以模块为载体，以项目为主线，相关理论知识合理分布其中，有利于促进学生能力培养、理论知识学习与素质同步提升。模块化设计教材结构，以求最大程度适应工学结合、理实融合式的教学需要。全书分为10个模块：岗位认识与教学设计、园艺苗圃地的选择与规划、实生繁殖技术、嫁接繁殖技术、扦插繁殖技术、压条繁殖技术、分株繁殖技术、无病毒苗木繁育技术、工厂化育苗繁育技术和常见园艺苗木繁育技术，共32个工学结合项目。在具体项目设计上按照学习目标、资讯平台、项目实施、问题探究、拓展学习和复习思考题的体例编排，体现基于工作过程的教学设计。另外在编排体例上设置“知识窗”小栏目，增强了知识性和趣味性。

本教材配有丰富的立体化数字资源，可从www.cipedu.com.cn免费下载。

本教材编写中参考了相关单位和专家学者的文献资料；得到各参编院校、合作企业的领导、同行的大力支持和帮助；在此一并表示诚挚的谢意。

由于编者水平有限，加上时间仓促，教材中疏漏之处敬请读者批评指正，以便进一步修改和完善。

编者

2016年12月

目录

模块一 岗位认识与教学设计

学习前导

本模块包括岗位认识和教学设计两个项目。其中，岗位认识项目介绍了园艺苗木的发展态势，并以园艺苗木繁殖方法为切入点，分析了园艺苗木繁殖的工作任务、目标、相关岗位的职责和任职要求，安排学生进行岗位调查，使学生了解园艺苗木发展概况与产业发展前景，培养岗位意识，树立正确的学习目标；教学设计项目介绍了本课程的性质、地位、目标和结构设计以及“理实融合式”教学模式和在此教学模式下学生的角色定位，使学生了解课程与教材设计，转变学习的观念与方式，正确定位角色，更好地适应今后的“工学结合、理实融合式”教学。

课程思政案例

中国古代杰出的农学家“贾思勰”

贾思勰是中国古代杰出的农学家，北魏青州益都(今属山东寿光)人。贾思勰出生在一个世代务农的书香门第，其祖上很喜欢读书、学习，尤其重视农业生产技术知识的学习和研究，对贾思勰的一生有很大影响，为他以后编撰《齐民要术》打下了基础。成年以后，他走上仕途，曾经做过高阳郡(今属山东临淄)太守等官职，到过山东、河北、河南等地。每到一地，他都非常认真考察和研究当地的农业生产技术，向一些具有丰富经验的老农请教，研究古代农业生产知识，并将考证、调查、观察和实践结合，广泛收集民间歌谣和谚语，阅读了大量书籍，获得了不少农业方面的生产知识。中年以后，他回到故乡，开始从事农牧业活动，掌握了多种农业生产技术。大约在北魏永熙二年(公元 533 年)至东魏武定二年(公元 544 年)间，经过十余年的辛勤劳动，贾思勰分析、整理、总结，终于写成世界农学史上第一部较系统的农业科学技术巨作《齐民要术》。

贾思勰当过太守，有当过太守的官身，可是他对农业的研究，不是停留在嘴上，或单单把别人的经验写在纸上。他是亲自去做，有了体验，再记录下来。就是说他写出来的，或总结出来的经验，是经过实践的。贾思勰为了掌握养羊的经验，他买了二百头羊，自己亲自去养。对种地，贾思勰更是不辞辛苦，到田间地头，住老农的窝棚，虚心向老农请教。对如何提高土壤的地力，使农作物不断从土壤中得到充足的养料，更有独到而精辟的见解。

贾思勰注重实践经验的提炼与归纳，但也很强调遵从事物的发展规律。“种谷第三”中“顺天时，量地利，则用力少而成功多；任情返道，劳而无获”“入泉伐木，登山求鱼，手必虚；迎风散水，逆坂走丸，其势难”，就是这方面的不朽名句。

《齐民要术》之所以成为我国古代农业科学技术典籍中影响深远之作，与作者思路开阔、明于哲理、有济世救民的抱负也有关系。贾思勰在《齐民要术》“序”中指明，学习古圣先贤的教导，其根本目的是“要在安民，富而教之”，即如何让民众生活安定，使他们富足和得到教养。对待历代人们提出的兴农主张和具体措施，他总是给予很高评价，称之为“益国利民，不朽之术”。所以，他写作的《齐民要术》也是“起自耕农，终于醯醢，资生之业，靡不毕书”。

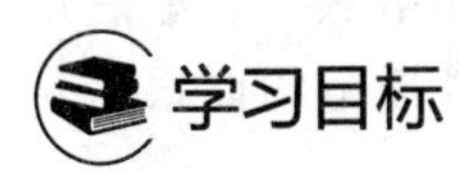

项目一　岗位认识

学习目标

知识目标

1. 理解园艺苗木生产的含义。
2. 熟悉园艺苗木的育苗方式。
3. 掌握园艺苗木的类型。
4. 掌握园艺苗木工作岗位的任务、目标、工作职责与任职要求。

能力目标

初步形成岗位意识。

思政与素质目标

通过了解中国杰出的农学家的事迹，养成做事认真、注重实践、实事求是、精益求精、尊重科学、爱岗敬业的精神，厚植“三农”情怀，坚定“学农爱农”的信心，树立“强农兴农”的决心。

资讯平台

园艺是指园艺植物生产的技艺，主要是栽培管理技术。在现代社会中，园艺既是一门生产技术，又是一门形象艺术。

园艺植物是一类供人类食用或观赏的植物。狭义上，园艺植物包括果树、蔬菜、花卉；广义上，还包括西瓜、甜瓜、茶树、芳香植物、药用植物和食用菌等。

园艺业即园艺生产产业，包括园艺植物种苗的生产，园艺植物的栽培管理，园艺产品的贮运加工与观赏应用等。在现代农业中，除了包括园艺植物的物质生产之外，还增加了园艺文化的内容。园艺苗木生产是园艺业的一部分，主要研究园艺苗木生产管理技术，是园艺生产的主要组成部分。

一、园艺苗木育苗方式

1. 露地育苗

园艺育苗的全过程或大部分是在露地条件下完成的育苗方式，为露地育苗。通常在苗圃修筑苗床，将繁殖材料置于苗床中培育成苗。小批量和短期性自用苗木生产，可在拟建园的就近选择合适地块，建立小面积临时性苗圃进行苗木培育。大批量和长期性商品苗木生产，应建立专业化的大型苗圃。露地育苗是应用较广的常规育苗方式。

2. 保护地育苗

利用保护地设施对环境条件（温度、湿度、光照等）进行有效控制，促进苗木生长发育，提早或延长生长期，培育优质壮苗。保护地设施类型很多，园艺苗木常用的有以下几种。

（1）温床　在温床表土下 15 ～ 25cm 处设置热源提升地温。如利用电热线、酿热物（骡、马、羊、牛粪或麦糠）、火炕等，建立温床，提高基质温度，对扦插苗的促根培养极为有利。

（2）温室　通常采用普通日光温室，室内的温度、湿度、光照、通气等环境条件与露地大不相同，而且能够根据苗木的需要进行人为控制。可以促进种子提早萌发，出苗整齐，生长迅速，发育健壮，延长生长期，有利于快速繁殖。

（3）拱棚　用细竹竿或薄竹片等在床面插设小拱架，覆盖塑料薄膜，建成塑料小拱棚。能有效地提高地温和棚内气温，增加湿度，促进幼苗发育。由于小拱棚搭设简单，投资少，效果好，所以应用较为广泛。

（4）覆盖　用塑料薄膜覆盖苗床，可以提高地温，减少土壤水分蒸发，改善土壤物理性质，控制杂草；也可以促进插穗生根，提高扦插成活率。

（5）荫棚　苗床上设置棚架，架顶覆盖遮阳网或苇箔、竹箔、席片等遮阴材料。荫棚用于生长季节遮阴，能避免强光照射，防止幼苗失水或灼伤。

（6）弥雾　利用弥雾装置，在喷雾条件下培育苗木。常用的有电子叶全光自动间歇喷雾（通过特制的感湿软件——电子叶、微信息电路及执行部件，控制间歇喷雾）与悬臂式全光喷雾（主要组成部分包括喷水动力、自控仪、支架、悬臂和喷头）两种类型。弥雾育苗是近年来推广应用的快速育苗新技术，主要用于嫩枝扦插育苗，可使插条叶片上经常保持一层水膜，大大减少蒸腾耗水，使叶片细胞处于吸胀状态。喷雾还有利于降低气温，积累养分，加快伤口愈合，可促进生根，提高繁殖率。

3. 容器育苗

在各种容器中装入配置好的基质进行育苗的方法，叫容器育苗。与普通露地育苗相比，容器育苗有许多优点：育苗过程能实现人为控制，满足苗木生长需求，培育优质壮苗；育苗速度快，繁殖周期短；苗木根系发达；生根带土定植，缓苗期短，成活率高，建园不受季节限制；便于集约化繁殖和工厂化生产，可节约用地，节省劳力，减少繁殖材料，降低生产成本，提高经济效益。

容器类型包括纸袋、蜂窝式纸杯、塑料薄膜袋、塑料钵、育苗专用盘、瓦盆、泥炭盆等。容器育苗的基质材料可以单一使用，也可混合使用。播种宜用园土、粪肥、河沙等混合材料。扦插繁殖和组培苗的过渡培养，多单独采用蛭石、尿醛泡沫塑料、保水剂、珍珠岩、炭化砻糠、河沙、煤渣等通透性能好、保水保肥性强、自身含肥少、干净无病源苗、不含杂质的材料。

4. 试管育苗

在人工配制的无菌培养基中，使植物离体组织细胞培养成为完整植株的繁殖方法，称为植物组织培养育苗。因最初应用的培养容器多为试管，又称试管育苗。组织培养在果树生产上主要用于快速繁殖自根苗，脱除病毒，培养无病毒苗木，繁殖和保存无籽果实的珍贵果树良种，多胚性品种未成熟胚的早期离体培养，胚乳多倍体和单倍体育种等。应用植物组织培养方法育苗，具有繁殖速度快、经济效益高、占地空间小、不受季节限制、便于工厂化生产的特点。

苗木生产过程中，常将各种方式组合，形成最优化生产。如保护地育苗，同时采用日光温室、温床、遮阳网及容器育苗等多种方式。

二、园艺苗木的类型

根据繁殖材料与方法分类如下。

1. 实生苗

利用种子繁殖的苗木称实生苗。实生苗繁殖方法简便，繁殖系数高，便于大量生产，其根系发达，适应性强，生长旺盛。但实生苗变异性大，生长不一致。

2. 嫁接苗

采用嫁接方法繁殖的苗木称嫁接苗。嫁接苗在生产上应用广泛，可利用砧木的某些特性，如矮化、抗寒、抗旱、耐涝、耐盐碱、抗病虫等，增强品种的抗逆性和适应性，扩大栽培范围，改进栽培方式，提高产量与质量。嫁接苗接穗取自成熟阶段、性状稳定的优良植株，能保持母株的优良性状，结果较早。扦插和分株不易繁殖的树种通过嫁接可扩大和加快良种繁殖。

3. 自根苗

凡根系由自身体细胞产生的苗木称自根苗。这类苗木是用园艺植物的营养器官繁殖而成，亦称无性系苗或营养系苗。自根苗可用扦插、压条、分株和组织培养等方法繁殖。自根苗能够保持母本的优良性状，苗木生长整齐一致，很少变异，进入结果期较早。自根繁殖方法简单，应用广泛，但其无主根，根系较浅，苗木生活力较差，寿命较短，抗性、适应性亦低于实生苗。除组织培养外，无性繁殖育苗需要大量繁殖材料，繁殖系数较低。营养器官难以生根的树种无法利用自根繁殖的方法培育苗木。自根苗可以直接作为苗木栽培，如葡萄、石榴、无花果和枣等扦插苗。自根苗也可作为嫁接用的砧木，如苹果、梨、山楂等，根蘖可作砧木用。

知识窗

植物的再生能力

植物个体大都是由胚细胞经重复分裂繁殖，并在形态和生理上进一步分化、发育形成的。一般细胞分裂繁殖所形成的新细胞，大部分已不再具有分生能力，成为永久组织的细胞，而只在少数部位保持分生能力，如茎、根的生长点和形成层。但是当植物体的某一部分受伤或脱离母体，其整体协调受到破坏时，却能表现出极强的再生机能，例如失去根的茎，能在一定条件下产生新的根系，同样失去茎的根，能在一定条件下产生新的茎。这种再生功能是植物进行营养繁殖的生理学基础。大量试验研究证明，植物细胞具有高度独立的生理作用，每个细胞含有该种植物的全部遗传信息，能发育形成整体植株，体现出“植物细胞全能性”。扦插、压条、分株和组织培养等营养繁殖就是利用植物的再生能力进行苗木培育的。

三、园艺苗木企业的工作岗位

通过企业调研，尽管企业的规模实力与技术水平有差异，但工作岗位大体按照园艺苗木生产流程设置，主要包括生产岗、研发岗、营销岗和管理岗（表 1-1）。

表 1-1　园艺苗木企业工作岗位分析

岗位要素	岗位名称			
	生产岗	研发岗	营销岗	管理岗
工作任务	1. 制订年度育苗工作计划 2. 培育优质的苗木	解决育苗生产中遇到的难解决的问题	1. 销售苗木 2. 签订购苗订单 3. 了解苗木市场	管理好企业
工作目标	1. 培育出优质的苗木 2. 完成育苗生产任务	用最简单、最实用和最快捷方法解决育苗生产难题	销售尽量多的苗木	1. 把企业管理好 2. 促进企业的发展
工作职责	把好育苗生产各个环节	研究新的育苗方法和生产管理技术	1. 销售苗木 2. 了解苗木市场	管理企业
知识和能力	1. 制订出完善的年度育苗工作计划 2. 熟练操作常见的育苗方法（播种、嫁接、扦插、压条和分株等） 3. 掌握苗木日常管理（土、肥、水管理和病虫害防治等）技术 4. 掌握苗木出圃技术	1. 分析问题和解决问题能力 2. 熟练操作常见的育苗方法（播种、嫁接、扦插、压条和分株等） 3. 掌握苗木日常管理（土、肥、水管理和病虫害防治等）技术	1. 制定和签约合同能力 2. 市场销售方面知识 3. 语言表达能力和沟通能力	1. 企业经营管理能力 2. 沟通能力 3. 协调能力
素质	爱岗敬业，诚实守信，吃苦耐劳，服从领导，遵守操作规范和职业道德，工作积极主动，具有责任心、成本意识、市场意识、创新意识、团队精神和科学思维方法，学习能力、沟通能力、适应能力、分析解决问题能力和自我管理能力			

项目实施

任务 1-1　岗位认识

1. 布置任务

通过参观走访园艺苗木生产企业，学生分组调查园艺苗木生产岗位，并完成调查表的填写。

2. 任务实施

（1）任课教师根据学生人数，组织学生分组。

（2）调查前，学生以小组的形式自学、研讨，完成调查园艺苗木生产岗位表格的设计。

（3）组织学生去园艺苗木生产企业，调查园艺苗木生产岗位，填写调查表。

3. 讨论交流

（1）调查任务完成后，组织各组学生进行现场交流，探究园艺苗木企业的岗位设置情况与存在的问题，并探讨问题解决的方法与措施。

（2）教师答疑，点评。

（3）学生修订调查表，并及时提交。

问题探究

调查几家从事园艺苗木生产的企业，查看企业存在的问题，并分析原因，查找解决问题的办法。

拓展学习

一、园艺苗木产业发展概况

园艺苗木产业是实现园艺行业强盛的基础，能够促进农业结构调整、增加农民收入、繁荣农村经济。但也存在良种繁育体系不健全，苗木市场混乱，品种结构不尽合理，种苗供应不稳定，良种苗木生产管理不够规范，市场监管不力，基础设施建设投入不足，种源保存缺乏专门机构，种苗生产专业化程度低，苗木市场混乱，劣质苗木泛滥等诸多问题，主要问题如下。

1. 盲目扩大规模，忽视结构调整

近年来，由于园艺苗木市场空间不断增大，市场需求快速发展，从事园艺苗木产业可获得较好的经济效益。在利益的驱动和急功近利的心态下，许多企业和个人投资于园艺苗木产业，结果导致生产规模急剧扩大，盲目跟进和一哄而上，忽视了因地制宜，既没有形成特色，又造成大部分育苗品种趋同。生产者由于习惯传统的种植方式，对新技术、新品种不愿接受，多持观望态度，等看到别人开发而且有显著收益的时候，才愿意去模仿，其结果是原来所期望的利益往往随着时间、地点、经营规模的不同和新品种、新技术的不断出现而减少，从而挫伤了他们调整种植结构的积极性。

2. 产业化理念落后，缺乏宏观指导与调控

多数生产者只限于在自己承包的土地上种植园艺苗木，其规模小，信息不畅，内部竞争激烈，不能形成整体合力。既制约了先进生产技术、现代化设施和栽培方式的推广利用，又无法形成自己的特色和拳头产品，影响了专业化发展。

3. 营销方式单一，服务体系滞后

我国目前像浙江萧山、湖南浏阳、河南鄢陵、安徽肥西等园艺苗木产业规模和产业化程度较高的地方还不多，大多数生产者还是以自产自销方式为主。依靠田头市场，营销渠道不畅，这也是制约我国园艺苗木花卉产业发展的主要原因。目前，我国缺少园艺苗木专用物资供应、种植配套技术，缺乏统一社会化服务体系的支持，没有健全的园艺苗木信息中心，使得种植户只能凭经验、凭感觉进行生产，这就加大了生产的盲目性和风险性，也增加了产品成本，影响了产品的市场竞争力。

4. 缺乏市场化运作人才

园艺苗木产业化是实现园艺苗木产品市场化的过程，重技术轻经营、重种植轻应用的传统观念制约了专业技术人员向技术经营复合型人才的转变。

二、园艺苗木产业发展态势

随着国家工业化和现代化程度的提高，市场需求也发生了重大变革，完善的生态体系和发达的产业体系已成为主要奋斗目标，相应的园艺苗木的社会需求也发生了巨大转变。社会对园艺苗木需求结构性的变化，使园艺苗木市场化程度不断提高。同时，也使传统的园艺苗木产业面临巨大的挑战。未来几年，全球园艺苗木需求仍在增长，但市场竞争也更加激烈，人们对园艺苗木产品某一特定的性状会有更高要求，因此产品质量与价格在市场竞争中日益成为重要的竞争因素。

1. 育苗容器化

容器育苗是各国园艺苗木生产者追求的目标，容器育苗不仅移植成活率高，缓苗期短，苗木生长快，而且栽植不受季节限制。容器育苗的使用彻底改变了育苗流程和作业方式，便于实现机械化、工厂化育苗。目前，发达国家的园艺苗木生产基本上实现了容器育苗。如美国每年约 250 亿株花卉苗木中有 90% 以上是容器苗和穴盘苗；挪威、加拿大、芬兰和日本等国的花卉苗木产业也基本上实现了容器育苗。

2. 育苗工厂化

由于穴盘苗和容器苗的普遍使用，使园艺苗木生产的工业化得以实现，育苗工厂化已成为园艺苗木产业现代化的重要标志。自控温室、塑料大棚、高架苗床、加温通风、内外遮阳、自动播种、滴喷灌设施和施肥机械设备极大地提高了劳动效率。

3. 运作市场化

目前园艺苗木生产各个环节的衔接是以经济为纽带，以订单为手段来实现市场化的有效运作。例如大宗花卉苗木采购采用招标机制，实现订单式定点生产，应用于公益性的林种（如生态林和公益林）则采用育苗补贴机制，以减轻使用者的成本压力。芬兰和瑞典等国对部分苗木实现了定向育苗，免费使用，促进了私有制林业的发展。

4. 服务社会化

产业发展的现代化形态中，专业化分工的结果就是主业以外的工作都由社会的专业化公司来承担。如育种、制种、容器的生产制作、病虫害防治、信息统计与咨询、策划与宣传、产品销售等完善的社会化服务体系的形成，有利于降低企业运营成本，提高专业水平。

5. 品牌国际化

品牌是产品开发和推广的支撑，是市场竞争的法宝。如位居全球 500 强企业前列的先锋种业、胖龙种苗及国内的虹越花卉、蓝天园林等，均是依靠高科技和强大实力实现花卉苗木品质优良，创立了品牌。

6. 大力提倡繁育脱毒苗木

例如果树这种多年来主要以无性繁殖为主的植物，其病毒种类之多，感染之剧与危害之广众所周知，虽然苗木的脱毒手段与技术在我国也已研究与推广多年，但受诸多因素影响未能很好地普及，因此，现如今必须下决心先从主要树种品种抓起，尽快普及推广。

7. 提高苗木质量，实现苗木规格标准化

园艺苗木除了品种、砧木及其组合准确适宜之外，其本身的长势、长相与健壮程度是衡量苗木质量的主要方面，我国已制定了主要园艺苗木的质量等级标准，主要考察一根二干三

芽四病虫五愈合等方面，但由于对育苗单位缺乏严格的出圃监督检查机制，致使标准未能广泛普及与认真执行。今后要与国际苗木标准接轨，首先标准本身要重新修订并有所提升，同时要有专职的管理部门严格监督。

8. 严格苗木检疫，杜绝检疫病虫扩散

园艺苗木（尤其是异地引进苗木）是病虫传播的重要途径，除了苗期应强化病虫防治外，苗木出圃（尤其是由外地引进苗木）时，一定要严格进行病虫检疫，千万不可只收费开证，不认真审查检疫病虫。如：苹果棉蚜、苹果黑星病、梨园介壳虫和其他杂食性病虫如美国白蛾、斑潜蝇、二斑叶螨等，稍有疏忽，则造成严重甚至毁灭性危害，以至影响产品流通和出口。

9. 实行苗木准育制度，实现法治化育苗

当前园艺育苗单位太多太滥，良莠混杂，难以监督、检查与管理，因此假苗、杂苗、劣苗充斥苗木市场，也是导致我国长期苗木低产劣质的重要根源，必须下决心从源头上整治解决。如进行育苗立法，按照一定标准由育苗单位进行申请，经过严格的审查与考核，合格者发给准育执照，按其相关规定进行标准化生产，并实行法治化管理。

10. 强化出圃制度，注意苗木的起、包、运、贮

要建立规范的出圃制度，苗木出圃时，不仅要注意品种准确无误，按标准划分等级，更要注意起苗前的管理，刨苗时的根系保护，保湿包装的要求，运输时的苗木防护，到达后的规范假植，还要有出圃档案，出圃三证（准育、检疫、规格），并挂有记录正确的标签，从而健全与完善出圃制度。

复习思考题

1. 园艺苗木育苗方式有哪些？并简述。
2. 园艺苗木的类型有哪些？各有何差异？
3. 你了解的园艺苗木生产企业有哪些？简述企业情况。

项目二　教学设计

学习目标

知识目标

1. 了解课程的性质、地位和目标。
2. 熟悉课程教材结构设计。
3. 师生角色定位，转变学习观念，增强学习主体意识。

能力目标

会制订学习策略。

思政与素质目标

了解课程整体设计及职业教育特色，尽快融入课程学习，增加学习主动性和积极性。

资讯平台

一、课程的性质、地位与目标

园艺苗木生产技术是园艺技术相关专业的专业主干课程之一，是果树、蔬菜、园林观赏植物苗木生产的应用性课程。这门课程的主要任务是使学生掌握园艺苗木生产的规律、基本理论，掌握播种、扦插、嫁接、压条、分株和组培等技能。学生在完成本课程的学习任务后，能够综合运用所学知识和技能，因地制宜地进行实生苗、自根苗、嫁接苗等的苗木生产，为农业现代化建设服务。

二、教材结构设计

园艺苗木生产技术是基于工作过程开发的项目课程。该项目课程与教材结构是基于园艺苗木岗位与工作过程分析，确定教学内容，设计、序化成 32 个项目，再由项目组建成 10 个教学模块。在项目的内容上，主要针对园艺苗木繁育中的应用，选择能够培养学生职业能力、创新能力和创业精神的基本理论知识和技能作为教学内容；在项目的设计上，主要侧重选择实用、成熟、新型产业化项目，既涵盖园艺苗木育苗方法，又以工作为导向，突出课程教学和人才培养的针对性。为了便于组织实施，在项目下设计工作任务，围绕工作任务和实际项目的完成，学习理论知识，熟悉技能，培养职业素质。多数项目中增加拓展性知识与技术，横向拓展到园艺植物同种育苗方法的应用，使学生能够举一反三，学以致用；纵向拓展无病毒苗木、工厂化育苗等，为学生更好地参加园艺苗木生产、管理与销售奠定基础。

三、师生角色定位

本课程教学基于工作过程实施“理实融合式”教学，改变先理论后实践的授课方式和以教师为主体的被动学习方式，突出“能力本位”的教学理念和学生的主体地位，实现教学场景真实化，教学过程工作化，教师师傅化，学生员工化，知识、能力与素质培养同步化。师生只有在观念和角色上实现真正的转变，才能更好地适应这种教学模式，才能构建良好的师生互动关系和职业化课堂，实现学生职业能力培养的优质、高效，学生身份顺利向职业人的过度。“理实融合式”教学模式下师生角色定位见表 1-2。

表 1-2 “理实融合式”教学模式下师生角色定位

身份属性	教师	学生
角色定位	1. 能者 2. 师傅 3. 指导员、技术顾问 4. 被学习者 5. 学习者 6. 学生的朋友	1. 学习者 2. 徒弟 3. 工作者 4. 合作者 5. 项目责任人 6. 教师的朋友

项目实施

任务 1-2　课程认识

1. 布置任务

教师安排课程认识任务，指定教学参考资料。

2. 任务实施

（1）任课教师根据学生人数，组织学生分组。

（2）学生以小组的形式自学，研讨，完成课程认识任务，并总结。

3. 讨论交流

（1）组织各组学生进行现场交流，探究园艺苗木生产技术课程性质、地位和主要内容。

（2）教师答疑，点评。

（3）学生修订总结表，并及时提交。

问题探究

（1）针对园艺苗木生产技术这门课程，研究职业教育与学科教育课程设计上有什么差异？

（2）学生如何适应项目课程教学？

拓展学习

职业教育的项目课程是以工作任务为中心选择、组织课程内容，并以完成工作任务为主要学习方式的课程模式，其目的在于加强课程内容与工作之间的相关性，整合理论与实践，提高学生职业能力培养的效率。

项目课程的理论基础是职业教育课程的结构观。这种职业教育课程结构观不仅关注让学生获得哪些职业能力，还要关注让学生以什么结构来获得这些职业能力。从有效培养学生职业能力的教学目标考虑，职业教育课程结构与工作结构是对应的。从工作结构中获得职业教育课程结构，旨在引导学生个体导向工作体系，培养应用型人才。工作体系是一个实践体系，这一体系不是按照知识之间的相关性，而是按照工作任务之间的相关性组织的。不同的工作任务按照某种特定的组合方式构成一个完整的工作过程，并把目标指向工作目标的达成，这就是工作结构。

项目课程由若干项目组成，分为递进式、网络式、套筒式、分解式和并列式等多种课程结构模式。实践中可以结合课程性质，有针对性地加以选择和设计。无论哪种结构模式，都应将相关理论知识根据关联度大小融入到不同的项目中，并且做到相关理论知识的合理分布。通过一个个项目和工作任务的实施来实现课程目标。

园艺苗木生产技术课程基于行动导向理论，以完成工作任务为主要学习方式，以生产合格的园艺苗木产品为主线，以项目和具体的工作任务为载体，以培养和提升学生职业能力为目标，通过“理实融合式”教学（图 1-1），工学结合，从而实现技能、能力和素质的全面、同步培养。

教师发工单布置任务 → 学生信息搜集处理 → 学生制订实施方案 → 师生讨论实施方案 → 教师答疑精讲要点 → 学生操作教师指导 → 学生观察与调控教师精讲答疑 → 学生总结教师考核

图 1-1 “理实融合式”教学流程

在成绩评定上，建立多元整体评价体系，采取灵活多样的考试方法，加强诊断性和形成性考核。既有过程考核又有期末考核，考核包括理论知识考核、实践操作考核、素质考核和最后产品考核。

复习思考题

1. 简述园艺苗木生产技术教材结构设计。
2. 职业教育学生角色定位是什么？

数字资源

模块二 园艺苗圃地的选择与规划

学习前导

本模块包括苗圃地选择、苗圃规划设计、苗圃地整理与轮作三个项目。苗圃地的选择项目包括苗圃规模的确定和苗圃地选择依据；苗圃地规划设计项目包括制订苗圃发展计划、苗圃地的合理布局、生产区规划设计和辅助用地规划；苗圃地整地与轮作项目包括整地、土壤改良、施肥和轮作。学生学会苗圃地选择与规划，整地轮作的基础知识，能够正确分析苗圃地规划设计的优劣，并独立设计现代化园艺苗圃，在解决实际问题中培养学生学习能力、计划能力和分析解决问题能力，锻炼学生沟通能力，提高团队合作意识。

课程思政案例

苗圃地选择史记材料

从我国古代文字来看，早在商代的甲骨文中，已有“园”和“圃”两字。到了西周后期已经有了果园和菜园的概念。例如《诗经》中“园有桃”“园有棘”等记载。又如“九月筑场圃”（《诗经·豳风》）、“春夏为圃，秋冬为场”（《毛传》）、“及惠王即位，取蒍国之圃以为囿”（《左传》）。此后，《周礼》中说“大宰之职，……以九职任万民；一日三农，生九谷。二日园圃，毓草木……”，说明当时已有专门管理场圃的人员，人们对园艺已经十分重视。

早在战国时代《管子·地员篇》，已经把土壤按对农林生产的适宜程度分为上土、中土、下土三类十八种，并且指明了各种土壤适宜生长的苗木，例如：“五沃之土，宜彼群木……其梅其杏”等经验。《周礼》中曾谈到五地（五种地形），山林、川泽、丘陵、坟衍、原隰，各有其适宜栽培的苗木，如山林中宜“柞栗之属”；丘陵上宜“李梅之属”等。可见当时已经知道，必须按照苗木特性和不同的地形、土壤选择适宜树种，在两千多年以前，已经有了因地制宜、适地适栽的宝贵经验。所以，汉武帝时，能在陕西长安、户县境内，修建规模宏大的“上林苑”，汇集保存了大量北方苗木，同时引进了许多南方和“西域”的苗木进行栽植，不是偶然的。这就证明，当时苗木生产已发展到了相当水平，关于建园、园地选择的经验已经很丰富了。

项目三 园艺苗圃地选择

学习目标

知识目标

1. 理解园艺苗圃地选择依据。
2. 熟悉园艺苗圃自然条件选择因素。

能力目标

能够初步选择园艺苗圃地。

思政与素质目标

1. 通过学习、查阅古书记载的育苗繁育史记，学习古人勇于实践、勤于钻研和善于总结的科学精神；

2. 通过实践苗木繁育研究新方法和手段，学习科研人员积极探索、攻克难题、刻苦钻研、勇于创新的精神，增加“学农爱农”自信心、“强农兴农”责任感，培养热爱劳动的品格；

3. 查阅“二十四节气”苗木繁育相关的民谣、谚语、风俗、诗词等中华优秀传统农耕文化，学习古人顺应客观规律、勇于实践、勤于钻研和善于总结的精神。

资讯平台

一、苗圃规模的确定

所建苗圃的规模首先由所投资金决定。苗圃的类型也决定苗圃的大小，如以零售为主的生产苗圃所需用地较少，一般 2 ～ 4hm^2 就可以，而以批发为主的生产苗圃则用地较多，一般从几十公顷到几百公顷不等。在苗圃筹建初期，苗圃规模的大小有两种方式可供选择：一种是苗圃的规模一次到位，即一次性租用几十公顷到几百公顷，开始时种植一部分，以后不断扩大，直至种满整个苗圃，这种方式适合资金充足的投资者；另一种是先租一小块地，在地种满或是苗木长大需移苗时再租地扩大苗圃的面积，这样可以节省资金，适合资金少的投资者，但在需要土地时可能因周围土地的限制而使后期发展受到影响。以上两种方式各有利弊。

生产案例：为什么我家的桃苗地病虫害、杂草这么多？

二、苗圃地的选择依据

1. 苗圃位置

正确选择苗圃位置对于苗圃企业的发展至关重要。首先，要选择交通便利地区，最好距中心城市较近或位于多个城市之间，同时要位于主要铁路、公路附近，进入苗圃的道路一定要方便，能承受载重汽车，有利于苗木的运输和销售。其次，最好靠近河流、水库或有充足的地下水源的地方，水源充足是保证苗木生长的关键，以盆栽苗木为主的苗圃更是如此。最后，苗圃位置要建在距离城镇居住区较近的位置，便于季节性雇佣工人，解决雇工问题。

2. 苗圃自然条件

（1）地形 选择排水良好、地势较高、地形平坦的开阔地或小于3°的缓坡地为宜。容易积水的低洼地、重盐碱地、寒流汇集地、风害严重的风口等地，都不宜选作苗圃地。在北方，受干旱寒冷、西北风为害，选择东南坡为最好。如果一个苗圃内有不同的坡向，则应根据植物种类的不同习性，进行合理安排。如北坡培育耐寒、喜阴的种类；南坡培育耐旱、喜光的种类等。这样就可以减轻不利因素对苗木的危害。一般情况下，在低山区尽量不要选择阳坡，选择阴坡更好。因为，阳坡光照长，温度高，水分蒸发量大，土壤水分少、干旱，地被少，有机质也就少，因此肥力低，而阴坡则有充足的水分和养分。在高山区，阳坡条件就比阴坡好，因此选阳坡。

（2）水源 苗圃灌溉用水的水质要求为淡水，需对苗圃候选地水源的矿物质含量及浓度进行评价。要求在国家无公害苗圃要求指标之内。水含盐量小于0.1%～0.15%。地下水位不能过高或过低。最适宜的地下水位一般为：沙土1～1.5m，沙壤土2.5m，黏壤土4m左右。来自土壤、降水或地表径流的水分进入灌溉系统可能带来化学污染物质。

（3）土壤 土壤条件的优劣直接影响苗木的产量和质量。详尽的土壤调查有助于选择最适宜的土壤。在圃地选取典型地点，采集土壤剖面，对土层厚度、结构组成、pH、含盐量和地下水位等进行分层采样分析，研究圃地内土壤的种类、分布和肥力等情况。一般应选石砾少、土层深厚、肥沃、结构疏松、通气性和透水性良好的沙壤土、轻壤土或壤质沙土作为苗圃。通常以中性、微酸性或微碱性的土壤为好（pH 6.5～7.5）。不同植物种类对pH的适应范围不同，一般针叶树苗以微酸性至中性为好，要求pH 5.0～6.5，阔叶树苗以中性至微碱性为好，要求pH 6.0～8.0。长期种植玉米、烟草、马铃薯、蔬菜等地块因病虫害较严重不能作苗圃用地。

（4）病虫害及杂草 苗圃建立之前，需对所选园址进行病虫害调查，了解当地易发生病虫害的种类及危害程度，特别是一些危害极大但又难以防治的病虫害，如地下害虫、蛀干害虫以及一些难以根除的病害等。在病虫害严重又不易清除的地方建苗圃投入多、风险大，因此尽量不要建园。同时，在有恶性杂草和杂草源的地方，也不宜建立苗圃。杂草对苗圃威胁较大，不仅与苗木争夺水分、养分、空间，而且滋生病虫害。有资料调查显示，苗圃地60%～70%的工作是用来清除杂草，可见杂草危害的严重性。因此尽量避免在有恶性杂草的地域建立苗圃。

（5）气象条件 对于苗圃地的气象资料，可以去当地气象部门搜集，如生长期、早晚霜期、晚霜终止期和全年平均气温等，还可以向当地居民了解圃地特殊小气候情况。

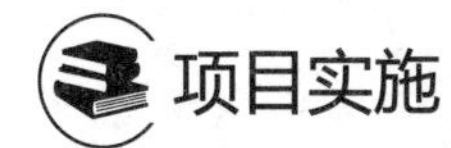

项目实施

任务2-1 参观苗圃地

1. 布置任务

教师安排“参观苗圃地”任务。

2. 分组讨论

学生以组为单位设计调查提纲，调查苗圃地的规模、位置、自然条件（包括地形、水源、病虫草害发生情况、土壤条件等）。

3. 参观

（1）任课教师组织学生到就近的园艺苗圃参观，学生分组调查。

（2）学生撰写调查报告。

4. 讨论交流

（1）调查任务完成后，组织各组学生进行现场交流，探究不同园艺苗木企业的苗圃地选择存在的问题，并探讨问题解决的方法，分享参观后的心得体会。

（2）教师答疑，点评。

（3）学生修订调查报告，并及时提交。

问题探究

调查几家从事园艺苗木生产育苗基地，查看苗圃地选择是否科学，不科学的查找原因，给出解决问题的办法。

拓展学习

调查气象材料

向当地气象部门搜集气象材料时，应集中调查以下几个关键气象因子。

（1）气温　年、月、日平均气温，绝对最高、最低日气温，土表层最高、最低温度，日照时数及日照率，日平均气温稳定通过 10℃的初、终期及初、终期间的累积温度，日平均气温稳定通过 0℃的初、终期。

（2）降水量　年、月、日平均降水量，最大降水量，降水时数及其分布，最长连续降水日数及其量和最长连续无降水量日数。

（3）风　风力、平均风速、主风方向、各月各风向最大风速、频率、风日数。

（4）雪、霜、雾　降雪与积雪日数及初、终期和最大积雪深度，霜日数及初、终期，雾凇日数及一次最长连续时数，雹日数及沙暴、雷暴日数，冻土层深度、最大冻土层深度及地中 10cm 和 20cm 处结冻与解冻日期。

（5）当地小气候情况。

复习思考题

1. 苗圃地选择遵循什么原则？

2. 园艺苗圃对于园址自然条件选择应注意什么？

3. 在对苗圃地选择调查时发现此地病虫害和恶性杂草往年发生率较高，我们认为多喷几次药或多锄几次草即可解决，对此你怎么认为，为什么？

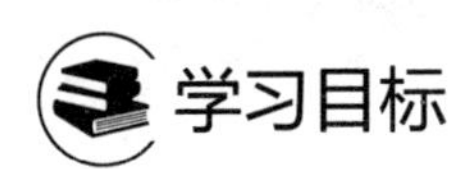

项目四 园艺苗圃地规划设计

学习目标

知识目标

1. 了解园艺苗圃地合理布局的重要性。
2. 熟悉园艺苗圃地规划设计前的准备工作。
3. 掌握园艺苗圃地生产用地的划分。
4. 掌握园艺苗圃地辅助用地的区划。

能力目标

初步具备设计园艺苗圃地的能力。

思政与素质目标

1. 通过学习、查阅古书记载的育苗繁育史记，学习古人勇于实践、勤于钻研和善于总结的科学精神；

2. 通过实践苗木繁育研究新方法和手段，学习科研人员积极探索、攻克难题、刻苦钻研、勇于创新的精神，增加“学农爱农”自信心、“强农兴农”责任感，培养热爱劳动的品格；

3. 查阅“二十四节气”苗木繁育相关的民谣、谚语、风俗、诗词等中华优秀传统农耕文化，学习古人顺应客观规律、勇于实践、勤于钻研和善于总结的精神。

资讯平台

园艺苗圃地园址确定后，科学地规划苗圃地是苗圃地科学运营的关键问题，下面我们按照规划苗圃地的程序介绍苗圃地的规划过程。

一、制订苗圃发展计划

正确合理的苗圃发展计划是决定苗圃成功的重要保障。因此，在苗圃地选择规划之前，制订一个完整苗圃发展计划是重中之重的事。发展计划主要包括经费来源、经费预算、企业管理计划、生产计划、市场营销计划等。其中，以生产计划尤为重要，包括制订短期和长期目标。目标中涉及建立苗圃的类型与规模、苗木种类的选择、繁殖计划、用工计划等。在苗圃筹建初期，苗圃的生产计划应尽量详尽，并在计划的执行过程中不断修正、完善，也要根据市场的变化进行适当调整。

二、园艺苗圃地的合理布局

苗圃发展计划中苗圃的类型、规模、布局是建设中首先要考虑的问题。苗圃是一个生产单位，合理的布局能使内外的基础设施衔接合理，保障生产、便于生产作业及管理、提高生产效率。苗圃要在综合考虑自然条件、培育植物种的生物学特性、方便生产作业、农田的高效利用等基础上区划；是根据生产工艺、功能区划以及外部衔接等要求，合理利用土地，统筹安排平面布局的基础上得出的。育苗基地总设计原则立足高科技、高起点、高标准的特色形象和优美的环境设计与环保、节能、节水、观光相结合，同时各类设施的布局，其风格、造型、色彩等与周围的环境要协调，打造一个具有地方特色、满足生产与观赏功能高度统一的现代化苗圃。

三、规划设计前准备工作

1. 踏勘

在确定的圃地范围内，进行实地踏勘和调查，了解圃地的现状、历史、地形、地势、土壤、植被、水源、交通、病虫害、主要杂草以及周围自然环境等情况，并根据现场情况研究利用和改造各项条件的措施。

2. 测绘地形图

平面地形图是进行苗圃规划设计的依据。用测绘仪器进行地形、地貌、地物的标定，要求比例（1 ∶ 2000）～（1 ∶ 500），等高距 20 ～ 50cm。应尽量绘入与设计有关的地形地物，标清圃地土壤分布和病虫害情况。

3. 计算苗圃面积

苗圃的生产任务：根据生产需要，准确提出所需培育苗木的植物种、数量和标准。

苗圃生产用地面积的计算：生产用地所需要的面积可以根据各种苗木的生产任务和单位面积的产苗量以及轮作制来计算。计算时用下列公式：

$$A=(N\times a)/n$$

式中 A——某植物种所需的育苗面积；

N——每年生产该种苗木的数量；

n——某植物种单位面积产苗量；

a——育苗的年龄。

实际上应考虑到在培育、起苗、贮藏和运输等过程中，还可能会受到损失，所以计划每年苗木生产的数量时，应适当增加 3% ～ 5%，育苗面积也相应地增加。

四、生产区划设计

生产区用地按照充分利用土地、合理安排生产的原则，根据苗圃的面积、地形和形状，以道路和渠道为骨架划分作业区，并根据各种苗木的特性，所需面积，育苗过程中采取的技术措施，以及实行机械化作业程度和灌溉情况等，综合考虑，仔细分析，最后确定生产区区划方案，进行圃地的合理区划（图 2-1）。

图 2-1 标准化苗圃育苗

1. 生产作业区面积规划

作业区走向、长度和宽度比例应该适当。一般作业区应该以南北为走向，每一块生产区的长度依苗圃规模而定，大型苗圃或机械化程度高的苗圃长度以 200 ～ 300m 为宜，中型苗圃或畜耕为主的苗圃长度以 50 ～ 100m 为宜。宽度一般为长度的一半或三分之一为宜，在排水良好地区可宽些，反之则窄些。山地苗圃作业区长度、宽度可按照地块现状尽量保持完整形状。

2. 生产作业区用途规划

生产区按用途可分为播种区、移植苗区、营养繁殖区、优良母本区、设施育苗栽培区等。

（1）播种区　播种苗在幼小阶段对不良环境抵抗力弱，对水、肥、气条件要求较高，需要细致的管理。因此，播种区应设在圃地中地势平坦、土壤肥沃、便于灌溉、管理方便和背风的地段。如在坡地，则应选择自然条件最好的坡向，以满足幼苗对水、肥等生长环境条件的需求。一般播种区应靠近管理区，便于运输和管理。

（2）营养繁殖区　营养繁殖区是培育插条、埋条、分蘖和嫁接苗木的生产区，应根据植物种特性合理区划育苗地。要求设在土壤湿润、土层深厚和排水良好的地段。具体的要求还要依营养繁殖的种类、育苗设施不同而有所不同。如培育硬枝扦插苗时，要求土层深厚，土质疏松而湿润；培育嫁接苗时，因为需要先培育砧木播种苗，所以应选择与播种繁殖相当的自然条件好的地段；压条和分株育苗繁殖系数低，育苗数量较少，不需要占用较大面积的土地，所以通常利用零星分散的地块育苗；嫩枝扦插育苗需要插床、遮阳棚等设施，可将其设置在设施育苗栽培区。

（3）优良母本区　母本园区是专门为生产提供种子、插条、接穗的生产用地。苗圃为保证苗木的品质及计划的完成，必须从种子、插条、接穗做起，保证采种、采插条来自优良品种的母株。苗圃应建立自己采种、采穗的母本园区。该区不一定需要很大的面积和整齐的地块，也可结合防护林体系的建立，或利用路边、灌水和排水水渠边的土地，专门种植一些特色植物种，供采条用，但应按植物种特性尽量设在土壤深厚而疏松的地段。

（4）移植苗区（大苗区）　移植苗区是培育根系发达，苗龄较大的苗木生产区，因为移植苗已具较好的根系，并有较强的抵抗力，所以可设在土壤条件中等和地下水位较低的地方。

（5）设施育苗栽培区　为利用温室、荫棚等设施进行驯化外来苗木、育苗或栽培高档园艺植物而设置的生产区，一般要求设在避风向阳的地段。温室和荫棚区大多利用基质栽培苗木，因而对原有地土壤条件要求不严。该区应设在管理区附近，主要要求用水、用电方便。

五、辅助用地规划

苗圃中辅助用地的规划主要是道路、沟渠、房屋、场院、蓄水池、粪场、防护林的位置及所占面积规划设计。辅助用地的区划原则是：尽量缩短排灌系统的长度，最有效地利用防风林及其他设施。圃内道路既要通达苗圃的每一部分，又要尽量少占圃地面积，与排灌系统协调一致。辅助用地面积不应超过苗圃总面积的 25%。

1. 道路系统

道路系统是各个作业区的分界线，同时也是各个作业机械进入生产区的途径。道路系统要在保证作业方便的前提下尽量减少占地面积，所以道路的宽度和密度要合理分配，道路非直线系数要低，要求四通八达。

道路材料的选用本着经济适用的目标，在满足生产作业需要的前提下，尽量减少投资。苗圃中主要涉及的道路有以下几种。

一级路（主干道）：是苗圃内部和对外运输的主要道路，多以办公室、管理处为中心。设置相互垂直的两条路为主干道，通常宽 6 ～ 8m。

二级路：通常与主干路相垂直，与各耕作区相连接，一般宽 4m，其标高应高于耕作区 10cm。

三级路：沟通各耕作区的作业路，一般宽 2m。

2. 灌溉设备

苗圃必须要有完善的灌溉系统，以保证水分对苗木的充分供应。灌溉系统包括水源、提水设备和引水设备三部分。水源：主要有地面水和地下水两类。提水设备：以抽水机为主，可依苗圃育苗的需要，选用不同规格的抽水机。引水设备：有地面渠道引水和暗管引水两种。明渠，即地面引水渠道，可分为主渠（直接从水源将水引到主渠，宽 1.2 ～ 1.5m）、支渠（从主渠引水供应苗圃一个或几个生产区的用水，宽 1 ～ 1.2m）、毛渠（从支渠引水到育苗地进行灌溉，宽 0.6 ～ 0.8m）。管道灌溉，主管和支管均埋入地下，深度以不影响机械耕作为度，开关设在地端使用方便之处。近几年，现代化的节水灌溉设施在大型苗圃中已广泛应用。

知识窗

现代化节水设施在苗圃地的应用

现代化苗圃要根据情况合理应用田间节水灌溉技术，这些技术包括：喷灌技术、微灌技术的滴灌、涌泉灌、微喷、软管灌、膜下滴灌技术、自压喷灌技术。喷灌技术不仅仅能满足灌溉的要求，同时要能达到节水、节能、增产、省肥的效果，并对地形适应性强，对一些山区苗圃要有很强的兼容性。灌溉系统网络的设计要科学化，保证各个区域的需水要求，不要留死角。下面介绍一下微喷灌系统。

微喷灌通常包括滴灌和微喷等灌水形式。滴灌是通过安装在毛管上的滴箭、滴头、滴灌带或滴灌管等灌水器将水一滴一滴、均匀而又缓慢地滴入作物根区附近的灌水形式。滴灌可极大地减少水分的蒸发和深层渗漏。由于滴灌的精准性强，在苗圃中通常用在容器苗上。容器苗是近几年非常盛行的栽培模式，收益远远高于普通地栽苗。由于容器有一定高度，且摆放的行株距不可能完全一致，这种情况通常采用滴灌，用长度可以定制的毛管从供水 PE 支管上引水即可，滴灌安插位置具有极大的灵活性。而对于行距较大、成行种植的地栽苗木，则通常采用 PE 管加装滴头的模式，可以根据植株位置现场安装滴头，并可以根据植株需水特性改变滴头数量和流量。

喷灌是喷洒灌溉的简称（图 2-2），借助专业的喷头将具有一定压力的水喷洒到空中，散成细密均匀的水滴降落到地面或作物叶面的灌水方法。喷灌喷头从材质上分通常有塑料喷头、合金喷头和全铜喷头等类型，从喷洒角度上分有全圆喷头和可控角喷头，从安装形式上通常可分为移动式、半固定式和固定喷灌系统。常用的摇臂式喷头喷洒半径可从几米（如3022型喷头）到数十米（如10224型喷头）。喷灌具有覆盖范围大、投资低、安装使用方便等特点，被广泛用于大面积种植的各类苗木基地。

图2-2　苗圃喷灌

一套典型的灌溉系统通常由首部枢纽、控制系统、供水管网及灌水器等组成。首部枢纽一般包括取水口、提水增压泵（常用管道离心泵、自吸泵或潜水泵）、过滤系统（根据水质情况选用砂石过滤器、网式过滤器或叠片过滤器等）、施肥系统（也可以安装于田间）；控制系统包括电器控制柜或程序控制器、电磁阀或闸阀、传感器、控制线路等；供水管网包括总管、干管、支管和毛管，前三种通常采用PVC-U或PE（PE100或HDPE）管，后两种通常采用HDPE管，施工方便，且无水垢、铁锈等。

3. 排水系统

田间排水分明沟、暗沟（管）、竖井等几种。排水沟道一般分干沟、支沟、斗沟等数级，要通过计算合理布置，同时对于汛期水位高于排水区内的沟道水位、涝水不能自行排出的情况，须设置泵站抽排。排水系统的布置应全面规划。

4. 育苗设施和服务设施

育苗设施要坚持科学性与实用性相结合的原则，做到先进、安全、适用和高效。一个现代大型苗圃，应该根据育苗条件配备相应的育苗设施，包括组培车间、智能温室、炼苗场、全光雾扦插育苗设施、容器苗生产车间和材料库等，也包括办公室、实验室、食堂和浴室、机具库、门卫室等服务设施。

5. 防护林

苗圃防护林的作用是改变小气候，隔断外界不良环境对苗圃内苗木的影响，为苗木创造一个良好的生长环境。防护林合理的密度和宽度是现代化苗圃设计的基本要求之一。设计时，要充分考虑到苗圃面积及其植物种的选择、土地利用结构、林种结构和林分系统的空间布局等。

防护林设置根据当地苗圃风沙危害程度应主要遵循以下原则：首先，小型苗圃与主风方向相垂直设置一条林带；中型苗圃四周设置林带；大型苗圃除周围设置环圃林带外，圃内应根据树种防护性能结合道路、渠道设置若干辅助林带。其次林带宽度应根据气候条件、土壤结构和防护树种的防护性能决定，一般规定为主林带宽度8～10m，辅助林带2～4m。对于林带树种应选择生长迅速、防护性能好的树种，其结构以乔木、灌木混交的半透风式为宜，要避免选用病虫害严重和苗木病虫害中间寄生的树种。为了保护圃地避免兽、禽为害，林带下层可设计种植带刺且萌芽力强的小灌木和绿篱。总之林带设计应以防护效益好，土地利用合理，因害设防，美化圃容，改良生态环境，综合考虑经济效益。

项目实施

任务 2-2　绘制苗圃规划图

1. 布置任务

（1）教师安排“绘制苗圃规划图”任务，指定教学参考资料，让学生制订绘制苗圃规划图设计方案。

（2）学生自学，完成自学笔记。

2. 分组讨论

（1）学生分组讨论，探究自学中存在的问题，交流心得体会。

（2）教师答疑，引导学生制订绘制苗圃规划图设计方案，主要内容包括生产用地、辅助用地、设计图绘制等。

3. 任务实施

学生按照小组制订苗圃规划图设计方案，并结合苗圃地参观实际，绘制苗圃规划图。

4. 实施总结

各组指派代表介绍设计方案，教师综合评价各组成果，学生提交苗圃设计图纸和设计说明书。

问题探究

调查两家从事园艺苗木生产的企业，查看企业存在的问题和不足，并分析原因，查找解决问题的办法。

拓展学习

建立完善苗圃地档案

为方便苗圃地管理，对于苗圃地应建立科学完善的苗圃地档案。苗圃地档案内容包括：①苗圃地原始地貌图（地形高程图），规划设计图，建成后的苗圃平面图和附属设施图；②土壤类型，各区的土壤肥力状况以及土壤肥、水变化档案（包括营养土配方等）；③各作业区苗木种类、品种的记载和位置图，母本园品种引种名单、位置；④每次苗木销售种类、数量以及苗木销售的市场需求；⑤苗圃土地轮作档案：记载轮作计划，实际执行情况和轮作后的种苗生长情况；⑥管理档案：记载繁殖方法、时期、成活率和主要管理措施（肥、水、病虫防治等）。

复习思考题

1. 苗圃生产用地应如何进行合理区划？

2. 园艺植物苗圃非生产用地主要包括哪几部分？其区划原则是什么？
3. 防护林带的作用是什么？
4. 防护林设置的原则是什么？

项目五　园艺苗圃地整理与轮作

学习目标

知识目标

1. 理解园艺苗圃地整地的方法。
2. 熟悉园艺苗圃地土壤改良的方法。
3. 掌握园艺苗圃地轮作的方法。

能力目标

能为苗圃地制订合理的土壤整理及轮作方案，并实施。

思政与素质目标

1. 通过学习、查阅古书记载的育苗繁育史记，学习古人勇于实践、勤于钻研和善于总结的科学精神；

2. 通过实践苗木繁育研究新方法和手段，学习科研人员积极探索、攻克难题、刻苦钻研、勇于创新的精神，增加“学农爱农”自信心、“强农兴农”责任感，培养热爱劳动的品格；

3. 查阅“二十四节气”苗木繁育相关的民谣、谚语、风俗、诗词等中华优秀传统农耕文化，学习古人顺应客观规律、勇于实践、勤于钻研和善于总结的精神。

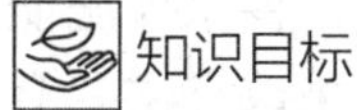

资讯平台

整地、土壤改良、轮作是提高土壤肥力的关键环节，是培育壮苗的基本条件。整地是用机械的方法改善土壤的物理状况和肥力条件的措施；土壤改良是用化学和生物方法来改善土壤肥力因素的措施；轮作是用生物的方法来改善土壤的物理结构和肥力状况的措施。这三种措施是相互联系和相互依存的，只有通过精耕细作后，才能更好地发挥轮作和施肥的效用。

一、整地

整地是对苗圃地进行土地平整、耕翻，是育苗前一项重要的准备工作。整地的基本要求是土地平整、全面耕翻、均匀碎土、无大草根和石块。苗圃地的整地一般在秋冬季节进行为好。新开垦的荒地建立苗圃地，应先清理地表杂草、灌木，坡度大的开筑成梯田，然后进行 1 ～ 2 次的耕翻、碎土、平整。耕翻的关键是把握好深度。一般在播种区耕翻深度为 25cm，在扦插苗区和移植苗区耕翻深度为30～35cm。在干旱地区和轻盐碱地，耕翻深度需要深些，而在沙地耕深则应浅些。深翻土壤拣出树根、草根和石块，并将草根及地表杂草、灌木清理干净。

二、土壤改良

苗圃地土壤的改良是壮苗高产的重要保障，这是因为合理的土壤改良有三个方面的作用：一是疏松和加深耕作层，从而改善土壤的理化性质；二是翻动上下层土壤，促使下层土壤熟化，使上层土壤恢复团粒结构，同时具有翻埋杂草种子、作物残茬，混拌肥料，消灭病虫害的作用；三是平整土壤表层，既能减少土壤水分蒸发，又为灌水、播种、幼苗出土创造了良好的条件。总之，通过深耕细作，可改善土壤结构，提高保水保肥能力，减少杂草，为种子萌发、插条生根、苗根生长创造了良好的条件。土壤改良主要有两种方法。

1. 施入土壤改良剂、微肥等

在苗圃地内，普施土壤改良剂、微肥等，以增加土壤矿物质含量，使改良后的土壤团粒结构变好，酶活性增强，养分提高。

2. 施入有机肥

在育苗过程中用地、养地和护地的最有效手段是增施有机肥料，提高土壤的有机质含量，这对提高地温，保持良好的土壤结构，调节土壤的供肥、供水能力均起着重要作用。追施应以腐熟的粪肥为主，分散施用，追肥后要及时浇水。

在气候干燥、降水较少、风多、土壤水分不足的地方，为了储水保墒，秋天起苗后，要立即平整土地，深耕细耙，灌足冻水，第二年春天提早做床播种。冬季有积雪地区，秋耕地不要耙，第二年春天再耙地。在干旱地区秋耕地后灌冻水，翌年春天顶浆耙地。

若前茬种植的是农作物，农作物收获后立即浅耕，待杂草种子萌发时，再进行深耕细耙，灌足冻水，翌年春天再顶浆耙地。若是荒地，杂草不多时，秋耕秋耙后，翌年春天可育苗。杂草茂盛的荒地，先割草做绿肥，浅耕灭茬，切断草根，待杂草种子萌发后再耕地。

三、轮作

轮作也称换茬或倒茬。不同植物种或作物吸收土壤中营养元素的种类和数量是不同的，连续培育一种苗木容易引起土壤中某种元素的缺乏，从而降低苗木质量。轮作能充分利用土壤养分。常用轮作方法如下。

生产案例：为什么我家的葡萄苗质量这么差呢？

1. 与不同植物种轮作

要做到植物种间合理轮作，应了解各种园艺苗木对土壤水分和养分的需求，各种苗木易感染病虫害的种类，植物种互利与不利作用。如前茬繁殖桃苗的苗圃地，不宜繁殖核果类（李、杏和樱桃等），为防止同类植物病害可以繁殖苹果苗；同样繁殖苹果苗的圃地，可以通过繁殖大樱桃苗木来进行轮作。

2. 与农作物轮作

由于农作物收割后有大量的根系遗留在土壤中，增加了土壤的有机质，因此，苗木与农作物轮作不仅可以增加粮食收入，还可以补偿起苗时土壤中消耗的大量营养元素，这是目前最切实可行的方法。生产上用来轮作的农作物较好的是豆类，其次是小麦、高粱、玉米等。但需注意，苗木与农作物轮作一定要防止引起病虫害。

3. 与绿肥植物轮作

此种轮作方式能增加土壤中的有机质，调整土壤中的水、肥、气、热等状况，促进土壤形成团粒结构，从而改善土壤的肥力，对苗木生长极为有利。目前生产上应用较多的绿肥植物有苜蓿、三叶草、草木樨等，土地面积较大、气候干旱、土壤瘠薄地区的苗圃地，采用这种方式轮作较好。

项目实施

任务 2-3 整理苗圃地

1. 布置任务

（1）教师安排“整理苗圃地”任务，指定教学参考资料，让学生制订任务实施计划单。

（2）学生自学，完成自学笔记。

2. 分组讨论

（1）学生分组讨论，探究自学中存在的问题，交流心得体会。

（2）教师答疑，引导学生制订实施计划。

3. 任务实施

学生按照小组制订的实施计划实施任务。

4. 实施总结

学生总结任务实施情况，教师点评，学生提交实训报告。

任务 2-4 调查苗圃地连作障碍

1. 布置任务

教师安排“调查苗圃地连作障碍”任务。

2. 分组讨论

学生以组为单位设计调查提纲。

3. 参观

（1）任课教师组织学生到就近的园艺苗圃参观，学生分组调查。

（2）学生撰写调查报告。

4. 讨论交流

（1）调查任务完成后，组织各组学生进行现场交流，探究不同园艺苗木企业的苗圃地是否存在连作障碍的问题，并探讨问题解决的方法，分享参观后的心得体会。

（2）教师答疑，点评。

（3）学生修订调查报告，并及时提交。

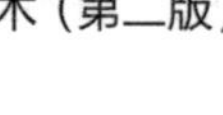

问题探究

调查两家从事园艺苗木生产的企业，查看企业苗圃地整理与轮作存在问题和不足，并分析原因，查找解决问题的办法。

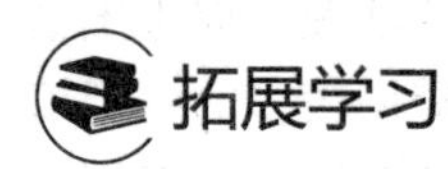

拓展学习

苗圃地施肥方式

苗圃地苗木生长过程中，需要从土壤中吸收大量的营养元素，如碳、氢、氧、氮、磷、钾、硫、钙、镁、铁、硼、铜、锌等，其中碳、氢、氧由大气供给，苗木较容易获得，而其余元素均由土壤提供。这些元素中，特别是氮、磷、钾需要量大，而土壤中这三种元素的含量较低。此外，苗木出圃时，不仅归还给土壤的养分很少，而且根系还带走部分养分。因此，在苗圃育苗中，为了满足苗木生长需要的各种营养，必须年年施肥。苗圃地施肥有基肥、种肥和追肥三种方式。

1. 基肥

有机肥料是维持土壤肥力最好的基肥。为了改良土壤，提高土壤肥力，必须大量施用有机肥料。为节省劳力可结合整地进行，把肥料全面撒施在地表，然后翻入土壤中。

2. 种肥

种肥是指播种或种植同时施入的肥料。一般施入腐熟较好的有机肥或速效的化肥以及混合肥料。主要方法有拌种、盖种等，注意用肥浓度和用量适中，以防肥料对种子产生不良作用。

3. 追肥

在苗木生长发育期间，为满足旺盛代谢对肥分的大量需要，一定要进行追肥。为便于及时供应，同时避免肥分的大量固定或淋失，追肥应以速效肥料为主。追肥的施用有撒施、条施、浇灌、叶面喷洒等几种方法。

复习思考题

1. 园艺苗木地整理包括哪些内容？
2. 园艺苗圃地土壤改良的方法有哪些？
3. 园艺苗圃地土壤轮作的方式有哪几种？

数字资源

模块三 实生繁殖技术

学习前导

本模块包括种子的采集、调制与贮藏，种子质量检验，种子播种前处理，播种，实生苗的培育管理，苗木出圃六个项目。其中，种子的采集、调制与贮藏项目介绍了种子成熟的标志、种子的寿命、种子的采集与调制、种子贮藏方法，使学生了解如何选择母树，掌握种子采集、脱粒、净种、分级、干燥与贮藏技能；种子质量检验与种子播种前处理项目介绍了优质种子特征、种子检验内容、种子层积处理时期与方法、种子消毒方法及种子催芽处理，使学生了解净度、重量、含水量、发芽率、发芽势与优良度，掌握生活力测定、种子层积处理、浸种催芽技能；种子播种与实生苗的培育项目介绍了播种时期、播种量、播种方法、土肥水管理、病虫害防治等，使学生了解实生苗育苗流程，掌握播种及播后管理技能；苗木出圃项目介绍了苗木出圃的规格、起苗、分级、包装与贮藏，使学生了解苗木出圃流程，掌握起苗、分级与越冬假植技能。

课程思政案例

实生繁殖史记材料

我国古老的实生苗繁殖方法，经验极为丰富，包括选种、留种、种子处理、播种方法等，例如《齐民要术》:“桃熟时，于墙南阳中暖处，深宽为坑，选取好桃数十枚，擘取核，即内牛粪中，头向上，取好烂粪和土厚覆之，令厚尺余。至春桃始动时，徐徐拨去粪土，皆应生芽，合取核种之，万不一失”，这里可以看出，实生播种桃，必须先要经过选种(选择品质好的果实)、埋土催芽，然后进行播种，方万无一失。

尤其对发芽较难的坚果，播种前的种子处理、催芽等古人也很重视。《齐民要术》中也有经验：“栗初熟出榖，即于屋里埋著湿土中。埋必须深，勿令冻彻。若路远者，以韦囊盛之，停二日以上，及见风日者，则不复生矣，至春二月，悉芽生，出而种之”；《农桑衣食撮要》(公元 1314) 说：银杏“于肥地内用灰粪种之”等。

经过选择、处理或催芽的种子便可播种，播种的方法大体有两种，一种是净子下种(就是用种子播种)，如栗、银杏等；另一种是合肉下种(就是连同果实播种)，如桃、杏、李、梅、梨等。《齐民要术》:“(桃)熟时，合肉全埋粪地中”。桃、杏、李、梅，《农桑衣食撮要》也有如下记载：“宜和肉于肥地内种，来年成小树，带土移栽。”又如《齐民要术》："梨熟时，全埋之，经年，至春地释，分栽之，多著熟粪及水。"这种用整个果实播种的方法，现在陕西南部果农在柑橘上仍有应用，甘肃南部也有用整个梨果播种的习惯，常把整个柑橘或梨的果实种下去，出苗后再分而栽之。这种方法有优点，也有缺点。优点是易出苗，缺点是浪费果实。

关于播种时间，也分为春播与秋播两种。栗等在农历春季2月，是为春播，例如《农桑衣食撮要》说："种时拣大栗埋屋檐下，用糠沙盖，石压。至二月移，以芽向下栽之。"梨、桃等合肉播种则在农历秋季，采收后即播，是为秋播。当时春播种子必须经过处理，而秋播种子可无此措施。

这里要特别提出的是：远在1400多年前，劳动人民已经总结出了实生繁殖的缺点，例如《齐民要术》关于"插梨"一项中"若稽生及种而不栽者，则著子迟。每梨有十许子，唯二子生梨，余皆生杜"，当时已经指出了有性繁殖所引起的遗传分离现象，实生苗有变劣退化现象。

项目六　种子采集、调制与贮藏

学习目标

知识目标

1. 了解实生苗的特点及利用。
2. 熟悉采种母株的选择、种子成熟的标志。
3. 掌握取种的方法、种子贮藏方法。

能力目标

1. 会选择母树。
2. 会进行种子采集、脱粒、净种与分级。
3. 会进行种子干燥与贮藏。

思政与素质目标

1. 通过学习、查阅古书记载的育苗繁育史记，学习古人勇于实践、勤于钻研和善于总结的科学精神；

2. 通过实践苗木繁育研究新方法和手段，学习科研人员积极探索、攻克难题、刻苦钻研、勇于创新的精神，增加“学农爱农”自信心、“强农兴农”责任感，培养热爱劳动的品格；

3. 查阅“二十四节气”苗木繁育相关的民谣、谚语、风俗、诗词等中华优秀传统农耕文化，学习古人顺应客观规律、勇于实践、勤于钻研和善于总结的精神。

资讯平台

一、种子的成熟

种子的成熟过程是胚和胚乳发育的过程。受精卵细胞发育成具有胚根、胚轴、胚芽和子叶的完整种胚的同时，营养物质也在不断地积累，含水量不断下降。种子成熟主要包括生理成熟和形态成熟两个过程，个别种子需要生理后熟。

1. 种子成熟

（1）生理成熟　种子内部营养物质积累到一定程度，种胚形成，并具有发芽能力时，称为生理成熟。此时的种子含水量高，营养物质处于易溶状态，种皮不致密，种粒不饱满，抗性弱，不宜贮藏，因此大多数树木的种子不应在此时采集。但对于长期休眠的种子，如山楂，可采收生理成熟的种子，以缩短休眠期，提高发芽率。

（2）形态成熟　种子内部营养物质积累停止，完成种胚发育，种子的外部呈现出其固有的成熟特征时，称为形态成熟。此时的种子含水量低，营养物质处于难溶状态，种子本身重量不再增加或增加很少，呼吸微弱，种皮致密、坚硬，种粒饱满，抗性强，耐贮藏，大多数树木的种子宜在此时采集，如山桃、山杏等。

（3）生理后熟　种子的外部形态已表现出成熟的特征，但种胚还未发育完全，仍需一段时间的生长发育才具有发芽能力，这种现象称为生理后熟，如银杏、红松、桂花等少数树种。大多数树木的种子是生理成熟之后进入形态成熟的，如桃、李、杏、苹果、梨等，这类种子采后需经适当条件的贮藏处理，才能正常发芽。

2. 种子成熟的特征

不同园艺植物，其果实和种子达到形态成熟时的特征各不相同。

（1）球果类　果鳞干燥、硬化、微裂、变色。如落叶松由青绿色转为黄绿色或黄褐色，果鳞微裂；马尾松、油松变为黄褐色；红松果鳞先端反曲，变黄绿色。

（2）干果类　干果类栎属的树种其壳斗呈灰褐色（或黄褐色），果皮变为淡褐色至棕褐色。

（3）肉质果类　果皮软化，颜色由绿色转为黄色、红色、紫色等。如山杏、银杏呈黄色；山楂呈红色；山葡萄呈紫色。

二、种子的寿命

种子寿命是指种子生活力在一定条件下所能保持的最长年限，即种子保持生命力的时间。同一株植物上的种子，其寿命也各不相同；不同植株、不同地区、不同环境、不同年份产生的种子，其差异就更大。因此种子的寿命不可能以单粒种子寿命的平均值来表示，通常测定其群体的发芽百分率，也就是种子的群体寿命，即种子从收获后到半数种子存活所经历的时间来表示。

种子寿命由其自身遗传特性决定。按照种子寿命长短，通常把种子分为短寿命种子、中寿命种子和长寿命种子。短寿命种子有生活力的时间短到几天、几个月或至多一年，如山核桃、榛子、板栗、核桃等。这些植物的种子如果用适当的方法处理和贮藏，可以延长寿命。中寿命种子一般种子贮藏在低湿度和适当的低温下能保持生活力 2 ～ 15 年，如山楂、山定子、山杏、山桃、杜梨等。长寿命种子一般能保持生活力 15 ～ 20 年，甚至 75 ～ 100 年，或者还可以更久，它们一般都具有不透水的硬种皮，如我国 20 世纪 60 年代在辽宁发现的已过千年的莲子，在北京播种发芽。

知识窗

影响种子贮藏寿命的因素

（1）种子本身特性　不同园艺植物的种子，其种皮结构特点、内含物等不同，种子寿命也不同。凡种皮坚硬、致密、通透性差的种子，寿命较长，如法国巴黎博物馆存放 155 年的合欢种子仍具有发芽能力；含脂肪、蛋白质多的种子寿命长些，如松属及豆科种子；含淀粉多的种子寿命较短。

（2）种子含水量　含水量低的种子呼吸作用微弱，抵抗外界不良环境的能力强，从而利于种子贮藏生活力的保持，而含水量高的种子则相反。一般种子含水量在 4% ～ 14%。

含水量每降低1%，种子的寿命可延长1倍，但并不是越低越好。要长期保持种子的生活力，延长其寿命，必须使种子的含水量保持在安全含水量（或标准含水量，指维持种子生活力所必需的含水量）范围内。

（3）温度　在贮藏过程中，温度高，种子呼吸作用强，则加速种子内贮藏营养物质的转化，缩短种子寿命；而温度过低会使种子遭受冻害，引起种子死亡。因此一般种子贮藏的适宜温度是0～5℃。如山定子在5℃、含水量为8%～9%的条件下寿命为4年；在15℃、含水量为8%～9%的条件下寿命为3年；在30℃、含水量为8%～9%的条件下寿命为2年。

（4）空气的相对湿度　贮藏地点相对湿度的高低变化可以改变种子的含水量和生命活动状况，从而影响种子的寿命。一般情况下，空气的相对湿度要根据种子的安全含水量来定。安全含水量高的种子应贮藏在湿润条件下；安全含水量低的种子则贮藏在干燥条件下。贮藏时相对湿度控制在50%～60%时，有利于大多数种子的贮藏。

（5）通气条件　通气条件对种子生活力的影响程度同种子本身的含水量有关。含水量低的种子，呼吸作用本来就很弱，在不通气条件下，能较长久地保持生活力。若将种子贮藏于其他气体（氢、氮、一氧化碳）中，也可减弱氧的作用，利于种子贮藏。而含水量高的种子，由于其呼吸作用强，需氧量大，如果通气不良，会导致种子进行无氧呼吸而腐烂，所以在贮藏时必须具备适当的通气条件。

（6）病虫害　昆虫、鼠类和微生物都直接危害种子，影响种子的贮藏寿命。在通常情况下，将种子贮藏在干冷通风的地方有利于降低病虫为害。

三、种子的采集

1. 选择母树

采种母树的选择，最好在采种母本园内进行。没有母本园的，在野生母树或散生母树中选择。通常要选品种纯正、生长健壮、无病虫害、丰产稳产、品质优良的母体作为采种母株。采种母株经专家鉴别后，要作好标记，建立档案。

2. 适时采收

采种时，必须掌握好种子的成熟度，及时采集，只有这样才能获得种粒饱满、品质优良的种子。采集过早，种子未成熟，种胚发育不全，内部营养不足，生活力弱，发芽率低。判断种子是否成熟，应根据果实和种子的外部形态来确定。若果实达到应有的成熟色泽，种仁充实饱满，种皮颜色深而富有光泽，说明种子已经成熟。对于大粒种子，可从地面上捡拾，如山桃、山杏、核桃、板栗等。采集时可先在地面铺一块帆布、塑料布等，然后用机械或人工振动树木，使种子脱落。主要砧木种子采收时期见表3-1。

表 3-1　主要果树砧木种子采收时期、层积天数和亩播种量

名　称	采收时期	成熟特征	层积天数 /d	亩[1]播种量 /kg
山定子	9～10月	果面呈红色或黄色带红晕	30～90	1～1.5
楸子	9～10月	果面呈红色或橘红色	40～50	1～1.5
西府海棠	9月下旬～10月	果面呈黄色带红晕	40～60	1.5～2
沙果	7～8月	果面呈黄色带红晕	60～80	1～2.5
杜梨	9～10月	果面呈赭褐色	60～80	1.5～2.5
豆梨	9～10月	果面呈褐色	10～30	1～1.5
山桃	7～8月	果面由绿白转为淡黄绿色	80～100	30～50
毛桃	7～8月	果面由绿转为绿白色	80～100	30～50
杏	6～8月	果面由黄绿转为橙黄色	80～100	50～60
山杏	7～8月	果面由黄绿转为橙黄色	80～100	30～50
李	6～8月	果面呈黄色、红色、暗红色或紫色	60～100	20～30
毛樱桃	6月	果面呈红色或橙色	90～100	7.5～10
中国樱桃	4～5月	果面呈红色或橙色	90～150	5～7.5
山楂	10月下旬～11月	果面呈红色或橙红色	200～300	10～15
枣	9月	果面呈红褐色	60～90	7.5～10
酸枣	9月	果面呈红褐色	60～90	10～15
野生板栗	9～10月	种苞和刺深褐色，自然开裂	100～150	100～150
核桃	9月	果面呈黄绿色	60～80	100～150
核桃楸	9月	果面呈黄褐色	—	150～175
山葡萄	8月	果面呈紫色	90～120	1.5～2.5

种子采收后应立即进行处理，否则会因发热、发霉等原因，降低种子质量，甚至完全丧失生活力而无法使用。

3. 采集方式

（1）立即采集　种粒小和易随风飞散的种子，如白菜、萝卜、蒲公英等，成熟期与脱落期很相近，应在成熟后脱落前立即采种；色泽鲜艳、易招鸟类啄食的果实，如葡萄、枸杞、女贞等，应在形态成熟后及时采集。

（2）推迟采集　成熟后易脱落的大粒种子，如栎类、核桃、板栗等，可从树上采摘或敲落，也可在果实落地后及时收集；成熟后较长时间不脱落且鸟不喜食的种子，如槐树、水曲柳、槭树、椴树、合欢、苦楝等，采种期可适当延长。

（3）提前采集　形态成熟后长期休眠的种子，如山楂，可在生理成熟后形态成熟前采种，采后立即播种或层积处理，以缩短休眠期。

[1] 1亩＝666.7m^2。

种子采集时，可用采摘法、摇落法、地面收集法、水面收集法等。采集后，要做好登记。

四、种子的调制

种子调制的目的是为了获得纯净、适于播种或贮藏的优良种子。调制的内容包括：脱粒、净种、干燥、分级等。调制方法因种子类型而异，处理方法必须恰当，才可保证种子的品质。

1. 脱粒

大多数园艺植物的种子在贮藏或播种前需要将种子外壳（外皮、果肉等）去除，否则果肉腐烂会导致种子变质。脱粒方法如下。

（1）干燥脱粒法　有自然干燥法和人工干燥法。自然干燥脱粒是将果实摊成薄层，经过适当日晒或晾干，待果或果壳开裂，种子自行散出或经人工打击或碾压后再行收集；人工干燥脱粒即用人工通风、加热，促进果实干燥。干果类、荚果类和球果类的种子多用此法。

（2）水洗脱粒法　适合肉质果，果实无利用价值的。待果实黄熟或红熟后摘下，浸泡于水中，待肉质果软化，再以木棒击捣，使果肉与种子分离，用清水冲洗干净后阴干或风干。

也可采用堆沤方式取种。如山定子、杜梨、山桃、山杏和君迁子等，将果实放入容器内或堆积于背阴处，使果肉变软腐烂，堆放厚度以 25 ～ 35cm 为宜，保持堆温 25 ～ 30℃。因为堆温超过 30℃易使种子失去生活力，所以，堆放期间要经常翻动或洒水降温。果肉软化腐烂后，揉搓，使果肉与种子分离，用清水淘洗干净，取出种子阴干或风干。

果肉有利用价值的，如山楂、野苹果、山葡萄等，可结合加工过程取种。但要防止高温（45℃以上）、强碱、强酸和机械损伤，以免影响种子的发芽率。

2. 净种和分级

（1）净种　指种子脱粒后，通过清除空瘪种子、病烂粒种子和杂物，以提高种子纯度的处理方式。净种的方法如图 3-1 所示。

图 3-1　净种方法

① 风选：利用自然或人工风力，扬去和饱满种子重量不同的夹杂物和瘪粒。

② 水选：多用于大而重的种子。利用饱满种子和夹杂物比重不同，将种子浸入水中或其他溶液中（如盐水、硫酸铜溶液），饱满种子下沉后，清除浮在水面上的夹杂物或空粒和瘪粒。用水选法浸水时间不宜太长，水选好的种子要立即阴干。

③ 筛选：应用不同孔径的筛子，筛去和饱满种子不同体积的夹杂物和瘪粒。

④ 粒选：对于种子颗粒大且数量少的种子可以人工逐粒挑选，将饱满种子与瘪粒、空粒等劣质种子分开。如核桃、板栗等。

（2）分级　净种后要根据种子大小、饱满程度或重量进行分级。实践证明，大粒种子出苗好，小粒种子出苗差。所以经过分级后，可以保证出苗整齐，生长均匀，较易实现全苗，也便于管理。分级方法因种子而异，大粒种子人工选择分级；中、小粒种子可用不同的筛孔进行筛选分级。

3. 种子干燥

大多数果树种子取出后，需要适当干燥，方可贮藏。通常将种子薄摊于阴凉通风处晾干，不宜暴晒。场地限制或阴雨天气时，亦可人工干燥。

五、种子的贮藏

种子阴干后离播种或沙藏还有一段时间，需要妥善贮藏。苹果、梨、桃、柿、枣、山楂、杏、李、猕猴桃等砧木种子，用麻袋、布袋、筐或箱等装好存放在通风、干燥、阴冷的室内、库内等，亦可将清洁种子装入有孔塑料袋内存放。板栗、银杏、甜樱桃和大多数常绿果树的种子，必须湿藏或立即播种。在贮藏期间应控制好温度、湿度、通气状况等环境条件，以减缓衰老，延长贮藏寿命。一般果树砧木种子贮藏过程中，空气相对湿度 50% ～ 60% 为宜，最适温度 0 ～ 5℃。此外，还要注意防虫、防鼠、防霉烂。

贮藏方法

种子的贮藏方法有很多种，如干藏法、湿藏法、低温贮藏法等，应根据不同园艺植物种子特性，分别采取不同的贮藏方法。

（1）干藏法　将干燥的种子贮藏在干燥的环境中称为干藏，分为普通干藏和密闭干藏两种。普通干藏法是将适当干燥的植物种子装入布袋、麻袋、纸袋、编织袋或箱等易透气的容器中，置于阴凉、通风、干燥的室内的方法。定期翻一翻，以免内部温度过高而烧坏种子。密闭干藏法是将干燥种子置于密闭容器中，在低温（1 ～ 4℃）的条件下贮藏的方法。对于一些易丧失发芽率的种子常用此方法。需要长期贮藏的，容器中放些氯化钙、木炭、生石灰等效果更好。

（2）低温贮藏和超低温贮藏法　低温贮藏是将种子含水量控制在 3% ～ 7%，用铝箔袋、塑料袋或玻璃瓶密封，然后放置在温度为 1 ～ 5℃的室内贮藏；超低温贮藏是把风干的种子装入密封容器中，在液态氮（-196℃）内或液态氮的液面上进行贮藏。使用前，要先将种子在室温下慢慢融化。

（3）湿藏法　将种子贮藏在湿润、低温、通气的环境中称为湿藏，也称沙藏或层积处理。适用于安全含水量高的种子或休眠期长需催芽的种子，如板栗、核桃、樱桃等。主要方法有露天埋藏、室内堆藏、窖藏、水藏。

① 露天埋藏

a. 选址：选择地势高燥、排水良好、土质疏松、背风的地方。

b. 挖层积沟：长度视种子数量而定，宽 1 ～ 1.5m，深度据当地气候和地下水位而定。原则上将种子贮放在土壤冻结层以下，地下水位以上，一般 0.8 ～ 1.5m，沟四周挖好排水沟。

c. 种子放置：先在沟底铺一层 5 ～ 10cm 厚的细沙，沙的湿度以手握成团不滴水为宜，沟中央每隔 1 ～ 2m 插一束高出坑面 20cm 的秸秆，以便通气，将种子与湿沙按 1 ∶ 3 的体积比分层交替（每层厚 5cm 左右）或混合放于沟内，放至冻土层为止，用 10 ～ 20cm 厚的湿沙填满坑，再培土成屋脊形，盖土厚度根据当地的气候（尤其是气温）而定（图 3-2）。

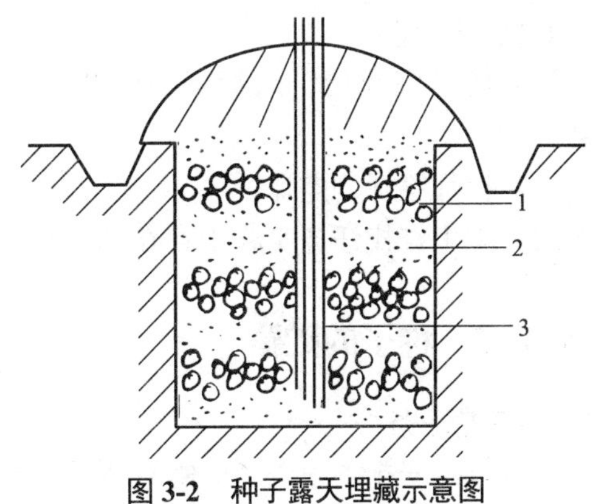

图 3-2 种子露天埋藏示意图

1—种子；2—沙子；3—通气草把

② 室内堆藏

a. 选址：选择干燥、通风、阳光直射不到的室内、地下室或草棚，清洁消毒。

b. 种子放置：将种子与湿沙分层放置或混合后堆积，上覆湿沙后再盖草帘等覆盖物，是否设通气设备，根据种子和湿沙的厚度来定。

种子数量多时：可堆成垄，垄间留出步道，利于通气和检查。

种子数量不多时：可用砖在屋角砌一个池子，将种子和湿沙混合后放入池内。

种子数量较少时：将种子和湿沙混装在木箱、竹箩、花盆等容器中，放于通风、阴凉处。

此法在我国高温多雨的南方应用较普遍。

③ 窖藏

a. 选址：选择地势干燥、阴凉、排水良好处，四周挖排水沟。

b. 种子放置：将种子（不混沙）用筐装好放入窖内；或先在窖底铺竹席或草毯，再把种子倒上面，窖口用石板盖严，再用土封好。

此法在我国华北地区和南方山区贮藏含水量高的大粒种子时采用，河北一带主要用此法贮藏板栗。

④ 水藏：有一些种子可以在不结冰的流水中贮藏，如睡莲、红松种子等装在麻袋中沉于流水中贮藏，效果较好。

项目实施

任务 3-1 采集与调制种子

1. 布置任务

（1）教师安排“银杏（京桃）种子采集与调制”任务，指定教学参考资料，让学生制订任务实施计划单。

（2）学生自学，完成自学笔记。

2. 分组讨论

（1）学生分组讨论，探究自学中存在的问题，交流心得体会。

（2）教师答疑，引导学生制订实施计划。

3. 任务实施

学生按照小组制订的实施计划实施任务。

4. 实施总结

（1）任务完成后，组织各组学生进行现场交流，探究自学中存在的问题，交流心得体会。

（2）教师答疑，点评。

（3）学生查找任务实施中存在的不足，并提交任务实施单。

任务 3-2　种子的贮藏

1. 布置任务

（1）教师安排“银杏（京桃）种子贮藏”任务，指定教学参考资料，让学生制订任务实施计划单。

（2）学生自学，完成自学笔记。

2. 分组讨论

（1）学生分组讨论，探究自学中存在的问题，交流心得体会。

（2）教师答疑，引导学生制订实施计划。

3. 任务实施

学生按照小组制订的实施计划实施任务。

4. 实施总结

（1）任务完成后，组织各组学生进行现场交流，探究自学中存在的问题，交流心得体会。

（2）教师答疑，点评。

（3）学生查找任务实施中存在的不足，并提交任务实施单。

问题探究

选择本地区有代表性的主要园艺植物种子 5 种，编写采集、调制和贮藏作业单。

拓展学习

种子脱粒

1. 球果类脱粒

易开裂的球果，如油松、侧柏、云杉、落叶松、白皮松等，采后放在阳光下晾晒，常翻动，待鳞片开裂后，用木棍敲打，使种粒脱出；不易开裂的球果，如马尾松、樟子松含松脂较多，可将球果堆积起来，浇淋 2% ～ 3% 的石灰水或草木灰水，每隔 1 ～ 2d 翻动一次，经 6 ～ 10d，球果变黑褐色时，摊开曝晒，果鳞开裂，即可脱出种子。冷杉球果高温下易分泌松脂，可摊在通风背阴处阴干，每天翻 2 ～ 3 次，几天后即可脱出种子。

2. 干果类脱粒

含水量低的蒴果（如丁香、金针菜、紫薇等）、荚果（如豌豆、紫穗槐等）、蓇葖果（绣线菊、珍珠梅和八角茴香等），采后可直接摊开曝晒 3 ～ 5d，常翻动，辅以木棍敲打，即可脱出种子；对于皂荚，可用石磙压碎荚皮脱粒；含水量高的蒴果（如杨、柳等）和坚果（如栎类、板栗、榛子等），应放入室内或阴凉处阴干，常翻动，数天后敲打即可脱出种子；白蜡、臭椿、枫杨、槭树等翅果，不必脱去果翅，干燥后清除混杂物即可。对于杜仲、榆树、牡丹、玉兰等，则只能阴干。

3. 肉质果类脱粒

果皮较厚的大粒肉质果，如核桃、山杏、山桃、银杏等采用堆沤法，即将果实堆积起来，盖草、浇水，保持一定的温度，待果皮软化腐烂后搓去果肉取种；果皮较薄的中小粒肉质果，如山定子、樟树等，采用浸沤法，将果实放在水中浸沤，果实软化后，捣碎或搓出果肉，反复冲洗，即可取出纯净种子；果肉松软的肉质果，如樱桃、葡萄、欧李、枸杞等，可直接用木棍捣烂果实，水洗取种；果皮较难除净的肉质果，如苦楝等，可用石灰水浸沤一周左右，果肉软化后，捣碎或搓去果肉取种。

复习思考题

1. 为什么种子要进行适时采收？草本植物和乔灌木植物常用的采收方法有哪些？
2. 种子调制包含哪些内容？请简要说明种子调制的方法。
3. 简述影响种子贮藏的因素，并说明园艺植物种子常用的贮藏方法。

项目七　种子质量检验

学习目标

知识目标

1. 了解种子品质检验的项目。
2. 熟悉种子的休眠。
3. 掌握种子生活力的测定方法。

能力目标

1. 会进行种子净度、千粒重、含水量、优良度及病虫害感染程度测定。
2. 会进行种子生活力测定。

思政与素质目标

1. 通过学习、查阅古书记载的育苗繁育史记，学习古人勇于实践、勤于钻研和善于总结的科学精神；

2. 通过实践苗木繁育研究新方法和手段，学习科研人员积极探索、攻克难题、刻苦钻研、勇于创新的精神，增加“学农爱农”自信心、“强农兴农”责任感，培养热爱劳动的品格；

3. 查阅“二十四节气”苗木繁育相关的民谣、谚语、风俗、诗词等中华优秀传统农耕文化，学习古人顺应客观规律、勇于实践、勤于钻研和善于总结的精神。

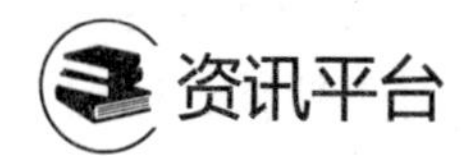

一、种子品质检验

种子品质，包括遗传品质和播种品质两个方面。这里所说的种子品质检验是用科学的方法，对各种园艺植物的种子进行播种品质的检验，即使用品质的检验，为播种育苗提供科学的依据。种子品质检验的内容有：种子净度、千粒重、含水量、发芽率、发芽势、生活力、优良度、种子病虫感染率等。

1. 抽样

抽样是抽取有代表性的、数量能满足检验需要的种子样品。抽样的目的是尽最大努力保证送检样品能准确地代表该批种子的组成成分。同样，检验机构也要按规程采用四分法或分样器法，使分取的测定样品能代表送检样品。只有这样，才能通过样品的检验，正确评定该批种子的品质。

（1）四分法　将种子均匀地倒在光滑清洁的桌面上，略成正方形。两手各拿一块分样板，从两侧略微提高地把种子拨到中间，使种子堆成长方形，再将长方形两端的种子拨到中间，这样重复 3 ～ 4 次，使种子混拌均匀。将混拌均匀的种子再铺成正方形，大粒种子厚度不超过 10cm，中粒种子厚度不超过 5cm，小粒种子厚度不超过 3cm。用分样板沿对角线把种子分成四个三角形，将对顶的两个三角形的种子装入容器中备用，取余下的两个对顶三角形的种子再次混合，按前法继续分取，直至取得略多于测定样品所需数量为止。

（2）分样器法　适用于种粒小的、流动性大的种子。分样前先将送检样品通过分样器，使种子分成重量大约相等的两份。两份种子重量相差不超过两份种子平均重的 5% 时，可以认为分样器是正确的，可以使用；如超过 5%，应调整分样器。

分样时先将送检样品通过分样器三次，使种子充分混合后再分取样品，取其中的一份继续用分样器分取，直到种子缩减至略多于测定样品的需要量为止。

2. 种子净度检验

净度又称纯度，是测定样品中纯净种子重量占供检种子重量的百分比。是种子品质的重要指标之一，是确定播种量的首要条件。同时，夹杂物多的种子不利于贮藏和播种。因而在种子调制后，应做好净种工作。计算公式为：

$$净度=纯净种子重量/供试种子的重量\times100\%$$

3. 种子的重量检验

种子的重量通常是指 1000 粒纯净种子在气干状态下的重量，以克为单位，又称千粒重。千粒重能反映种子的大小和饱满程度，是种子品质的重要指标之一，也是计算田间播种量的依据之一。同一植物的种子，千粒重愈大愈饱满。同一植物的千粒重因母树所在的地理位置、立地条件、年龄、生长发育状况、采种时期等因素的不同而有变化。

4. 种子含水量检验

种子含水量是指种子所含水分的重量（在 100 ～ 105℃下所能消除的水分含量）与种子重量的百分比。计算公式为：

含水量 =（干燥前供检种子重量 - 干燥后供检种子重量）/ 干燥前种子重量 ×100%

种子含水量的高低直接影响种子的寿命。水在种子体内以游离水和结合水这两种状态存在，只有待种子加热到 100 ～ 105℃时才能把结合水彻底排除。因此通常是在烘箱中用 103℃ ±2℃或更高的温度烘干种子样品，根据测定样品前后重量之差来计算含水量。

5. 种子发芽率检验

种子发芽率是在最适宜发芽的环境条件下，在规定的时间内，正常发芽的种子粒数占供检种子总数的百分比。反映了种子的生命力强弱，是播种品质最重要的指标，发芽率的高低直接关系到成苗率的大小。计算公式为：

发芽率 = 供检种子发芽粒数 / 供检种子粒数 ×100%

种子发芽率测定：首先，将待测定的纯净种子分为 4 份，每份中随机抽取 25 粒组成 100 粒，共重复 4 次，或直接用数粒器取 4 个 100 粒；其次，对发芽器皿和发芽床的衬垫物、基质进行洗涤和高温消毒，对培养箱、测定样品等分别用福尔马林或高锰酸钾消毒灭菌，并对浸种样品进行催芽处理，一般可用始温 45℃水浸种 24h；第三，在培养皿或专用发芽皿底盘上铺一层脱脂棉，将处理过的种子以组为单位整齐地排列在发芽床上，种粒之间保持的距离大约相当于种粒本身的 1 ～ 4 倍，以减少霉菌感染，种子上覆盖纱布或滤纸，贴上标签，将发芽床放在培养箱或发芽箱中。需经常检查测定样品及其水分、通气、温度、光照条件。加水最好用蒸馏水。对轻微发霉的种子要拣出并用清水冲洗后放回原发芽床。发霉种子较多时，要及时更换发芽床和发芽容器。发芽测定期间要定期观察记载。测定结束后，分别对各重复的未发芽粒逐一切开，统计新鲜粒、死亡粒、硬粒、空粒、涩粒、无胚粒及虫害粒。最后，计算测定结果。根据记录的资料，分别计算 4 个重复发芽种子的百分率，并计算其平均值。

6. 种子发芽势检验

发芽势指在发芽规定期限的最初 1/3 时间内，种子发芽数占供检种子数的百分比，反映了种子发芽的整齐程度。计算公式为：

发芽势 = 种子发芽达到最高峰时种子发芽粒数（最初 1/3 时间内）/ 供检种子粒数 ×100%

7. 种子生活力检验

种子生活力是指种子发芽的潜在能力，一般用发芽试验法测定，但需要时间长，且对一些休眠期长的种子行之无效，故现在生产中多用染色法、X 射线透视检查法和紫外线荧光法测定，其中以染色法最为常用。

8. 种子优良度检验

种子优良度检验的目的是为了在收购种子时，根据种子外观和内部状况，尽快鉴定出种子质量，以确定其使用价值与合理价格。优良种子具有下述感官表现：种粒饱满，胚和胚乳发育正常，呈该园艺植物新鲜种子特有的颜色、弹性和气味，无病害、虫害或受虫害极轻的种子。具体测定时，常采用解剖法以区分优良种子和劣质种子。计算公式为：

优良度 = 优良种子粒数 / 供检种子粒数 ×100%

9. 种子健康状况检验

种子健康状况主要是指种子是否携带病原菌，如真菌、细菌、病毒以及害虫。其测定方法很多：直观检查法、染色法、比重法和 X 射线透视检查法等。

知识窗

优质种子的特征

第一纯净，无泥土、杂质和碎种粒；第二整齐，同一批种子大小、形状、颜色差别小；第三饱满，成熟种子多饱满，生活力高；第四发芽率高，出苗齐壮，达到自然发芽率水平；第五无病虫害，种子健全完善，病虫感染少；第六干燥耐藏，种子含水百分率适宜。

二、种子的休眠

种子休眠是指具有生活力的种子，由于某些内在因素或外界条件的影响，一时不能发芽或发芽很困难的现象。种子成熟后，即转入休眠状态，此时的种子，新陈代谢缓慢，呼吸作用微弱，能量消耗少。

生产案例：为什么我播种种子不萌发？

1. 被迫休眠

种子成熟后，得不到发芽所需的环境条件（水分、温度、氧气等）而处于休眠状态，满足了这些条件，种子便立即发芽，这类休眠称为被迫休眠。

2. 自然休眠

种子成熟后，由于自身特性，即使给予发芽所需的环境条件也不能立即发芽，必须经过较长时间或进行特殊处理才能发芽，这类休眠称为自然休眠。

三、种子生活力的测定

1. 目测法

观察种子的外表和内部，一般生活力强的种子，种皮不皱缩，有光泽，种粒饱满。剥去内种皮后，胚和子叶呈乳白色，不透明，有弹性，用手指按压不破碎，无霉烂味；而种粒瘪小，种皮发白且发暗无光泽，弹性小或无弹性，胚及子叶变黄或污白，都是生活力减退或失去生活力的种子。目测后，根据生活力（%）=（有生活力的种子粒数 / 供检种子粒数）×100% 的计算公式，分别计算 4 次重复，统计具有生活力种子的百分率。测定结果记入种子生活力测定记录表（表 3-2）。

表 3-2　种子生活力测定记录表

测定方法	测定种子粒数	测定结果									
		空粒	腐烂粒	病虫害粒	其他	无生活力		有生活力		生活力/%	备注
						粒数	百分比/%	粒数	百分比/%		
染色法											
目测法											

2. 染色法

（1）靛蓝（5%红墨水）染色法操作过程　将种子100粒（大粒种子50粒）浸入水中10～24h，使种皮柔软，然后剥去种皮，留下种仁。剥种仁时要细心，切勿使胚损伤。剥出的种仁先放入盛有清水或有湿纱布或湿滤纸的器皿中，将种仁全部剥完后再一起放入0.1%靛蓝（5%红墨水）溶液中，使溶液淹没种仁，上浮者要压沉。置黑暗处，保持30～35℃，染色时间因树种和条件而异，一般为2～4h。染色结束后，沥去溶液，用清水冲洗至水无色。凡胚和子叶完全染色的，为无生活力的种子。胚或子叶部分染色的，为生活力较差的种子；胚和子叶没有染色的，为有生活力的种子。根据生活力（%）=（有生活力的种子粒数/供检种子粒数）×100%的计算公式，分别计算4次重复，统计具有生活力种子的百分率。测定结果记入种子生活力测定记录表（表3-2）。

（2）四唑（TTC）染色法操作过程　四唑是氯化（或溴化）三苯基四氮唑的简称，为白色粉末，水溶液无色。其染色机理是有生活力种子的胚细胞有脱氢酶存在，被种胚吸收的无色的四氮唑类，在脱氢酶作用下还原成不溶性的、稳定的红色化合物，即2,3,5-三苯基甲酯，而无生活力的种胚无此反应。用四唑染色法鉴定种子的生活力是近年来应用较广的一种方法。其主要操作如下。

将种子浸入水中10～24h，然后剥去种皮，留下种仁。种仁全部剥完后一起放入四唑溶液中，使溶液淹没种仁。置黑暗处，保持30～35℃，染色2～4h。染色结束后，沥去溶液，用清水冲洗至水无色。凡胚和子叶不染色的，为无生活力的种子，胚或子叶部分染色的，为生活力较差的种子。胚和子叶染成红色的，为有生活力的种子。根据生活力（%）=（有生活力的种子粒数/供检种子粒数）×100%的计算公式，分别计算4次重复，统计具有生活力种子的百分率。测定结果记入种子生活力测定记录表（表3-2）。

知识窗

种子简易测定方法——烘烤法

“烘烤法”适合苹果、梨等中小粒种子的简易快速测定。取少量种子，数清粒数，将其放在炒勺、铁片或炉盖上，加热炒烤，有生活力的好种子会发出“叭叭”的爆裂声响，无生活力的种子则无声焦化，然后统计好种子百分率。

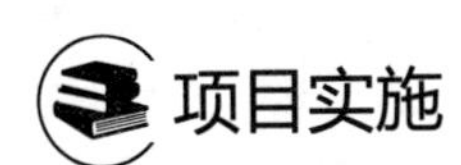

项目实施

任务3-3　检验种子净度、千粒重、含水量、优良度及病虫害感染程度

1. 布置任务

（1）教师安排“检验山定子种子净度、千粒重、含水量、优良度及病虫害感染程度”任务，指定教学参考资料，让学生制订任务实施计划单。

（2）学生自学，完成自学笔记。

2. 分组讨论

（1）学生分组讨论，探究自学中存在的问题，交流心得体会。

（2）教师答疑，引导学生制订实施计划。

3. 任务实施

学生按照小组制订的实施计划实施任务。

4. 实施总结

（1）任务完成后，组织各组学生进行现场交流，探究自学中存在的问题，交流心得体会。

（2）教师答疑，点评。

（3）学生查找任务实施中存在的不足，并提交任务实施单。

任务 3-4　染色法测定种子生活力

1. 布置任务

（1）教师安排"红墨水染色法测定山梨种子生活力"任务，指定教学参考资料，让学生制订任务实施计划单。

（2）学生自学，完成自学笔记。

2. 分组讨论

（1）学生分组讨论，探究自学中存在的问题，交流心得体会。

（2）教师答疑，引导学生制订实施计划。

3. 任务实施

学生按照小组制订的实施计划实施任务。

4. 实施总结

（1）任务完成后，组织各组学生进行现场交流，探究自学中存在的问题，交流心得体会。

（2）教师答疑，点评。

（3）学生查找任务实施中存在的不足，并提交任务实施单。

问题探究

选择合适方法测定一种自选种子的生活力，形成报告。

拓展学习

种子休眠的原因

种子被迫休眠是因为得不到发芽所需的基本条件，而自然休眠的原因较复杂，主要有以下几种。

1. 种皮（或果皮）的机械障碍

有些种子的种皮坚硬、致密，或具角质层、油脂、蜡质等，致使种皮不透水、不透气，种子因为不能吸胀吸水或得不到充足的氧气而难以发芽。即使能透水、透气，但由于种皮过于坚硬，胚根的伸长及突破种皮均很困难而不能发芽，如文冠果、核桃、桃等。

2. 种胚发育不全

有些种子外观上已出现其固有的成熟特征，但种胚发育不全，仍需从胚乳中吸收养分以达到生理上的成熟，如银杏、香榧等。以银杏为例，在种子自然脱落后，种胚长度仅有成熟胚的 1/3 ～ 1/2，经 4 ～ 5 个月的贮藏后，种胚才发育完全，具有正常的发芽能力。

3. 种子含发芽抑制物

有些种子含有很多发芽抑制物质，如脱落酸、氢氰酸、酚类、醛类等，存在于果皮、种皮、胚、胚乳或其他部位。物种不同，抑制物质和存在部位也不一样，如红松的种皮、胚乳及胚内均含有脱落酸；山楂中抑制物质为氢氰酸；桃、杏种子含有苦杏仁苷，在潮湿条件下不断放出氢氰酸而抑制种子萌发。

总之，对于某一树种，其种子长期休眠可能是一个或多个原因造成的，在播种育苗生产中，要解除种子休眠需采取相应的措施。

复习思考题

1. 什么是种子质量检验？它包括哪些内容？
2. 优良种子应具备哪些特点？
3. 如何测定种子的生活力？

项目八　种子播种前处理

学习目标

知识目标

1. 熟悉播种前种子处理方法。
2. 熟悉播种前土壤处理方法。

能力目标

1. 会进行种子层积处理。
2. 会进行水浸催芽。
3. 会进行药剂催芽。
4. 会进行机械损伤催芽。
5. 会进行播前土壤消毒与杀虫。

思政与素质目标

1. 通过学习、查阅古书记载的育苗繁育史记，学习古人勇于实践、勤于钻研和善于总结的科学精神；

2. 通过实践苗木繁育研究新方法和手段，学习科研人员积极探索、攻克难题、刻苦钻研、勇于创新的精神，增加“学农爱农”自信心、“强农兴农”责任感，培养热爱劳动的品格；

3. 查阅“二十四节气”苗木繁育相关的民谣、谚语、风俗、诗词等中华优秀传统农耕文化，学习古人顺应客观规律、勇于实践、勤于钻研和善于总结的精神。

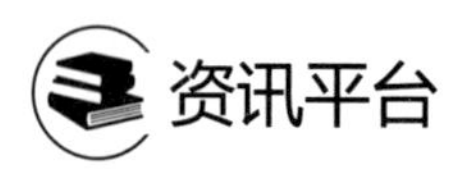

一、播种前的种子处理

1. 种子消毒

种子消毒可杀灭种子本身所带的病菌，保护种子免遭土壤中病虫侵染，一般采用药剂拌种或浸种方法进行种子消毒。

（1）拌种消毒　把种子与混有一定比例药剂的园土或药液相互掺合在一起，以杀死种子所带病菌和防止土壤中病菌侵害种子，然后共同施入土中。常用的方法是用敌克松粉剂拌种，用药量为种子重量的 0.2% ～ 0.5%，先用药粉与 10 倍的细土混合，配成药土后进行拌种。或用 50% 的退菌灵、90% 的敌百虫、50% 的多菌灵等拌种，用药量为种子重量的 3%，消毒效果较好。

（2）浸种消毒　把种子浸入一定浓度的消毒液中，经过一定时间，杀死种子所带病菌，然后捞出阴干待播。在药水消毒前，一般要先把种子在清水中浸泡 5 ～ 6h，然后浸入药水中，按规定时间消毒。捞出后，立即用清水冲洗种子。常用的药剂及处理方法如下。

① 硫酸铜浸种：用 0.3% ～ 1.0% 的溶液浸种 4 ～ 6h，清水冲洗后晾干备用。

② 高锰酸钾浸种：适用于尚未萌发的种子。0.5% 的溶液浸种 2h，或用 3% 的溶液浸种 0.5h，取出后密封 0.5h，再用清水冲洗数次，阴干后备用。

③ 甲醛浸种：在播前 1 ～ 2d，用 0.15% 的甲醛溶液浸种 15 ～ 30min，取出后密封 2h，用清水冲洗后，摊开阴干备用。

④ 多菌灵浸种：50% 多菌灵可湿性粉剂 500 倍液浸种 1h。

⑤ 石灰水浸种：用 1.0% ～ 2.0% 的石灰水浸种 24h，有较好的灭菌效果。

知识窗

种子包衣技术

包衣种子是指通过处理将非种子材料包裹在种子的表皮外部，形状仍类似于原来状态的种子。非种子材料主要指杀菌剂、杀虫剂、生长调节剂、微肥、染料和其他添加物质。经过包衣后，可使小粒种子大粒化、不规则种子成形化，提高了播种速度和播种精度，做到了防虫防病、省工省药、增产增收，促进了种子标准化、机械化、产业化的发展进程。

2. 种子催芽

通过人为的方法，打破种子休眠，促进种子萌发的措施叫做种子催芽。由于未解除休眠的种子播种后，难以出苗或发芽期很长，造成生长不齐，使苗木的质量受到影响。而催芽可缩短出苗期，使幼苗整齐，利于提高苗木的产量和质量。其方法如下。

（1）低温层积催芽　低温层积催芽是把种子和湿润物（沙子、泥炭、蛭石等）分层或混合放置于一定低温（多数树种为 0 ～ 5℃）、通气条件下，促使其发芽。主要适用于长期休眠的种子。具体流程见项目六。

注意事项：要定期检查层积催芽的环境条件；春季要经常查看种子发芽的程度，有 30% 的种子露白时，应立即播种，暂缓播种的，应使其处于低温条件下，控制胚根生长；若发芽强度不够，在播前 1 ～ 3 周将种子取出放在温暖处（18 ～ 25℃）继续催芽。层积催芽的天数因树种而异，见表 3-1。

（2）水浸催芽　水浸催芽是将种子放在一定温度的水中，软化种皮，促使种子吸水，打破种子休眠。是最简单的一种催芽方法，适用于被迫休眠的种子。水浸催芽可分为以下三种。

① 温水浸种：适用种皮不太硬、含水量不高的种子。水温为 20 ～ 30℃，用水量为种子体积的 5 ～ 10 倍。

② 温汤浸种：水温 55 ～ 60℃，用水量为种子体积的 5 ～ 10 倍。边放入种子边搅拌。

③ 热水浸种：适用种皮坚硬的种子。水温为60～90℃，用水量为种子体积的5～10倍。将热水倒入干种子中，边倒边搅拌，使种子受热均匀。

水温自然冷却后常温浸泡，一般 12h 换一次水。浸种时间的长短视种子特性而定。种子泡好后捞出，混以湿沙，平摊在塑料拱棚、温室大棚，或用地热装置，温度控制在 20 ～ 25℃，加盖草帘，保湿保温，每天用 30 ～ 40℃的温水冲洒 1 ～ 2 次。当有 20% ～ 30% 的种子露出白尖时，即可播种。

（3）药剂催芽

① 化学药剂催芽：化学药剂主要有浓硫酸、稀盐酸、小苏打、溴化钾、高锰酸钾、硫酸铜等，其中以浓硫酸和小苏打最常用。种皮具有蜡质、油质的种子，如花椒种子，常用 1% 的碱水或 1% 的苏打水浸种脱蜡去脂，催芽效果较好。

② 植物生长激素催芽：赤霉素对许多种子有促进发芽的作用。对于不少种类的园艺植物种子，赤霉素可以代替打破休眠的低温或光照，促进胚的生长。赤霉素浓度应用最多的是 100mg/L 左右，因植物种类的不同而有所不同。苹果种子用赤霉素处理的最佳浓度是 330mg/L，西洋梨在低温层积前浸于 500mg/L 的赤霉素 24h 可以增加发芽率，500mg/L 的赤霉素对黑醋栗种子发芽有促进作用。此外，用萘乙酸、吲哚乙酸等处理种子也有一定的催芽效果。

③ 微量元素催芽：用钙、镁、铁、铜、锰、钼等微量元素浸种，如用 0.01% 锌、铜或 0.1% 的高锰酸钾溶液处理种子 24h，出苗后 1 年生的幼苗存活率可提高 21.5% ～ 50.0%。

（4）机械损伤催芽　对种皮厚而坚硬的种子，可通过机械方法擦伤种皮，从而促进萌发。如小粒种子可混粗沙摩擦；大粒种子可混石子摩擦，或用搅拌机进行搅拌，或用锤砸破种皮等，均能提高发芽率。

二、播种前的土壤处理

土壤处理的主要目的是消灭土壤中的病原菌和地下害虫。播种前的土壤处理对出苗率及幼苗的生长状况影响很大。一般包括土壤消毒、杀虫等任务。

1. 土壤消毒

土壤消毒可控制土传病害、消灭土壤有害生物，为种子和幼苗创造有利的土壤环境。土壤常用的药剂及消毒方法如下。

（1）福尔马林　在播前10～20d，50mL福尔马林加水6～12L，喷洒在$1m^2$的苗床上，用塑料薄膜覆盖，播前一周打开通风，待药味散去即可播种。

（2）硫酸亚铁　在播前5～7d，2%～3%的硫酸亚铁水溶液4～5kg，浇洒在$1m^2$的苗床上。也可用细干土加入2%～3%的硫酸亚铁制成药土，按100～$200g/m^2$撒入苗床。

（3）五氯硝基苯混合剂　以五氯硝基苯为主加入代森锌（或敌克松等）制成混合药剂，混合比例为3∶1，用药量4～$6g/m^2$，将配好的混合药剂与细沙土混拌均匀制成药土，在播种前撒于播种沟底，把种子播在药土上，并用药土覆盖种子。五氯硝基苯对人畜无害。

（4）多菌灵　用50%多菌灵粉剂$40g/m^2$，将药剂与细沙土混拌均匀制成药土，在播种前撒于苗床上，用塑料薄膜覆盖2～3d，揭膜待药味散去即可播种。

（5）消石灰　结合整地施入，用量$15g/m^2$。酸性土壤，可适当增加。

（6）火焰　在日本用特制的火焰土壤消毒机（汽油燃料）进行消毒。我国一般采用燃烧消毒法，在露地苗床上，铺上干草，点燃。此法可消灭表土中的病菌、害虫和虫卵，翻耕后还能增加一部分钾肥。

（7）硫黄粉　硫黄粉可杀死病菌，也能中和土壤中的盐碱，多在北方使用。药量为每平方米床面用25～30g，或每立方米培养土施入80～90g。

此外，还有很多药剂，如辛硫磷、代森锌等，也可用于土壤消毒。

2. 杀虫

生产主要应用辛硫磷，是一种高效低毒低残留的广谱杀虫螨剂，主要用于防治蛴螬、蝼蛄、金针虫等地下害虫。一般用50%的辛硫磷乳油0.5kg，加水0.5kg，再与125～150kg细沙土混拌均匀制成毒土，每亩施入15kg左右；若用5%的颗粒剂，其用量为45～$75kg/hm^2$。用在种子沟内时，不要使种子接触毒土。辛硫磷光照下易分解，宜在傍晚或阴天施用，无光下稳定，药效可持续1～2个月。

项目实施

任务3-5　低温层积处理种子

1. 布置任务

（1）教师安排“桃核层积”任务，指定教学参考资料，让学生制订任务实施计划单。

（2）学生自学，完成自学笔记。

2. 分组讨论

（1）学生分组讨论，探究自学中存在的问题，交流心得体会。

（2）教师答疑，引导学生制订实施计划。

3. 任务实施

学生按照小组制订的实施计划实施任务。

4. 实施总结

（1）任务完成后，组织各组学生进行现场交流，探究自学中存在的问题，交流心得体会。

（2）教师答疑，点评。

（3）学生查找任务实施中存在的不足，并提交任务实施单。

任务 3-6　水浸催芽种子

1. 布置任务

（1）教师安排“黄瓜水浸催芽”任务，指定教学参考资料，让学生制订任务实施计划单。

（2）学生自学，完成自学笔记。

2. 分组讨论

（1）学生分组讨论，探究自学中存在的问题，交流心得体会。

（2）教师答疑，引导学生制订实施计划。

3. 任务实施

学生按照小组制订的实施计划实施任务。

4. 实施总结

（1）任务完成后，组织各组学生进行现场交流，探究自学中存在的问题，交流心得体会。

（2）教师答疑，点评。

（3）学生查找任务实施中存在的不足，并提交任务实施单。

任务 3-7　药剂浸种催芽

1. 布置任务

（1）教师安排“花椒种子药剂（小苏打）催芽”任务，指定教学参考资料，让学生制订任务实施计划单。

（2）学生自学，完成自学笔记。

2. 分组讨论

（1）学生分组讨论，探究自学中存在的问题，交流心得体会。

（2）教师答疑，引导学生制订实施计划。

3. 任务实施

学生按照小组制订的实施计划实施任务。

4. 实施总结

（1）任务完成后，组织各组学生进行现场交流，探究自学中存在的问题，交流心得体会。

（2）教师答疑，点评。

（3）学生查找任务实施中存在的不足，并提交任务实施单。

任务 3-8 机械损伤催芽种子

1. 布置任务

（1）教师安排“苦瓜催芽”任务，指定教学参考资料，让学生制订任务实施计划单。

（2）学生自学，完成自学笔记。

2. 分组讨论

（1）学生分组讨论，探究自学中存在的问题，交流心得体会。

（2）教师答疑，引导学生制订实施计划。

3. 任务实施

学生按照小组制订的实施计划实施任务。

4. 实施总结

（1）任务完成后，组织各组学生进行现场交流，探究自学中存在的问题，交流心得体会。

（2）教师答疑，点评。

（3）学生查找任务实施中存在的不足，并提交任务实施单。

任务 3-9 种子播种前土壤消毒与杀虫

1. 布置任务

（1）教师安排“山定子播种前土壤处理”任务，指定教学参考资料，让学生制订任务实施计划单。

（2）学生自学，完成自学笔记。

2. 分组讨论

（1）学生分组讨论，探究自学中存在的问题，交流心得体会。

（2）教师答疑，引导学生制订实施计划。

3. 任务实施

学生按照小组制订的实施计划实施任务。

4. 实施总结

（1）任务完成后，组织各组学生进行现场交流，探究自学中存在的问题，交流心得体会。

（2）教师答疑，点评。

（3）学生查找任务实施中存在的不足，并提交任务实施单。

问题探究

选择本地区有代表性的主要园艺植物种子5种，编写种子催芽方案作业单。

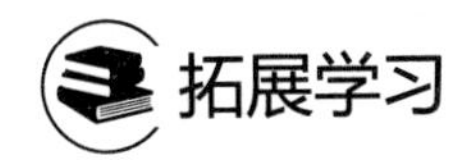

拓展学习

一、种子萌发的条件

一般来说，种子在适宜的水分、温度和氧气的条件下就能萌发。

1. 水分

水是一切生命活动的必要条件，也是种子发芽的首要条件。只有有了水，才能使种皮软化，种子膨胀，种皮破裂，促使种子酶的活动，将种子中贮存的营养物质从难溶状态转化为种胚可吸收利用的可溶状态，胚开始生长，胚根突破种皮，种子开始萌发。

2. 温度

温度对于种子萌发影响很大。种子内部的生理、生化过程是在一定温度条件下进行的。适宜的温度可促使种子很快萌发，过高或过低的温度不利于种子发芽或使种子丧失发芽能力。不同植物种子萌发所需最适温度是不同的。变化的温度可促使酶的活动，有利于种子内营养物质的转变，有利于气体交换，同时可使种皮因温度的变化软化胀缩而破裂，利于种子萌发。

3. 氧气

氧气能增强种子的呼吸作用，促进酶的活动，如种子在温度、水分适宜的条件下缺乏氧气，种子内部因产生酒精使种子中毒而腐烂，丧失发芽能力。

4. 光照

光照对有些种子萌发产生一定的影响。喜光种子在光照条件下发芽更好，但大多数植物种子在无光条件下有利于发芽。喜光种子如欧洲报春，种子的发芽除满足温度、水分条件以外，发芽时需要光照。

二、营养土的配制

1. 营养土的要求

有机质丰富、养分全面；保水性、通气性好；重量轻易搬运，不易散坨；浇灌后，不结硬块和板结；无病虫害；无杂草种子；酸碱度适宜。

2. 营养土的配制（蔬菜）

原苗床营养土配制比例：床土4～5份，草木灰、马粪等有机物5～6份，无机肥1～1.5kg/m^3。

成苗床营养土配制比例：田土5～7份，草木灰、马粪等有机物3～4份，优质粪肥2～3份，复合肥2～3kg/m^3。

复习思考题

1. 简述种子和土壤消毒常用的方法。
2. 园艺植物种子为什么发芽率低？
3. 播种前如何对种子进行催芽处理？

项目九 播种

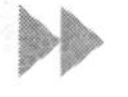

学习目标

知识目标

1. 了解播种前土地准备。
2. 熟悉播种时期、播种量与播种方式。
3. 掌握播种方法。

能力目标

1. 会进行大粒种子播种。
2. 会进行中小粒种子播种。

思政与素质目标

1. 通过学习、查阅古书记载的育苗繁育史记，学习古人勇于实践、勤于钻研和善于总结的科学精神；

2. 通过实践苗木繁育研究新方法和手段，学习科研人员积极探索、攻克难题、刻苦钻研、勇于创新的精神，增加“学农爱农”自信心、“强农兴农”责任感，培养热爱劳动的品格；

3. 查阅“二十四节气”苗木繁育相关的民谣、谚语、风俗、诗词等中华优秀传统农耕文化，学习古人顺应客观规律、勇于实践、勤于钻研和善于总结的精神。

资讯平台

一、播种前土壤准备

1. 施入基肥

基肥应在整地前施入，亦可作畦后施入畦内，翻入土壤。每亩施 2500 ～ 4000kg 腐熟的有机肥，同时混入过磷酸钙 25kg、草木灰 25kg，或复合肥等。

2. 整地作畦

苗圃地喷药、施肥之后，深耕细耙土壤，耕翻深度 25cm 左右为宜，并清除影响种子发芽的杂草、残根、石块等障碍物。土壤经过耕翻平整即可作畦或作垄。一般畦宽 1m、长 10m 左右，畦埂宽 30cm，畦面应耕平整细。高畦，畦面高出地面 15 ～ 20cm。畦的四周开

25cm深的沟（图3-3）。作垄，一般单垄垄距55～60cm，大垄双行垄距70～80cm。

知识窗

不同整地方式的优缺点

高畦（图3-3），适用于排水良好，对土壤水分较敏感的植物；易积水的苗圃；降水较多或气候寒冷的地区。优点是排水良好，地温提高，苗床土层厚度增加，侧方灌溉，床面不易板结，步道可用来排灌。缺点是灌水不便，保墒能力稍差。

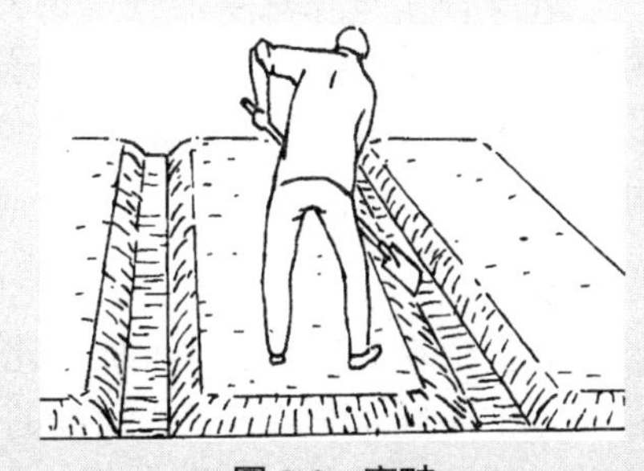

图3-3 高畦

平畦（图3-4），适用于降水量少，无积水的地区；对土壤水分要求不严的植物。优点是便于灌溉，利于保墒。缺点是土壤温度较高畦差，苗木生长慢，易积水。

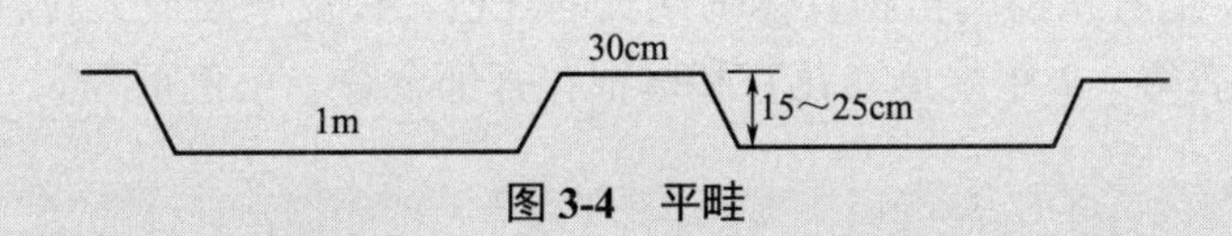

图3-4 平畦

高垄（图3-5），优点是肥土层厚，土壤疏松，通气条件好，利于排水，灌溉方便；培育的苗木根系发达；便于机械化生产，节省劳动力。

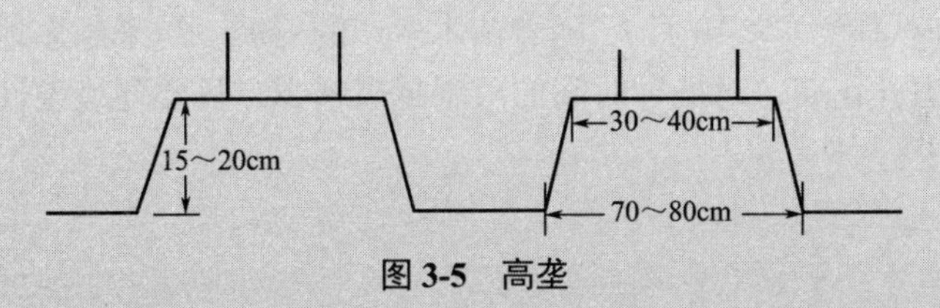

图3-5 高垄

平垄，适用于多行式带播。优点：提高土地利用率和单位面积产苗量，也有利于机械化。缺点：不利灌溉和排水。

二、播种时期

播种时期的确定是育苗工作的主要环节，适宜的播种时期可使种子发芽早、发芽率高，出苗齐、苗木壮，苗木的抗旱、抗寒、抗病能力强，还可节省土地和人力。播种期要根据植物的生物学特性和当地的气候条件来确定，掌握适种、适地、适时的原则。“适种”就是根据植物的生物学特性确定适宜的播种期。“适地”就是根据土壤的性质确定适宜的播种期，沙土播期可早些，黏土播期可晚些；“适时”就是根据当地的气候条件确定适宜的播种期。

1. 春播

春季是种苗生产中应用最广泛的季节，我国的大多数园艺植物都适合春播。优点是从播种到出苗的时间短，可以减少圃地的管理次数；春季土壤湿润、不板结，气温适宜种子萌发，出苗整齐，苗木生长期较长；幼苗出土后温度逐渐增高，可以避免低温和霜冻的危害；较少受到鸟、兽、病虫危害。春播宜早，在土壤解冻后应开始整地、播种，在生长季短的地区更应早播。早播有利于培养健壮、抗性强的苗木。

2. 夏播

许多种子可在夏季播种，但夏季天气炎热，太阳辐射强，土壤易板结，对幼苗生长不利。一些夏季成熟不耐贮藏的种子，可在夏季随采随播，如杨、柳、桑等。夏播尽量提早，以使苗木在入冬前基本停止生长，木本植物充分木质化，以利安全越冬。夏播的蔬菜种子有胡萝卜、萝卜和白菜。

3. 秋播

有些植物的种子在秋季播种比较好，秋季播种还有变温催芽的功能。优点是可使种子在苗圃地中通过休眠期，完成播前的催芽阶段；幼苗出土早而整齐，幼苗健壮，成苗率高，增强苗木的抗寒能力；经秋季的高温和冬季的低温过程，起到变温处理的作用；可缓解春季作业繁忙和劳动力紧张的矛盾。秋季播种不宜太早，以当年不发芽为前提。秋播时间一般可掌握在 9 ～ 10 月份。适宜秋播的植物有休眠期长的红松，种皮坚硬或大粒种子核桃楸、板栗、文冠果、山桃和山杏等，2 年生草本花卉和球根花卉郁金香、三色堇等。

4. 冬播

冬播实际上是春播的提早及秋播的延续。我国北方一般不在冬季播种，南方一些地区由于气候条件适宜，可以冬播。

北方以早春（3 ～ 4 月）播种为主，南方冬春都有播种。长江中下游的大部分地区分为春播（4 ～ 5 月）和秋播（9 ～ 10 月）。随着苗木生产的发展，越来越多地采用保护地条件下的播种，更多地考虑开花期，对播种时间的限制越来越少，只要环境条件适合，又满足所播种苗木的习性都可进行。

三、播种量

单位土地面积的用种量称为播种量。通常以 kg/ 亩或 kg/hm^2 表示。播种量可根据树种、当地条件、播种方法、株行距等，由计划育苗数、每千克种子的粒数及种子质量计算得出，其公式如下：

播种量（kg/ 亩）= 每亩计划育苗数 /（每千克种子粒数 × 发芽率 × 种子纯度）

影响砧木种子发芽和出苗的因素是多方面的，为了留有一定的保险系数，防止缺苗断垄现象的发生，生产中实际播种量要比理论计算值略高。主要果树砧木种子常用播种量见表 3-1。

四、播种方式和方法

1. 播种方式

播种方式有大田直播和苗床密播两种。大田直播是将种子直接播种在苗圃内，这种方式可用机械操作，简便省工、出苗整齐、生长迅速。苗床密播是将种子稠密地播种在苗床内，出苗后移栽到大田进行培养，这种方式播种密度大，便于集中管理，可以创造幼苗生长的良好条件，经移栽后苗木侧根发达，须根量大，苗木质量高，且节省种子，但移栽比较费工。

2. 播种的方法

（1）撒播　适用于一些种子较小、生长迅速、植株所占营养面积较小的树种，如山定子、海棠等（图 3-6）。撒播密度大，出苗量多，土地利用率高，出苗快，用种量大，但出苗过密会导致通风透光不良，幼苗生长势减弱，管理不方便。撒播可以湿播（播前浇底水）或干播（播前不浇底水），前者播后用筛过的细土或细沙覆盖，稍埋住种子为宜，后者要播后镇压以利保墒，避免因干旱影响正常出苗。

（2）条播　适用于大多数种子较小的果树。在施足底肥，灌足底水，整平耙细的畦面上按一定的距离开沟，沟内再打底水，水渗后把种子均匀地撒在沟内（图 3-7）。播后立即覆土，并要依具体情况增加覆盖物以保湿。大田播种应用较多。条播有垄作单行条播、垄作双行条播、畦内多行条播和双行带状条播等。条播利于管理和起苗，节约用种，苗木通风、透光好，生长健壮，但单位面积产苗量较撒播低。

图 3-6　撒播

图 3-7　条播

（3）点播　按一定的株行距将种子播于育苗地的方法。多用于大粒种子如桃、杏、核桃、板栗等的直播（图 3-8）。为了节省种子，管理方便，大粒种子床播也可用点播法。但在点播核桃种子时要将种尖侧放，缝合线与地面保持垂直（图 3-9），而板栗种子要平放，利于种胚萌发出土。点播苗木分布均匀，营养面积大，生长快，苗木质量好，但单位面积产苗量少，管理不当易出现缺苗断垄现象。

图 3-8　桃芽点播

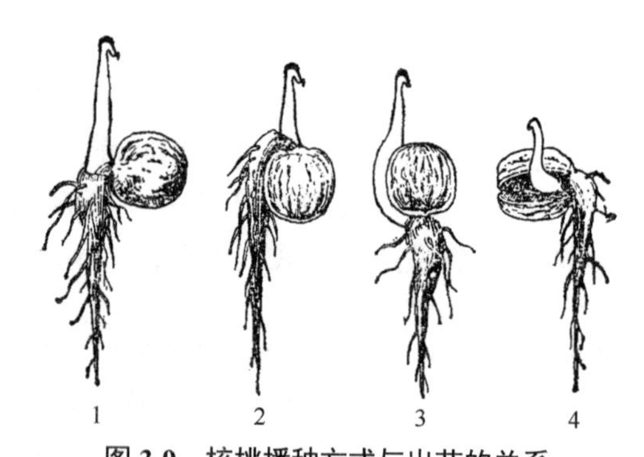

图 3-9 核桃播种方式与出苗的关系

1—缝合线直立；2—种尖朝上；3—种尖朝下；4—缝合线平放

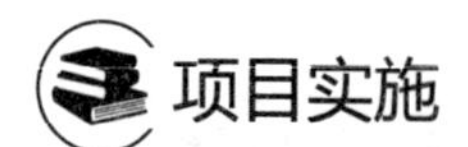

项目实施

任务 3-10 大粒种子播种

1. 布置任务

（1）教师安排“播种桃芽”任务，指定教学参考资料，让学生制订任务实施计划单。

（2）学生自学，完成自学笔记。

2. 分组讨论

（1）学生分组讨论，探究自学中存在的问题，交流心得体会。

（2）教师答疑，引导学生制订实施计划。

3. 任务实施

学生按照小组制订的实施计划实施任务。

4. 实施总结

（1）任务完成后，组织各组学生进行现场交流，探究自学中存在的问题，交流心得体会。

（2）教师答疑，点评。

（3）学生查找任务实施中存在的不足，并提交任务实施单。

任务 3-11 中小粒种子播种

1. 布置任务

（1）教师安排“播种山定子种子”任务，指定教学参考资料，让学生制订任务实施计划单。

（2）学生自学，完成自学笔记。

2. 分组讨论

（1）学生分组讨论，探究自学中存在的问题，交流心得体会。

（2）教师答疑，引导学生制订实施计划。

3. 任务实施

学生按照小组制订的实施计划实施任务。

4. 实施总结

（1）任务完成后，组织各组学生进行现场交流，探究自学中存在的问题，交流心得体会。

（2）教师答疑，点评。

（3）学生查找任务实施中存在的不足，并提交任务实施单。

问题探究

选择本地区有代表性的主要园艺植物5种，编写种子播种流程单。

拓展学习

覆土厚度

播种覆土厚度应根据种子大小、苗圃地的土壤及气候等条件来决定。一般覆土厚度为种子直径的1～3倍。大粒种子应深播，小粒种子应浅播；黏重土壤覆土要薄些，沙质土壤覆土要厚些；秋播覆土要厚些，春播覆土要薄些；播后床面有地膜覆盖要薄些，气候干燥、水源不足的地方覆土要厚些。土壤黏重容易板结的地块，可用沙、土、腐熟马粪混合物覆盖。春季干旱，蒸发量大的地区，畦面上应加覆保湿材料。生产上不同果树播种深度大致为：猕猴桃、草莓等播后不覆土，只需稍加镇压或覆以微薄细沙土，不见种子即可；山定子覆土1cm以内；海棠、楸子、葡萄、杜梨、君迁子等覆土1.5～2.5cm；枣、樱桃、山楂、银杏等覆土4cm左右；山桃、毛桃、杏等覆土4～5cm；核桃、板栗等覆土5～6cm。为了解决土壤温湿度和出土困难的矛盾，在春季可深播浅覆土，在夏季可浅覆土加覆草。

复习思考题

1. 比较高垄、平垄、高床、低床播种的优缺点。
2. 确定播种期和播种量要考虑哪些因素？
3. 播种的主要方法有哪些？比较各自优缺点。

项目十　实生苗培育管理

学习目标

知识目标

1. 了解不同时期实生苗生长发育特点。
2. 熟悉出苗前播种地管理方法。
3. 掌握苗期管理方法。

能力目标

1. 会调查实生苗不同时期的生长发育特点。
2. 会进行实生苗管理。

思政与素质目标

1. 通过学习、查阅古书记载的育苗繁育史记，学习古人勇于实践、勤于钻研和善于总结的科学精神；

2. 通过实践苗木繁育研究新方法和手段，学习科研人员积极探索、攻克难题、刻苦钻研、勇于创新的精神，增加“学农爱农”自信心、“强农兴农”责任感，培养热爱劳动的品格；

3. 查阅“二十四节气”苗木繁育相关的民谣、谚语、风俗、诗词等中华优秀传统农耕文化，学习古人顺应客观规律、勇于实践、勤于钻研和善于总结的精神。

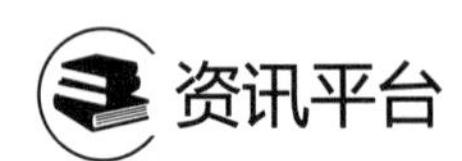

一、实生苗不同时期的生长发育特点

1. 出苗期

从播种到苗木出土、地上长出真叶（针叶植物种脱掉种皮）、地下发出侧根时为止，一般为1～5周。特点是子叶出土尚未出现真叶；地下只有主根而无侧根；地下根系生长较快，地上部分生长较慢；营养物质主要来源于种子自身所贮藏的物质。

2. 幼苗期

从幼苗地上生出真叶、地下开始长侧根，到幼苗的高生长量大幅度上升时为止，多数为3～8周。苗木幼嫩时期，特点是地上部分出现真叶，地下部分出现侧根；全靠自行制造营养物质；叶量不断增加，叶面积逐渐扩大；前期高生长缓慢，根系生长较快，吸收根分布可达10cm以上，到后期，高生长逐渐转快。

3. 速生期

从苗木高生长量大幅度上升时开始，到高生长量大幅度下降时为止。一般为1～3个月。特点是地上、地下生长量大，高生长量占全年生长量60%～80%；已形成了发达的营养器官，能吸收与制造大量营养物质；叶子数量、叶面积迅速增加；一般出现1～2个高生长暂缓期，形成2～3个生长高峰。

4. 硬化期

从苗木高生长量大幅度下降时开始，到苗木停长、进入休眠时为止，持续6～9周。特点是高生长急剧下降，不久高生长停止，加粗生长逐步停止，最后根系生长停止；出现冬芽，体内含水量降低，干物质增加；地上、地下都逐渐达到木质化；对高温、低温抗性增强。

二、出苗前播种地的管理

1. 覆盖

覆土后一般需要覆盖。覆盖材料一般用稻草、麦秆、茅草、苇帘、松针、锯末、谷壳和苔藓等。覆盖材料不要带有杂草种子和病原菌，覆盖厚度以不见地面为度。也可用地膜覆盖或施土面增温剂。覆盖材料要固定在苗床上，防止被风吹走、吹散（图 3-10）。

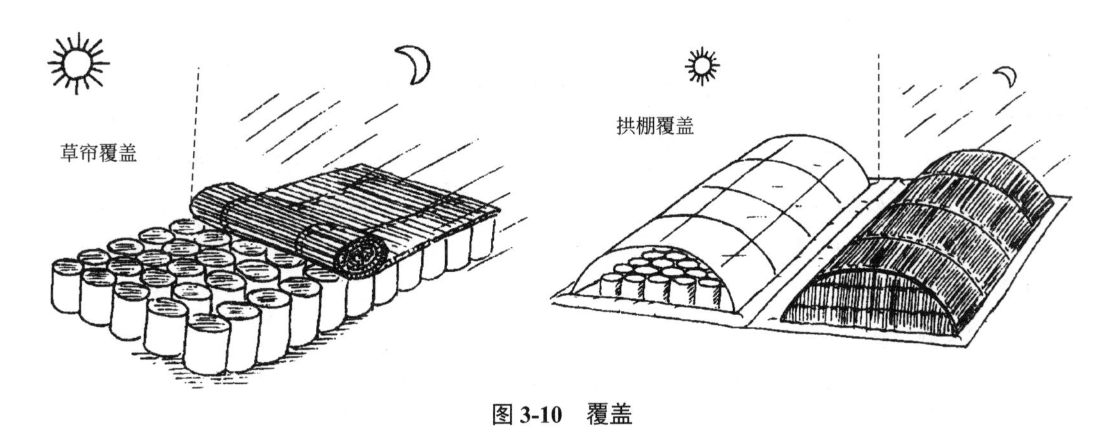

图 3-10 覆盖

塑料薄膜和土面增温剂是近 20 多年发展起来的覆盖材料。特别是薄膜覆盖在农业上应用较多，对保持土壤湿度、调节土温有很大的作用，可使幼苗提早出土，防止杂草滋生。

2. 灌水

种子萌发出土前，忌大水漫灌，尤其中小粒种子，以免冲刷，造成播行混乱，覆土厚度不匀，地表板结，出苗困难。如果需要灌水，以渗灌、滴灌和喷灌方式为好。无条件者可用水壶喷水增墒。

三、苗期管理

1. 灌水

苗高 10cm 以上时，不同灌溉方式均可采用，但幼苗期漫灌时水流量不宜过大。生长期应注意观察土壤墒情、苗木生长状况和天气情况，适时适量灌水，以促进苗木迅速生长。秋季控制肥水，防止徒长，促进新梢木质化，增强越冬能力。越冬前灌一次封冻水。

2. 中耕除草

为保持育苗地土壤疏松，破除土壤板结，提高地温，增强透气性，清除杂草，减少水分和养分消耗，为苗木生长创造良好的环境条件，出苗后应经常中耕锄草。对杂草应掌握“除早、除小、除了”的原则；灌溉后或雨后 1 ～ 2d，土壤板结，天气干旱，水源不足时，均应进行松土。一般苗木生长前半期每 10 ～ 15d 进行一次，深度 2 ～ 4cm；后半期每 15 ～ 30d 一次，深度 3 ～ 5cm。松土除草可结合进行，除草可采用人工、机械和除草剂。对于撒播苗不便除草和松土，可将苗间杂草拔掉，再在苗床上撒一层细土，防止露根透风。

3. 间苗与移苗

间苗是按照确定留量把多余的苗拔掉，使幼苗分布均匀、整齐、松散，以利通风透光，苗木健壮。幼苗长至 2 ～ 4 片真叶时可进行间苗、移苗。间苗最好在雨后或灌溉后、土壤较湿润时进行，拔除受病虫为害的、机械损伤的、生长不良的、过分密集的幼苗，注意不要损伤保留苗，间苗后及时灌溉，以淤塞间苗留下的苗根空隙。间出的幼苗除病弱苗和损伤苗不能利用外，其他幼苗可以移栽。移苗太晚易伤根，缓苗期长；太早则成活率低。移栽前要适当于旱炼苗（蹲苗），移栽前 1 ～ 2d 灌透水 1 次以利起苗带土，同时喷药防病；移栽后灌水 3 ～ 5 次，以利根系与土壤充分接触，必要时遮阴。移栽最好在阴天或傍晚进行。

4. 追肥

幼苗生长过程中，要适时适量补肥。砧木苗在生长期结合灌水进行土壤追肥 1 ～ 2 次。第一次追肥在 5 ～ 6 月份，每亩施用尿素 7.5 ～ 10kg；第二次追肥在 7 月上中旬，每亩施复合肥 10 ～ 15kg。除土壤追肥外，结合防治病虫喷药进行叶面喷肥，生长前期喷 0.3% ～ 0.5% 的尿素；8 月中旬以后喷 0.5% 的磷酸二氢钾，或交替使用氨基酸复合肥等。总的原则是苗木生长前期以追施或喷施速效性氮肥为主，后期以追施速效磷、钾肥为主。由于幼苗根系小，施肥应掌握少量多次的原则。

5. 病虫害防治

苗木立枯病、根腐病等可喷敌克松、波尔多液或甲基托布津等药物防治；食叶、食芽害虫可喷敌百虫等药剂；防治地下害虫金龟子、蝼蛄、蛴螬等可用辛硫磷稀释后灌根。

6. 摘心

对用于嫁接的实生砧木苗，在苗高 30cm 左右时进行摘心，促进砧木苗增粗，以利嫁接。

项目实施

任务 3-12　调查实生苗不同时期的生长发育特点

1. 布置任务

（1）教师安排“调查山定子苗不同时期的生长发育特点”任务，指定教学参考资料，让学生制订任务实施计划单。

（2）学生自学，完成自学笔记。

2. 分组讨论

（1）学生分组讨论，探究自学中存在的问题，交流心得体会。

（2）教师答疑，引导学生制订实施计划。

3. 任务实施

学生按照小组制订的实施计划实施任务。

4. 实施总结

（1）任务完成后，组织各组学生进行现场交流，探究自学中存在的问题，交流心得体会。

（2）教师答疑，点评。

（3）学生查找任务实施中存在的不足，并提交任务实施单。

任务 3-13　对实生苗进行播后管理

1. 布置任务

（1）教师安排“山定子苗播后管理”任务，指定教学参考资料，让学生制订任务实施计划单。

（2）学生自学，完成自学笔记。

2. 分组讨论

（1）学生分组讨论，探究自学中存在的问题，交流心得体会。

（2）教师答疑，引导学生制订实施计划。

3. 任务实施

学生按照小组制订的实施计划实施任务。

4. 实施总结

（1）任务完成后，组织各组学生进行现场交流，探究自学中存在的问题，交流心得体会。

（2）教师答疑，点评。

（3）学生查找任务实施中存在的不足，并提交任务实施单。

问题探究

以小组为单位，完成山定子苗间苗、补苗、灌溉、施肥、中耕、防病、防虫等综合管理，撰写管理日历。

拓展学习

一、实生苗生产需要注意的几个问题

（1）一般催芽的种子在催芽前进行消毒，催芽后由于种子萌发，种皮开裂，药物对幼芽有影响，不宜再进行消毒。水浸催芽，水质要清洁，防止盆面长出青苔，影响种子发芽，一般浸种超过 24h 要换水。

（2）播种工序包括播种、覆土、镇压、覆盖等几个环节。一般播种细小粒种子或土壤松散干燥时才需要镇压。

（3）播种的深度是由种子的大小和种子发芽的需光性决定的。一般种子的播种深度为种子直径的 2 ～ 3 倍，干旱地区可略深一些。

（4）覆盖增加了育苗成本，加大了劳动强度。因此，中粒、大粒种子，在土壤水分条件好、播前底水充足时，多不进行覆盖。

（5）遮阳的苗木由于阳光较弱，对苗木质量影响较大。因此，能不遮阳即可正常生长的园艺植物种，就不要遮阳；需要遮阳的园艺植物种，在幼苗木质化程度提高以后，一般在速生期的中期可逐渐取消遮阳。

（6）松土要注意深度，防止伤及苗木根系。土表已严重板结时要先灌溉再进行松土除草，否则会因松土造成幼苗受伤。

（7）除草剂和农药使用要注意人畜的安全。有些除草剂或农药毒性很高，施药时要根据使用说明，做好保护工作，避免对人畜的伤害。在池塘、河流附近使用除草剂或农药要注意防止污染水体。一些低毒除草剂，也应避免接触皮肤尤其是眼睛，防止造成伤害。

（8）间苗和补苗时，为了防止土壤干燥。不伤幼苗和便于作业，间苗、补苗前后都应该灌水。间苗、补苗工作应尽量利用阴雨天气或在晴天的早晨和傍晚进行。

（9）苗木追肥应注意掌握肥料用量，用量过大不但造成浪费，而且会引起“烧苗”现象，特别是根外追肥。因为叶面喷洒肥料溶液或悬液后容易干燥，浓度稍大就可立即灼伤叶子，在施用技术方面也比较复杂，效果又不太稳定，所以目前根外追肥一般只作为辅助的补肥措施，不能完全代替土壤施肥的作用。

二、化学除草

1. 选用合适的施药器械

（1）喷雾器　一般的农用背式喷雾装置即可，容易控制喷雾量、掌握喷雾位置，适合在有苗地作业。

（2）微量喷雾器　一般是动力喷雾装置，可均匀喷洒微量药液，适合在有苗地作业。

（3）高压喷雾机　由储液罐、压缩机、动力机械和行走装置（如拖拉机）等4部分组成，能形成高压水雾，适合在空阔地、播后苗苗床使用。

（4）一般的农用喷粉器　适用于荒地、休闲地、播后苗苗床使用。

（5）其他器械　畜力或机械施药、松土工具，用于施药、拌土等，适用于行距较大的大苗地。

所有的施药器械最好专用，犁耙等用后要及时清洗，防止再作他用时伤害苗木。

2. 选择适宜的施药时期

春季，一般在杂草种子刚萌发、出芽时，除草效果好。播种苗床可在播时施药，移植苗床可在缓苗后施药，留床苗可在杂草发芽时施药。如需灌溉，要在灌溉后施药。其他时间使用除草剂，可根据苗木、杂草的种类及生长情况，选择最佳的施药时间。

3. 确定合理的用药量

根据苗木、除草剂、杂草种类及环境状况，参考小面积试验取得的数据和他人使用经验，严格掌握用药量。可根据除草剂的剂型、使用器械确定用药量。茎叶处理一般使用水溶液喷雾，喷雾时溶液要均匀，防止药物沉淀；土壤处理可使用水溶液喷雾或用沙土作毒土，将除草剂与沙土混合后闷一段时间，效果更好。背负式喷雾器一般每公顷用水450L，毒土每公顷450kg。

4. 确定使用途径

（1）茎叶处理　一般用喷雾器将药液喷洒在杂草茎叶上。喷雾要均匀，尽量喷在叶面背部，避免喷洒在苗木上。

（2）土壤处理　可采用喷雾的方法直接将药液喷在土壤表面。毒土施用时应均匀地撒在土壤表面，易光解的除草剂要搅拌混土，注意搅拌深度，防止毒害苗木根系，一般以药不见光为宜。

5. 明确施用方法

（1）浇洒法　适用于水剂、乳剂、可湿性粉剂。先称出一定数量的药剂，加少量水使之溶解、乳化或调成糊状；然后加足所需水量，用喷壶或洒水车喷洒苗床和道路。加水量的多少与药效关系不大，主要视喷水孔的大小而定。一般每公顷用水量约为6000kg。

（2）喷雾法　适用剂型和配制方法同浇洒法，不同点是用喷雾器喷药。每公顷用水量比浇洒法少，约 750kg。喷洒苗床和主道、副道。

（3）喷粉法 适用于粉剂，有时也用于可湿性粉剂。施用时应加入重量轻、粉末细的惰性填充物，再用喷粉器喷施。多用于幼林地、防火线和果园，亦可用于苗圃地。

（4）毒土法 适用于粉剂、乳剂、可湿性粉剂。取手捏成团、手松即散的潮土，过筛备用，称取一定数量的药剂，先加少许细土，充分搅匀，再加适量土（一般每公顷 300 ～ 375kg），粉剂可直接拌土；用乳剂可先加少量水稀释，用喷雾器喷在细土上拌匀撒施，但应随配随用，不宜存放。

（5）涂抹法 适用于水剂、乳剂、可湿性粉剂。将药配成一定浓度的药液，用刷子直接涂抹植物。一般用来灭杀苗圃杂草、伐根的萌芽。

（6）除草剂的混用 有些除草剂之间，除草剂与农药、肥料可以混用，混用可以减少劳动工作量，发挥除草剂的效力。但混用要谨慎，特别是与农药和肥料混用更应慎重，不要图省事，忽略了除草剂的药害。多种除草剂的混用，可同时防除多种杂草，提高除草效率。但混用首先要考虑药剂能否混合，有没有反应，混合后药物是否有效、有害。其次是考虑除草剂的选择性，如果混合后既能杀死单子叶杂草，又能消灭阔叶杂草，还能保证苗木不受伤害，这种混合是成功的，否则是失败的。应根据除草剂的化学结构、物理性质、使用剂量、剂型及选择性进行试验，选出适合某种或某类苗木的除草剂混合及混合比例。

复习思考题

1. 试述 1 年生播种苗的生长发育规律和各时期的育苗技术要点。
2. 播种后出苗前要求哪些管理措施？
3. 出苗后苗期管理的技术措施有哪些？

项目十一 苗木出圃

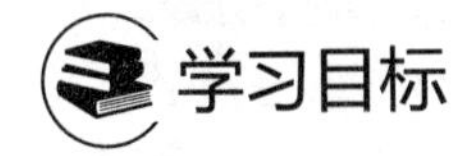

学习目标

知识目标

1. 了解苗木消毒方法。
2. 熟悉苗木出圃规格。
3. 掌握苗木起苗、分级、包装与运输。

能力目标

1. 会进行苗木出圃前调查。
2. 会进行人工起苗。
3. 会进行苗木的越冬假植。

思政与素质目标

1. 通过学习、查阅古书记载的育苗繁育史记，学习古人勇于实践、勤于钻研和善于总结

的科学精神；

2. 通过实践苗木繁育研究新方法和手段，学习科研人员积极探索、攻克难题、刻苦钻研、勇于创新的精神，增加“学农爱农”自信心、“强农兴农”责任感，培养热爱劳动的品格；

3. 查阅“二十四节气”苗木繁育相关的民谣、谚语、风俗、诗词等中华优秀传统农耕文化，学习古人顺应客观规律、勇于实践、勤于钻研和善于总结的精神。

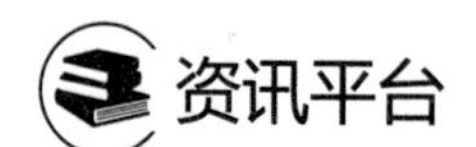

一、苗木出圃前的准备

1. 合格苗标准

品种纯正；根系发达，主根短直，侧根、须根多且分布均匀；枝干充实、粗壮，充分木质化；具有该品种应有的色泽；整形带芽体饱满；嫁接口完全愈合，表面光滑；无病虫害，无机械损伤。

2. 苗木调查

为了掌握苗木的产量和质量，对苗木种类、品种、各级苗木数量进行核对、调查或抽查，为苗木出圃和营销工作提供依据。一般先根据苗木的种类、范围、管理技术等划分出调查区，然后以调查区总面积的 2% ～ 4% 作为抽样面积。生产上常用的苗木调查方法主要有两种。

（1）标准行调查法　在要调查的苗木生产区中，每隔一定的行数（如每隔 5 行），选出一行或一垄（双行）作为标准行，待标准行选定后，再在标准行上选出一定长度的有代表性的地段，在选定的地段上调查苗木的质量和数量，质量调查主要包括株高、茎粗、芽和根系的生长发育状况。

（2）标准地块调查法　这种方法适用于大棚、温室以及其他各种床式育苗。调查时，在育苗地上按调查要求，从总体内有意识地选取一定数量有代表性的典型地块，进行调查。所选取的典型地块要求能代表总体的大多数，并且一个调查地块的面积一般为 0.5 ～ 1.0m^2。

3. 制定苗木出圃计划与操作规程

根据苗木调查结果以及外来订购苗木情况制订出圃计划，确定供应单位、数量、运输方法、装运时间，并与购苗单位及运输部门密切联系，保证及时装运、转运，尽量缩短运输时间，保证苗木质量。

苗木出圃计划内容主要包括：出圃苗木基本情况（树种、品种、数量和质量等）、劳力组织、工具准备、苗木检疫、消毒方式、消毒药品、场地安排、包装材料、起苗时间、苗木贮藏、运输及经费预算等。

起苗操作规程主要包括：起苗的技术要求，分级标准，苗木除叶、修苗、扎捆、包装、假植的方法和质量要求。

4. 圃地浇水

起苗前，如果苗圃土壤干旱，应提前 7d 左右对苗圃地进行灌水，以确保苗圃土壤含水适宜、松软，便于起苗，减少根系损伤，节省劳力。

二、起苗、分级和消毒

1. 起苗

（1）起苗时期　苗木起挖的时期，依苗木种类及地区的不同而异。在生产上大致可分为秋季和春季两个起挖时期。秋季挖苗，要在苗木停止生长后至土壤结冻前起苗。在同一苗圃可根据不同苗木停止生长的早晚、栽植时间、运输远近等情况，合理安排起苗的先后时期。桃、梨等苗木停止生长较早，可先挖；苹果、葡萄等苗木停止生长较晚，可迟挖；春季挖苗，要在土壤解冻后至苗木发芽前起苗，芽萌动后起苗影响栽植成活率。冬季严寒地区不宜春季起苗。

（2）起苗方法和要求

① 起苗方法：苗木起挖的方法可分为人工起苗和机械起苗两种。目前我国主要靠人工起苗（图 3-11），随着生产的发展，机械起苗（图 3-12）正在逐渐增多。

图 3-11　人工起苗

图 3-12　机械起苗

人工起苗多用于小型苗圃。裸根挖出的苗木，若需要远运还必须蘸泥浆护根。机械挖苗多用于大、中型苗圃，机械挖苗不但工作效率高，减轻劳动强度，节省开支，而且苗木质量好。挖出的苗木应集中放在阴凉处，用浸水草帘或麻袋等覆盖根系，以免失水。

② 挖苗要求：挖苗前应先对苗木挂牌标明树种、品种、砧木类型、来源、苗龄等；落叶前起苗，应先将叶片摘除，然后起苗，防止失水抽条；挖苗深度要求达 20 ～ 25cm，并且要求至少保留 15 ～ 20cm 以上长的侧根 3 ～ 4 条；在苗木起挖和运输过程中，注意保护好根系、苗干、芽和接口，尽量减少损伤，使苗木完好；苗木挖起后，根系不能久晒、冰冻，最好随挖随运随栽。如挖起的苗木不能及时运出或栽植，必须进行覆盖，或就地假植，以防伤根。苗木挖起后，应立即剪除生长不充实的枝梢及病虫为害部分。

2. 分级

苗木起出后，根据国家或当地规定的苗木出圃规格进行分级。不合格的苗木列为等外苗，仍留在苗圃内继续培养，也可重新归圃。

果树合格苗木的基本条件是：品种纯正，砧木类型正确、地上部枝条健壮、充实、具有一定的高度和粗度，芽体饱满；根系发达，须根多，断根少；无严重的病虫害及机械伤；嫁接苗的接合部愈合良好。在分级过程中，要严防品种混杂，避免风吹、日晒或受冻。结合分级进行修苗。剪去病虫根、过长或畸形根，主根一般截留 20cm 左右。受伤的粗根应修剪平滑，缩小伤面，且使剪口面向下，以利根系愈合生长。地上部病虫枝、残桩和砧木上的萌蘖等，应全部剪除。

3. 苗木消毒

苗木除在生长阶段用农药杀虫灭菌外，出圃时最好对其进行消毒。可用 3 ～ 5°Be 石硫合剂、1 ∶ 1 ∶ 100 倍波尔多液、甲基托布津等对地上部分喷洒消毒，对根系浸根处理，浸根 10 ～ 20min 后，再用清水冲洗根部。李属植物应慎用波尔多液，以免造成药害。也可在密闭的条件下，利用熏蒸剂汽化后的有毒气体，杀灭种子、苗木等繁殖材料以及土壤、包装等非繁殖材料中的害虫。熏蒸剂的种类很多，通常用于苗木消毒的有溴甲烷和氢氰酸。

知识窗

苗木检疫

出圃的苗木，特别是调往不同地区的苗木，根据国家规定应当进行检疫，以防止病虫害及恶性有害植物的传播。苗圃经营者要主动到国家植物检疫部门进行检疫，取得合格证明并经批准，方可调运苗木。发现检疫对象存在问题时应立即停止调运，听从检疫部门处理。育苗单位和苗木调运人员，必须严格遵守植物检疫条例，做到疫区不输出，新区不引入。

我国对内检疫的病虫害有：苹果棉蚜、苹果蠹蛾、葡萄根瘤蚜、美国白蛾。列入全国对外检疫的病虫害有：地中海实蝇、苹果蠹蛾、苹果实蝇、葡萄根瘤蚜、美国白蛾、栗疫病、梨火疫病等。

三、苗木的包装和贮藏

1. 苗木的包装

苗木分级以后，通常是按级别，以 25 株、50 株或 100 株等数量捆扎、包装。包装是苗木出圃的重要环节。许多 1 年生播种苗春季在阳光下裸晒 60min 绝大多数苗木出现死亡，而且经过日晒的苗木即使成活，生长也受影响。苗木运输时间较长时，要进行细致包装，常用的包装材料有：草包、蒲包、聚乙烯袋、涂沥青的麻袋和纸袋、集运箱等。具体包装要求如下。

（1）栽植容易成活或运输距离较近的苗木，在休眠期间可露根出圃。出圃时可先将苗木运到靠近圃场干道或便于运输的地方，按照苗木的植物种、品种、规格和级别分别用湿土将根部埋好，进行临时假植，以便出圃时装车运输。

对于大苗如落叶阔叶植物种，大部分起裸根苗。包装时先将湿润物放在包装材料上，然后将苗木根对根放在上面，并在根间加些湿润物如湿稻草、湿麦秸等，或者将苗木的根部蘸满泥浆。这样放苗到适宜的重量，将苗木卷成捆，用绳子捆住。

（2）凡运输时间长，距离远的苗木或有特殊要求或易失水的植物种，必须先将根浸保湿剂并根据苗木的不同类型采取适当的包装。

① 卷包包装：把规格较小的裸根苗运送到较远的地方时，使用此种方法包装比较适宜。具体做法是把包装材料如蒲包片或草席等铺好，将出圃的苗木枝梢向外，苗根向内互相重叠摆好，再在根系周围填充一些湿苔藓、湿稻草等，照此法把苗木和湿苔藓一层层地垛好，直至一定数量（以搬运方便为宜），每包重量一般不超过30kg，即可用包裹材料将苗木卷好捆好，再用冷水浸渍卷包，以增加包内水分。

② 装箱包装：运输距离较远，运输条件较差，运出的苗木规格又较小，树体需要保护的裸根苗木，使用此种包装方法较为适宜。具体操作方法是在已经制作好的木箱内，先铺好一层湿苔藓或湿锯末，再把寄送的苗木分层摆好，在摆好的每一层苗木根部中间，都需放好湿苔藓（或湿锯末）以保护苗木体内水分，在最后一层苗木放好后，再在上面覆一层湿苔藓即可封箱。对穴盘也可用硬纸箱装好，可一层层堆放，装入硬纸箱中，但注意不要压苗。

③ 带土球包装：针叶和大部分常绿阔叶植物种因有大量枝叶，蒸腾量较大，而且起苗时损伤了较多的根系，起苗后和定植初期，苗木容易失去水分，影响苗木体内的水分平衡，以致死亡。因此这类树木的大苗起苗时要求带上土球，为了防止土球碎散，以减少根系水分损失，挖出土球后要立即用塑料膜、蒲包、草包和草绳等进行包装，对特殊需要的珍贵植物种的包装有时要用木箱。包装时一定要注意在外面附上标签，在标签上注明植物种的苗龄、苗木数量、等级和苗圃名称等。

④ 双料包装：适用于运输距离较远，植物种珍贵，规格较大的带土球苗木。具体做法是将已包装好的带土球苗，稳固地放入已经备好的筐中或木箱中，然后用草绳将苗干和筐沿固定在一起，土球与筐中的空隙，要用细湿土压实，使土球在筐中不摇不晃，稳固平衡。

2. 苗木的贮藏

起苗后，不能及时栽植的苗木，必须进行妥善贮藏，以防苗木根系和枝条失水或受冻。苗木贮藏是指在人工控制的环境中进行的苗木存放处理。但因在贮藏过程中，苗木根系也需要用湿润的河沙等基质进行埋植处理，因此，也称为苗木假植。贮藏分临时性短期贮藏和越冬长期贮藏。

生产案例：劣质树苗愁坏种质户

（1）临时性短期贮藏　已分级、扎捆不能及时运走的苗木或到达目的地不能立即栽植的苗木，需进行临时性短期贮藏。临时贮藏的苗木，可就地开沟，成捆立植于沟中，用湿土埋好根系，或整捆放于阴凉潮湿的地方，喷洒清水，用塑料布包好根系。

（2）越冬长期贮藏　秋季起苗后第二年春季定植的苗木，需要长时间假植越冬，叫长期假植或长期贮藏。长期贮藏的方法为：在背风向阳、地势高燥平坦、无积水的地方挖假植沟，南北向开沟，沟深80～100cm，宽1m左右，长随苗木数量而定。先在沟底部铺一层10cm厚的湿沙，沙的湿度为最大持水量的60%～70%（手握成团，手松开一触即散为宜），然后将苗干向南倾斜45°，成捆整齐地排放在沟内，摆一层苗，放一层湿沙，使苗木根系与湿沙密接，不留空隙，培沙子的高度可达苗干高度的1/3～1/2，最后在假植沟上覆盖草帘，寒冷地区还应适当覆土防冻。假植地四周应开排水沟，为了利于通气，可在假植沟中插一小捆秸秆，大的假植地中间还应适当留有通道。不同品种的苗木，应分区假植，详加标签，以防混杂。苗木假植期间要定期检查，防止沙子干燥、积水、鼠及野兔等危害。

苗木销售单位长期假植时要注意苗木的贮取方便，有条件的单位可以建造苗木贮藏库贮苗。

项目实施

任务 3-14　苗木出圃前的调查

1. 布置任务

（1）教师安排“苹果苗出圃前调查”任务，指定教学参考资料，让学生制订任务实施计划单。

（2）学生自学，完成自学笔记。

2. 分组讨论

（1）学生分组讨论，探究自学中存在的问题，交流心得体会。

（2）教师答疑，引导学生制订实施计划。

3. 任务实施

学生按照小组制订的实施计划实施任务。

4. 实施总结

（1）任务完成后，组织各组学生进行现场交流，探究自学中存在的问题，交流心得体会。

（2）教师答疑，点评。

（3）学生查找任务实施中存在的不足，并提交任务实施单。

任务 3-15　人工起苗

1. 布置任务

（1）教师安排“人工起苹果苗”任务，指定教学参考资料，让学生制订任务实施计划单。

（2）学生自学，完成自学笔记。

2. 分组讨论

（1）学生分组讨论，探究自学中存在的问题，交流心得体会。

（2）教师答疑，引导学生制订实施计划。

3. 任务实施

学生按照小组制订的实施计划实施任务。

4. 实施总结

（1）任务完成后，组织各组学生进行现场交流，探究自学中存在的问题，交流心得体会。

（2）教师答疑，点评。

（3）学生查找任务实施中存在的不足，并提交任务实施单。

任务 3-16　苗木越冬假植

1. 布置任务

（1）教师安排“苹果苗越冬假植”任务，指定教学参考资料，让学生制订任务实施计划单。

（2）学生自学，完成自学笔记。

2. 分组讨论

（1）学生分组讨论，探究自学中存在的问题，交流心得体会。

（2）教师答疑，引导学生制订实施计划。

3. 任务实施

学生按照小组制订的实施计划实施任务。

4. 实施总结

学生总结任务实施情况，教师点评，学生提交实训报告。

问题探究

1. 苗木为什么要进行检疫，如何防治检疫病虫害蔓延？

2. 以山定子苗为例简述其出圃的操作过程。

拓展学习

苗木出圃七注意

1. 苗木标准

苗木出圃时应达到地上部枝条健壮、成熟度好、芽饱满、根系健全、须根多、无病虫害等标准。

2. 起苗时间

一般在苗木的休眠期起苗。落叶树种从秋季落叶开始到翌年春季树液开始流动以前都可起苗。常绿园艺植物除上述时间外，也可在雨季起苗。春季起苗宜早，要在苗木开始萌动之前起苗，春季起苗可减少假植程序。秋季起苗应在苗木地上部停止生长后进行，此时根系正在生长，起苗后若能及时栽植，春季则能较早开始生长。

3. 起苗深度

起苗深度要根据树种的根系分布规律，宜深不宜浅，过浅易伤根。若起出的苗木根系少，宜导致栽后成活率低或生长势弱，所以应尽量减少伤根。果树起苗一般在苗木旁边20cm处下锹，苗木主侧根长度至少保持20cm，不要损伤苗木的皮层和芽眼。对于过长的主根和侧根，因不便掘可以切断。

4. 圃地浇水

起苗前圃地要浇水。因冬春季干旱，圃地土壤容易板结，起苗比较困难。最好在起苗前5d给圃地浇水，使苗木在圃地内吸足水分，有比较充足的水分储备，且能保证苗木根系完整，增强苗木抗御干旱的能力。

5. 根部带土球

挖取苗木时根部要带土球，避免根部暴露在空气中失去水分。珍贵树种或大树还可用草

图 3-13　根部带土球苗

绳缠裹，以防土球散落，同时栽后要与土壤紧密接合，使根系快速恢复吸收功能，有利于提高成活率（图 3-13）。

6. 搞好分级

为了保证苗木栽后林相整齐及生长均衡，起苗后应立即在背风的地方进行分级，标记品种名称，严防混杂。苗木分级的原则：品种纯正，砧木类型一致，地上部分枝条充实，芽体饱满，具有一定的高度和粗度，根系发达，须根多、断根少，无严重病虫害及机械损伤，嫁接口愈合良好。将分级后的各级苗木，分别按 20 株、50 株或 100 株捆成捆。

7. 苗木假植

出圃后的苗木如不能及时定植或外运，应先进行假植。假植苗木均怕渍水、怕风干，应及时检查。

复习思考题

1. 简述合格苗的标准。
2. 比较苗木出圃的时期及各自的优缺点。
3. 常用的苗木调查方法有哪些？如何调查？
4. 常用的起苗方法有哪些？如何操作？
5. 苗木调查的目的和要求是什么？
6. 苗木如何进行越冬假植？

数字资源

模块四 嫁接繁殖技术

学习前导

本模块包括砧木的选择与培育，接穗的选择与贮藏，嫁接，嫁接后管理四个项目。其中，砧木的选择与培育项目介绍了砧木的选择与培育方法，使学生熟悉园艺植物常用砧木，掌握培育砧木苗技能；接穗的选择与贮藏项目介绍了接穗的选择、接穗的采集与贮藏，使学生了解如何选择接穗，掌握接穗的采集与贮藏技能；嫁接项目介绍了嫁接成活原理、影响嫁接成活的因素、嫁接的时期与方法，使学生熟悉嫁接繁殖的原理、影响因素，掌握嫁接时期与常用的枝接、芽接技能；嫁接后管理项目介绍了检查成活及解绑、剪砧、抹芽与除萌、立柱与其他管理，使学生了解苗木嫁接后管理流程，掌握嫁接后管理技能。

课程思政案例

嫁接繁殖史记材料

我国古代相传有："连理木""连理枝"的发现，这可能是自然界中两种植物偶然靠着生活，相互结合而成活的产物，是一种自然嫁接的产物。

在《周礼·冬官考工记》中有："橘逾淮而北为枳……此地气然也"的记述。有人认为那时已有柑橘的嫁接技术，理由是柑橘嫁接苗在淮河以北地区栽植，由于气温低，地上部冻死，地下部的砧木(枳)仍能生长，因而变为枳了。但这仅是一种推测。

我国古代的嫁接技术从何时开始，尚无确切的文字记载。据辛树帜研究，认为可能在秦汉之际，我国劳动人民或已掌握了用梨与"棠"或"杜"嫁接的技术，并认为我国嫁接技术最初是从梨树方面取得的。我国果树嫁接很可能在秦汉时代已有采用。到了北魏时代的《齐民要术》中，贾思勰总结的果树嫁接技术经验已达到很高水平。那时，已出现了同属不同种间的嫁接，例如梨与棠、杜，桃与杏、李等的嫁接。

《齐民要术》中谈到的梨树嫁接技术都符合现代科学原理。那时对于砧木、接穗的选择，嫁接方法、时期等都论述详尽。例如："插梨"第三十七：插者弥疾。插法：用棠、杜。杜如臂已上皆任插，杜树大者插五枝，小者或三或二，梨叶微动为上时，将欲开莩为下时。"当先种杜，经年后插之，主客俱下亦得，然俱下者，杜死则不生也。""棠，梨大而细理；杜，次之；桑，梨大恶；枣、石榴上插得者，为上梨，虽治十，收得一、二也。"

此后在唐代的《四时纂要》也谈到："其实内子相类者，林檎、梨向木瓜砧上，栗子向栎砧上，皆活，盖是类也"，就是沙果、梨，可用木瓜砧木；栗可用栎（可能是茅栗）为砧木。明代《种树书》云："柑、橘、橙等于枳棘上接者易活"，说明物种亲缘相近是嫁接容易成活的关键。其后的古农书中还有不少关于砧木对接穗影响的记述，例如："梅树接桃则脆""桃树接李枝，则红而甘，桃树接杏则大"等，这些经验，值得研究。

古人对接穗的选择已有很多经验。《齐民要术》云："折取其美梨枝阳中者，阴中枝则实少""用根蒂小枝，树形可喜，五年方结子；鸠脚老枝，三年即结子，而树醜"。又云："凡远道取梨枝者，下根即烧三四寸，亦可行数百里犹生"。元代的《王祯农书》云："凡接枝条，必择其美（宜用宿条向阳者，气壮而易茂；嫩枝向阴者，气弱而难成）"。在这两部著作中，都指出要从优良母本上有光照的部位剪取成熟的接穗。

关于嫁接技术、嫁接用具，在元代的《王祯农书》中有了全面总结，例如："接工必有用具，细齿截锯一连，厚脊利刃小刀一枚，要当心手款稳，又必趁时（以春分前后十日为宜，或取其条衬青为期，然必待时暄可接，盖欲藉阳和之气也）……夫接博，其法有六：一曰身接，……二曰根接，……三曰皮接，……四曰枝接，……五曰靥接，……六曰搭接，……"。大体来讲，身接与现在的高砧嫁接相同，根接近似现在一般用的枝接，皮接和枝接近似现在的皮下接或插接，靥接与现在的方块芽接相同，搭接就是合接。

在《王祯农书》中，已经进一步总结出砧穗的相互影响。"凡接枝条，必择其美，根（砧木）株（接穗）各从其类……一经接博，二气交通，以恶为美，以彼易此，其利有不可言者"。综合以上古代农书资料可见，在古代我国果树嫁接技术和有关原理已经达到很高水平，特别是梨的嫁接技术，在1400多年前已有极其丰富的经验。

项目十二　砧木选择与培育

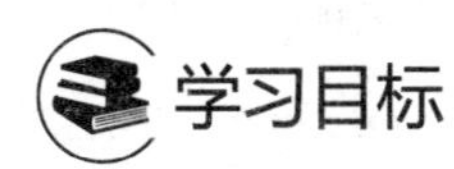

学习目标

知识目标

1. 熟悉园艺植物常用砧木。
2. 掌握培育砧木苗的方法。

能力目标

1. 会选择砧木。
2. 会培育砧木苗。

思政与素质目标

1. 通过学习、查阅古书记载的育苗繁育史记，学习古人勇于实践、勤于钻研和善于总结的科学精神；

2. 通过实践苗木繁育研究新方法和手段，学习科研人员积极探索、攻克难题、刻苦钻研、勇于创新的精神，增加“学农爱农”自信心、“强农兴农”责任感，培养热爱劳动的品格；

3. 查阅“二十四节气”苗木繁育相关的民谣、谚语、风俗、诗词等中华优秀传统农耕文化，学习古人顺应客观规律、勇于实践、勤于钻研和善于总结的精神。

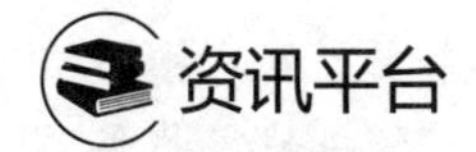

资讯平台

一、砧木选择

由于砧木对嫁接成活及嫁接苗的生长发育、树体大小、开花早晚、果实产量与质量、观赏价值等都有密切的关系，所以砧木的选择是嫁接育苗的重要技术环节之一。

选择砧木时，主要依据以下条件。

（1）与接穗亲和力强　与接穗的亲和力强是嫁接成活的首要条件。

（2）适应性、抗逆性强　能够适应当地的气候条件与土壤条件，本身生长健壮、根系发达，具有较强的抗寒、抗旱、抗涝、抗风、抗污染、抗病虫害等能力。

（3）对接穗生长发育无不良影响　砧木必须对接穗的生长、开花、结果、寿命等有很好的作用，嫁接植株能反映接穗原有的优良特性。

（4）繁殖方法简便　繁殖材料要来源丰富，易于大量繁殖，易于成活，生长良好。一般选用 1 ～ 2 年生的健壮实生苗。主要园艺植物与常用砧木见表 4-1。

表 4-1　主要园艺植物与常用砧木表

园艺植物	砧木	园艺植物	砧木	园艺植物	砧木
桂花	小叶女贞	广玉兰	白玉兰	板栗	麻栎、茅栗、枫杨

续表

园艺植物	砧木	园艺植物	砧木	园艺植物	砧木
碧桃	毛桃	麦李	山桃	核桃	核桃楸、野核桃
紫叶李	山桃	苹果	海棠、山定子	李	山杏、山桃、毛樱桃
樱花	野樱桃	梨	杜梨、山梨	樱桃	本溪山樱
羽叶丁香	北京丁香	梅花	梅、山桃	山楂	野山楂
枣树	酸枣	牡丹	芍药	菊花	茼蒿、黄蒿、铁杆蒿
龙爪榆	榆树	蟹爪兰	仙人掌	桃	山桃、毛桃
龙爪柳	柳树	龙桑	桑	杏	山杏、毛桃
龙爪槐	国槐	柑橘	枳、枸头橙、红橘、酸橘	李	山桃、毛桃、梅
番茄	野生番茄	柿树	君迁子	柚	酸柚
茄子	托鲁巴姆	郁李	山桃	西洋梨	榅桲
西瓜	葫芦、南瓜	蝴蝶槐	国槐	黄瓜	黑籽南瓜

知识窗

嫁接亲和力

嫁接的亲和力是指砧木和接穗在内部组织结构、生理生化与遗传特性上彼此相同或相近，从而能够相互结合在一起，进行正常生长的能力。亲和力越高，嫁接越容易成功，成活率就越高，这是嫁接成活的关键。

二、砧木培育

砧木苗可通过播种、扦插、压条等方法繁殖，其中以种子播种的实生苗应用最多。这是因为播种苗具有根系发达、抗逆性强、寿命长等优点，而且便于大量繁殖。对于种子来源少或不易进行种子繁殖的树种也可采用无性繁殖方法。

实生苗培育一般是在早春进行播种，而且时间宜早不宜晚。土壤解冻后即可播种。为提高地温，促进苗木生长，可以加盖小拱棚。定苗时，宜保持规则的株行距，以便嫁接操作。砧木苗的管理一方面要适时灌溉、施肥、中耕除草，保持其旺盛的生长势；另一方面还要通过摘心等措施控制苗木的高度，促进其茎部加粗，苗木嫁接部位以上枝及早摘心。芽接季节，如因天气干旱，树液流动缓慢，皮层与木质部分离困难时，可于嫁接前一周进行灌水，以便提早嫁接，提高嫁接成活率。

砧木苗的大小、粗细、年龄等对嫁接成活和接后的生长有密切关系，应根据树种及嫁接方法要求具体掌握。一般果树所用的砧木，粗度以 1 ～ 3cm 为宜；生长快而枝条粗壮的核桃等，砧木宜粗。砧木的苗龄以1～2年生为佳，生长慢的树种也可用3年以上的苗木作砧木，甚至可以用大树进行高接换头。

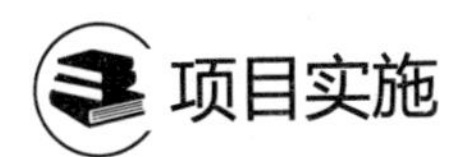

项目实施

任务 4-1 选择砧木

1. 布置任务

（1）教师安排“选一种嫁接繁殖园艺植物，查资料选择适合砧木”任务，指定教学参考资料，让学生制订任务实施计划单。

（2）学生自学，完成自学笔记。

2. 分组讨论

（1）学生分组讨论，探究自学中存在的问题，交流心得体会。

（2）教师答疑，引导学生制订实施计划。

3. 任务实施

学生按照小组制订的实施计划实施任务。

4. 实施总结

（1）任务完成后，组织各组学生进行现场交流，探究自学中存在的问题，交流心得体会。

（2）教师答疑，点评。

（3）学生查找任务实施中存在的不足，并提交任务实施单。

任务 4-2 培育嫁接砧木苗

1. 布置任务

（1）教师安排“培育桃砧木苗”任务，指定教学参考资料，让学生制订任务实施计划单。

（2）学生自学，完成自学笔记。

2. 分组讨论

（1）学生分组讨论，探究自学中存在的问题，交流心得体会；

（2）教师答疑，引导学生制订实施计划。

3. 任务实施

学生按照小组制订的实施计划实施任务。

4. 实施总结

（1）任务完成后，组织各组学生进行现场交流，探究自学中存在的问题，交流心得体会。

（2）教师答疑，点评。

（3）学生查找任务实施中存在的不足，并提交任务实施单。

问题探究

选择家乡有代表性的主要园艺植物 10 种，填写其常用砧木作业单。

省市县乡（镇）10 种主要园艺植物常用砧木作业单

园艺植物种类	常用砧木	园艺植物种类	常用砧木

拓展学习

嫁接育苗概念及特点

嫁接育苗是把优良母本的枝条或芽嫁接到遗传特性不同的另一植株（砧木）上，使其愈合生长成为一株苗木的方法。供嫁接用的枝或芽称为接穗，而承受接穗的植株称为砧木，用嫁接方法繁殖所得的苗木称为嫁接苗。嫁接繁殖的特点如下。

（1）保持母本的优良特性。接穗采自优良母树上，遗传性状稳定。

（2）增强抗性和适应性。利用砧木对接穗的生理影响，提高嫁接苗的适应能力，起到抗寒抗旱、抗病虫害等效果。如柿子嫁接到君迁子上可以增加抗寒能力，梨嫁接到杜梨上可以适应盐碱土等。

（3）能促进苗木的生长发育，提早开花结果。如银杏苗嫁接银杏结果枝，当年可以结果。

（4）可以进行高接换种、树冠更新，改变同种雌雄异株的性别，如银杏、香榧。

（5）克服不易繁殖现象，增加繁殖系数。一些植物种很少结实或不结实，如无核葡萄等可以利用嫁接繁殖，扩大繁殖系数。

（6）可以根据需要利用乔化砧或矮化砧，使树冠高大或矮小。如选用毛樱桃做李树的砧木可起到矮化植株的作用。

（7）可以提高植物的观赏价值。通过组装有观赏价值的植物，在同一株树上可以看到不同颜色的花或吃到不同的果实。

（8）恢复树势、救治创伤、补充缺枝、更换新品种等。

（9）选育新品种。芽变选出的新品种，通过嫁接来固定其优良性状，扩大繁殖系数。

复习思考题

1. 什么叫嫁接亲和力？
2. 如何选择砧木？

3. 嫁接繁殖的特点有哪些？

项目十三　接穗选择与贮藏

学习目标

知识目标

1. 熟悉接穗的选择原则。
2. 掌握接穗的采集与贮藏方法。

能力目标

1. 会采集接穗。
2. 会进行接穗的贮藏。

思政与素质目标

1. 通过学习、查阅古书记载的育苗繁育史记，学习古人勇于实践、勤于钻研和善于总结的科学精神；

2. 通过实践苗木繁育研究新方法和手段，学习科研人员积极探索、攻克难题、刻苦钻研、勇于创新的精神，增加“学农爱农”自信心、“强农兴农”责任感，培养热爱劳动的品格；

3. 查阅“二十四节气”苗木繁育相关的民谣、谚语、风俗、诗词等中华优秀传统农耕文化，学习古人顺应客观规律、勇于实践、勤于钻研和善于总结的精神。

资讯平台

一、接穗的选择

选择接穗，必须从栽培目的出发，选择品质优良纯正、经济价值高、生长健壮、无病虫害的壮年期优良植株为采穗母树。采穗量大的也可建立专门的采穗圃。采集接穗时，最好选母树的外围中上部，光照充足、发育充实的 1 ～ 2 年生枝条作为接穗，并以节间短、生长健壮、芽体饱满、无病虫害、粗细均匀的 1 年生枝为最好。而有的树种如无花果、油橄榄等，只要枝条组织健全、健壮，采用 2 年生或树龄更大的枝条也能取得较高的嫁接成活率，甚至比 1 年生枝条效果更好。

二、接穗的采集与贮藏

嫁接繁殖量小时，采集接穗最好随接随采，如果春季枝接量大，一般在休眠期结合冬剪将接穗采回后，贮藏起来，准备来年扦插。每 100 根捆成一捆，附上标签，标明树种、品种、采条日期、数量等，在适宜的低温下贮藏。接穗贮藏一般存于假植沟或地窖内，贮藏期间经常检查，注意保持适当的低温和适宜的湿度，以保持接穗的新鲜，防止失水、发霉。特别是在早春气温回升时，要采取遮阴等措施保持较低温度，防止接穗芽体膨大，造成接穗与砧木萌发期不一致而影响嫁接成活。春季嫁接时，接穗随取随用。

采用蜡封法贮藏接穗，效果更好，尤其对于有伤流现象、单宁含量高的核桃、板栗、柿树等接穗效果更为突出。方法是：将秋季落叶后采回的接穗，在 60 ～ 80℃的溶解石蜡中速蘸，使接穗表面全部蒙上一层薄薄的蜡膜，中间无气泡，然后将一定数量的接穗装入塑料袋中密封好，放在 -5 ～ 0℃的低温条件下贮藏备用。翌年随时可取出接穗嫁接，一般存放半年以上的接穗仍具有生命力。这种方法不仅有利于接穗的贮藏和运输，而且也可有效地延长嫁接时间，在生产上已得到了广泛的应用。

生长季嫁接的植物接穗应随采随接。嫁接时，必须对接穗进行短期贮藏的，一次采回的接穗数量也不宜过多。接穗采取后为了防止水分散失，要把叶片全部剪去，只保留长 0.5 ～ 1cm 的叶柄，并用湿布包裹。接穗运回后，将其下部及时浸于水中，置阴凉处，每天换水 1 ～ 2 次。也可将接穗插于湿沙中，盖上湿布，每天喷水 2 ～ 3 次。一般短期贮藏的时间为 4 ～ 5d。

接穗如需长途运输，应先让接穗充分吸水，用浸湿的麻袋包裹后装入塑料袋运输，途中要经常检查，及时补充水分，防止接穗失水。

经过贮藏的接穗，嫁接前还要检查生活力。以当年新梢作接穗的，应检查枝梢皮层有无皱缩、变色现象；芽接的还要检查是否有不离皮现象。这些现象均说明接穗已失去生活力。对贮藏越冬的接穗，进行抽验削面，将削面插入湿度、温度适宜的沙土中，10d 内能形成愈伤组织的即可用来嫁接。经低温贮藏的接穗，嫁接前 1 ～ 2d 应放在 0 ～ 5℃的湿润环境中进行活化，嫁接前再用水浸 12 ～ 24h，可提高嫁接成活率。

项目实施

任务 4-3　采集接穗并贮藏

1. 布置任务

（1）教师安排“桃接穗的采集与贮藏”任务，指定教学参考资料，让学生制订任务实施计划单。

（2）学生自学，完成自学笔记。

2. 分组讨论

（1）学生分组讨论，探究自学中存在的问题，交流心得体会。

（2）教师答疑，引导学生制订实施计划。

3. 任务实施

学生按照小组制订的实施计划实施任务。

4. 实施总结

（1）任务完成后，组织各组学生进行现场交流，探究自学中存在的问题，交流心得体会。

（2）教师答疑，点评。

（3）学生查找任务实施中存在的不足，并提交任务实施单。

问题探究

选择本地区有代表性的主要园艺植物5种，填写接穗的采集与贮藏作业单。

5种园艺植物接穗的采集与贮藏作业单

园艺植物种类	采集时间	采集方法	贮藏方法
苹果			
桃			
黄瓜			
茄子			
月季			

拓展学习

葡萄绿枝嫁接接穗的采集

葡萄绿枝嫁接多采用枝接方法里的劈接法，接穗采集选择半木质化的新梢，要求枝条长势中庸、枝芽饱满、没有病虫害。采集的枝条立即摘除叶片，留1cm左右的叶柄。按50～100根一捆进行捆绑。如果就近嫁接可随采随用，并把捆绑好的接穗放入清水中浸泡或用湿毛巾包好，准备使用；如果异地嫁接，可把捆绑好的接穗用湿毛巾包好，注意在运输过程中保持毛巾湿润。

复习思考题

1. 如何选择接穗？
2. 怎样采集接穗？
3. 简述接穗的贮藏方法。

项目十四 嫁接

学习目标

知识目标

1. 了解嫁接成活原理。
2. 熟悉影响嫁接成活的因素。

3. 掌握嫁接的时期与方法。

能力目标

1. 会进行劈接与切腹接。
2. 会进行“T”字形芽接。

思政与素质目标

1. 通过学习、查阅古书记载的育苗繁育史记，学习古人勇于实践、勤于钻研和善于总结的科学精神；

2. 通过实践苗木繁育研究新方法和手段，学习科研人员积极探索、攻克难题、刻苦钻研、勇于创新的精神，增加“学农爱农”自信心、“强农兴农”责任感，培养热爱劳动的品格；

3. 查阅“二十四节气”苗木繁育相关的民谣、谚语、风俗、诗词等中华优秀传统农耕文化，学习古人顺应客观规律、勇于实践、勤于钻研和善于总结的精神。

资讯平台

一、嫁接成活原理

嫁接成活的生理基础是植物的再生能力和分化能力。嫁接后，砧木和接穗的削面首先形成隔离层，是由受损伤细胞死亡之后，死细胞的内容物和细胞壁的残余变褐而产生，具有封闭和保护伤口的作用。之后，双方形成层开始细胞分裂，隔膜以内的细胞受创伤激素的影响，使伤口周围细胞开始生长与分裂，形成新的组织——愈伤组织。这些愈伤组织不断增加，将隔离层包被其中，并充填满砧木和接穗间的空隙。然后，愈伤组织分化出新的形成层，与砧木、接穗原来的形成层相连接，内侧分化为木质部，外侧分化为韧皮部，形成一个完整的输导系统，并且与砧木、接穗的输导系统吻合成为一个整体，保证了水分、养分的上下输送与交流，这样两者在嫁接时被暂时破坏的平衡得到恢复，砧木与接穗从此结合在一起，成为一个新的植株。

二、嫁接的时期

嫁接的时期与各树种的生物学特性、物候期和选用的嫁接方法密切相关。总的来说，凡是生长季节都可以进行嫁接，只是在不同的时期所采用的方法不同。也有在休眠期的冬季进行嫁接的，实际上只是把接穗贮藏在砧木上。

1. 枝接时期

枝接时间一般在春、冬两季进行。以春季顶芽刚刚萌动时进行最为理想，这时树液开始流动，接口容易愈合，嫁接成活率高。但由于树种特性和各地环境不同，嫁接时间也有差异，均应选择形成愈伤组织最有利的时期。如含单宁较多的核桃、板栗、柿树等，以在砧木展叶后嫁接为好；用接穗木质化程度较低的嫩枝嫁接，应在夏季新梢长至一定长度时进行；冬季枝接在苗木落叶后春季发芽前均可进行，但由于北方温度过低，必须采取相应的保护措施，一般将砧木掘出在室内进行，接好后假植于温室或地窖中，促其愈合，春季再栽于露地。

2. 芽接时期

芽接的接穗采自当年新梢，应在新梢芽成熟之后进行，过早芽不成熟，过迟不易离皮，操作不便。因树种的生物学特性差异，适宜的嫁接时期不同。如北方地区除柿树等可以在5月下旬至6月芽接，大多数树种以秋季芽接最适宜。如樱桃、李、杏等可在8月上中旬进行；苹果、梨、枣等可在8月下旬至9月进行。如过早芽接，天气较暖接芽易萌发，到停止生长前不能充分木质化，越冬困难。

三、嫁接的方法

嫁接时，要根据嫁接植物的种类、砧木大小、接穗与砧木的情况、育苗的目的与季节等，选择合适的嫁接方法。生产中常用的嫁接方法，根据接穗的种类分为枝接和芽接两种；根据砧木上嫁接的位置不同分为茎接、根接、芽苗接等。枝接又根据枝条木质化程度的高低分为硬枝接和嫩枝接两种。不同的嫁接方法都有与之相适应的嫁接时期和技术要求。

1. 枝接

枝接是用枝条作接穗进行的嫁接。根据嫁接形式可以分为劈接、切接、靠接、舌接、腹接、桥接、根接、芽苗砧嫁接等。枝接的优点是成活率高，苗木生长快。但枝接消耗的接穗多且对砧木的粗度要求较高，嫁接时间也受一定的限制。

（1）劈接　劈接是应用广泛的一种枝接方法，在砧木不离皮的情况下也可进行。其操作如下。

① 削接穗：在接穗的下端削一个2～3cm的斜面，再在这个削面背后削一个相等的斜面，使接穗下端呈长楔形，插入砧木的内侧稍薄、外侧稍厚些，削面光滑、平整（图4-1右）。保留2～4个饱满芽短截，芽上留1cm。

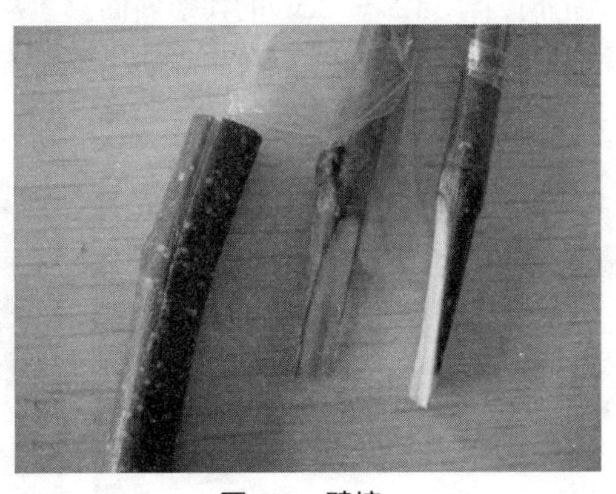

图4-1　劈接

② 劈砧木：先将砧木从嫁接处剪（锯）断，修平茬口（图4-1左）。然后在砧木断面中央劈一垂直切口，长度略长于接穗的削面。砧木如果较粗，劈口可偏向一侧（位于断面1/3处）。

③ 嫁接与绑缚：将接穗厚的一面朝外，薄的一面朝内插入砧木垂直切口，形成层至少一侧对齐，削面上端露出切面0.3～0.5cm（俗称露白），使砧、穗紧密接触，有利于伤口愈合。较粗砧木可插入两个接穗（劈口两端各1个）。将砧木断面和接口用塑料薄膜条缠绑严

密。较粗砧木要用薄膜方块覆盖伤口，或罩套塑料袋，以免漏气失水，影响成活。

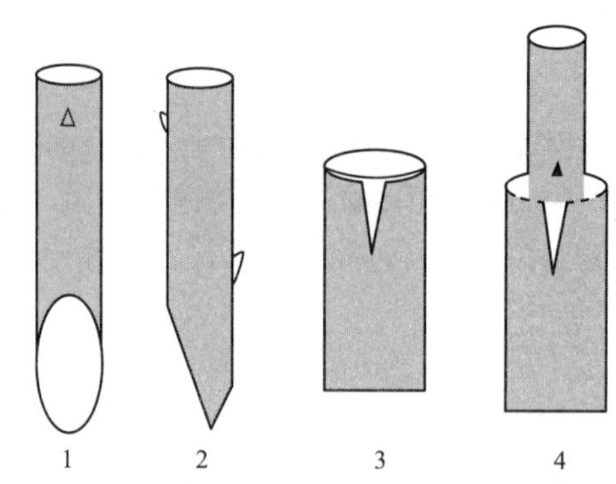

图 4-2 插皮接（皮下接）

1—接穗正面；2—接穗侧面；
3—砧木切口；4—插入接穗

（2）插皮接（又称皮下接，图 4-2）

① 削接穗：在接穗下端斜削 1 个长 2 ～ 3cm 的长削面，再在这个长削面背后尖端削 1 个长 1cm 的短削面，并将长削面背后两侧皮层削去少量，但不伤木质部，接穗剪留 2 ～ 4 个芽。

② 劈砧木：先在砧木近地面处选光滑无疤部位剪断，削平剪口，然后在砧木皮层光滑的一侧纵切 1 刀，长度约 2cm，不伤木质部。

③ 嫁接与绑缚：用刀尖将砧木纵切口皮层向两边拨开。将接穗长削面向内，紧贴木质部插入，长削面上端应在砧木平断面之上外露 0.3 ～ 0.5cm，使接穗保持垂直，接触紧密。然后用塑料条绑紧包严。

（3）腹接（图 4-3）

① 削接穗：在接穗下端削 1 个长 1.5 ～ 2cm 的楔形斜面。

② 切砧木：在砧木离地面 5cm 左右处，呈 30° 角斜切一刀，然后在切口处斜下削一刀，削断砧木。

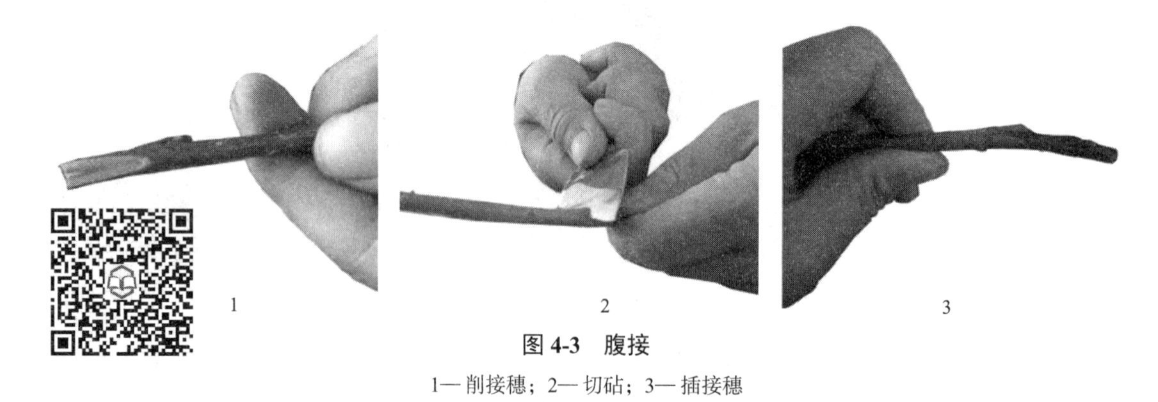

图 4-3 腹接

1— 削接穗；2— 切砧；3— 插接穗

③ 嫁接与绑缚：轻轻掰开砧木斜切口，将接穗插入砧木切口，对准形成层，用塑料条绑紧包严。

（4）舌接（图 4-4）

① 削接穗：先在接穗下端削 1 个 2 ～ 3cm 的斜面，然后在削面上端 1/3 处顺着枝条纵

切一刀，长约 1cm，呈舌状。

② 劈砧木：将砧木在嫁接部位剪断，先削 1 个 2 ～ 3cm 长的斜面，从削面上端 1/3 处顺砧木纵切 1cm 长的切口。

③ 嫁接与绑缚：接穗与砧木斜面相对，把接穗切口插入砧木切口中，使接穗和砧木的舌状部位交叉嵌合，并对准形成层。用塑料条绑紧包严。

1　　2

图 4-4　舌接

1— 劈砧木削接穗；2— 插接穗

2. 芽接

用芽作接穗的嫁接方法叫芽接，主要方法有嵌芽接（带木质芽接）、“T”字形芽接和“工”字形芽接。其优点是节省接穗，一个芽就能繁殖成为一个新植株；对砧木粗度要求不高，1年生砧木就能嫁接；技术容易掌握，效果好，成活率高，可以迅速培育出大量苗木；嫁接不成活时对砧木影响不大，可立即进行补接。

（1）“T”字形芽接（图 4-5）

① 削芽片：选接穗上的饱满芽做接芽。先在芽的上方 0.5cm 处横切一刀，深达木质部，然后在芽的下方 1cm 处下刀，由浅入深向上推刀，略倾斜向上推至横切口，用手捏住芽的两侧，轻轻一掰，取下一个盾状芽片，芽片不带木质部。

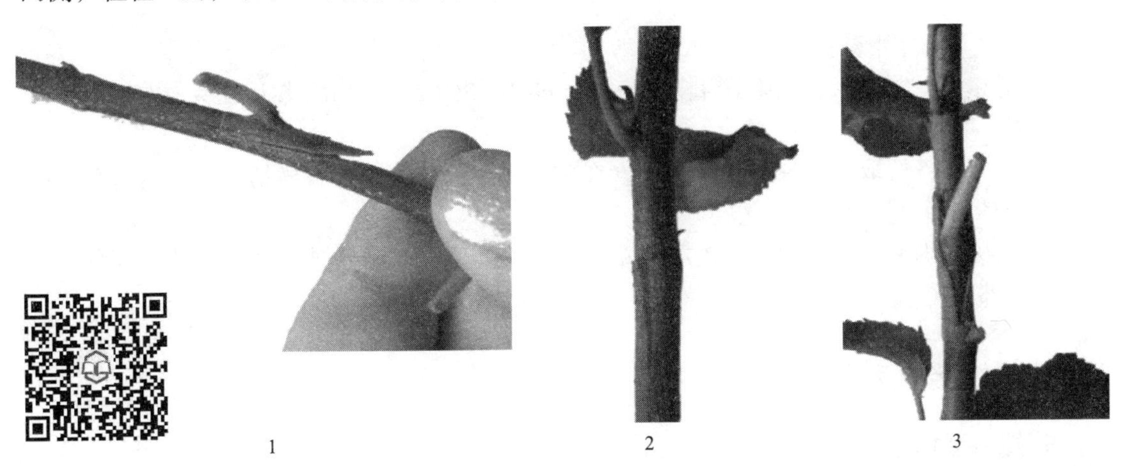

1　　2　　3

图 4-5　“T”字形芽接

1— 削芽片；2— 切砧木；3— 插芽片

② 切砧木：在砧木离地面 3 ～ 5cm 处，选择光滑无疤部位，用刀切一“T”字形切口。方法是先横切一刀，宽 1cm 左右，再从横切口中央向下竖切一刀，长 1.5cm 左右，深度以切断皮层而不伤木质部为宜。

③ 嫁接和绑缚：用刀尖或嫁接刀的骨柄将砧木上“T”字形切口撬开，将芽片从切口插

入，直至芽片的上方对齐砧木横切口，然后用塑料绑紧，当年需萌发的要求叶柄、芽眼外露，来年萌发的芽眼可不外露。

（2）嵌芽接（带木质芽接，图 4-6）

① 削芽片：在接穗上选饱满芽，从芽上方 1 ～ 1.2cm 处向下斜削入木质部（略带木质不宜过厚），长 1.5 ～ 2cm，然后在芽下方 0.5cm 处斜切（呈 30° 角）到第一刀口底部，取下带木质盾状芽片。

② 切砧木：在砧木离地面 5cm 处，选光滑部位，先斜切一刀，再在其上方 2cm 处由上向下斜削入木质部，至下切口处相遇。砧木削面可比接芽稍长，但宽度应保持一致。

③ 嫁接与绑缚：将接芽嵌入，如果砧木粗、削面宽时，可将一边形成层对齐（图 4-6 左下）。然后用塑料薄膜条由下往上压茬缠绑到接口上方，绑紧包严。

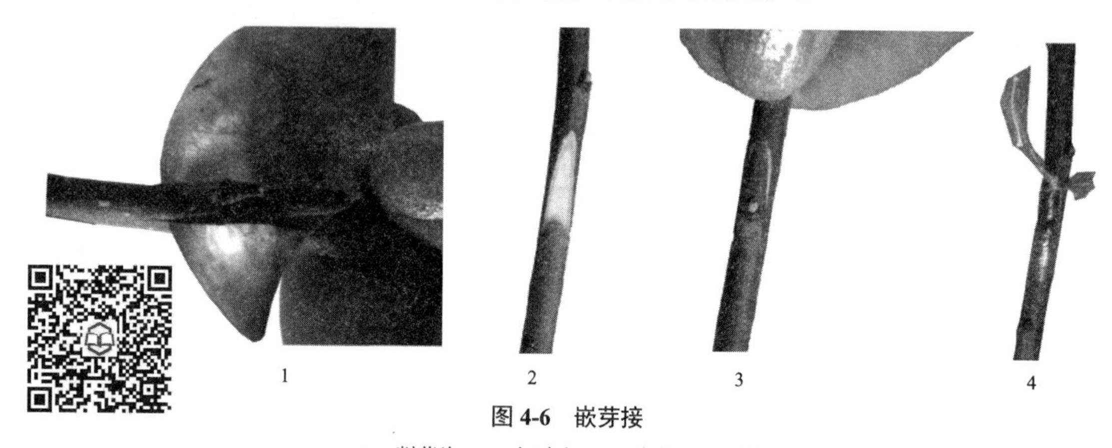

图 4-6　嵌芽接

1— 削芽片；2— 切砧木；3— 嵌芽；4— 绑缚

（3）“工”字形芽接

① 削芽片：先在芽上与芽下各横切一刀，间隔距离 1.5 ～ 2cm，然后在芽的左右两侧各竖切一刀，取下方块形芽片。

② 切砧木：按取下芽片的等长距离，在砧木光滑部位上、下各横切一刀，然后在两横切口之间竖切一刀。

③ 嫁接与绑缚：将砧木切口皮层向左右挑开（称双开门），迅速将方块芽片装入，紧贴木质部，绑紧包严。

四、影响嫁接成活的因素

1. 嫁接亲和力

砧木与接穗的亲和力是决定嫁接成活的关键因子和基本条件。亲和力是指砧木和接穗经嫁接能愈合成活并正常生长发育的能力。砧木和接穗的差异愈大，亲和力愈弱，成活愈难。所以，亲和力与植物亲缘关系远近有关。一般同种不同品种之间和同属不同种之间的嫁接亲和力较强，嫁接容易成活；同科不同属的嫁接亲和力弱，一般嫁接不易成活。但有些异属植物之间嫁接能够成活，如温桲上嫁接西洋梨，表现轻度不亲和，但有矮化特性。另外，砧木和接穗代谢状况、生理生化特性与嫁接亲和力也有关系。如中国栗接在日本栗上，由于后者吸收无机盐较多，而影响前者的生育，产生不亲和。

砧木与接穗不亲和或亲和力低的主要表现如下。

（1）伤口愈合不良　嫁接后不能愈合，不成活；或愈合能力差，成活率低；或有的虽能愈合，但接芽不萌发；或愈合的牢固性很差，以后极易断裂。

（2）生长结果不正常　嫁接后枝叶黄化，叶片小而簇生，生长衰弱，甚至枯死。有的果实发育不正常，畸形，肉质变劣等。

（3）大小脚现象　砧木与接穗接口上下生长不协调，有的“大脚”、有的“小脚”，也有的呈“瘤状”现象。

（4）后期不亲和　有些嫁接后愈合良好，前期生长和结果也正常，但若干年后表现出严重的不亲和，如桃嫁接在毛樱桃砧上，进入结果期后不久，即出现叶片黄化、焦梢、枝干衰弱甚至枯死的现象。

2. 砧穗质量

砧木生长健壮、发育充实、粗度适宜、无病虫害，嫁接成活率高；生长不良的细弱砧木苗，嫁接操作困难，成活率低。接穗应选用生长良好、营养充足、木质化程度高、芽体饱满、新鲜的枝条。在同一枝条上，应利用中间充实部位的芽或枝段进行嫁接。质量较差的梢部芽嫁接成活率低，不宜使用。枝条基部的瘪芽嫁接后萌发困难，也不宜采用。

3. 嫁接技术

嫁接技术是决定嫁接成活与否的关键条件。嫁接时应严格按照技术要求进行操作，砧木和接穗削面平整光滑，形成层对齐密接，接口绑扎严紧，操作过程迅速准确，则成活率高。反之，削面粗糙，形成层错位，接口缝隙大，包扎不严，操作不熟练均会降低成活率。总之，操作过程要干净迅速，充分体现“鲜、平、准、紧、快、湿”六个方面。

① 鲜：接穗要保持新鲜，无失水，无霉烂。

② 平：接穗削面要平，砧木断面要光滑。

③ 准：接穗和砧木形成层对准密接。

④ 紧：接后包扎要严紧。

⑤ 快：操作时动作要迅速。

⑥ 湿：嫁接后要注意保湿，可埋土、套袋等，促进伤口愈合和成活。

4. 嫁接时期与环境

嫁接时期主要与砧木和接穗的活动状态及气温、土温等环境因素关系密切。枝接原则是在砧木开始萌动、接穗尚未萌动时开始嫁接。嫁接一般选择晴朗的天气进行，雨季、大风天气不宜嫁接。当砧穗形成层都处在旺盛活动状态时，气温在 20 ～ 25℃的条件下愈伤组织形成快，嫁接易成活。由于愈伤组织是嫩的薄壁细胞，嫁接时要保持较高的接口湿度（相对湿度达 95% 以上，但不能积水），有利于愈伤组织的产生。因此，接合部位要包扎严密，起到保湿作用。强光直射会抑制愈伤组织的产生，黑暗能促进愈合，嫁接后套塑料袋不但能防止强光直射，也有利于增温保湿。

5. 极性

嫁接时，必须保持砧木与接穗极性顺序的一致性，也就是接穗的基端（生理学下端）与砧木的顶端（生理学上端）对接，芽接也要顺应极性方向，这样才能愈合良好，正常生长。否则将违反植物生长的极性规律而无法成活，或成活而不能正常生长。

6. 内含物的影响

葡萄、核桃等果树根压较大，春季根系开始活动后，地上部伤口部位易出现伤流。若伤流量大，会窒息切口处细胞的呼吸而影响愈伤组织产生及嫁接成活，宜在夏秋季芽接或绿枝接；桃、杏等树种 8 月下旬以后嫁接容易引起伤口部位流胶，应适当提早进行嫁接；核桃、柿等切口细胞内单宁易氧化形成不溶于水的单宁复合物，形成隔离层，影响愈伤组织的形成而降低成活率。因此，应选择适宜的嫁接时期和相应的嫁接方法，以提高嫁接成活率。

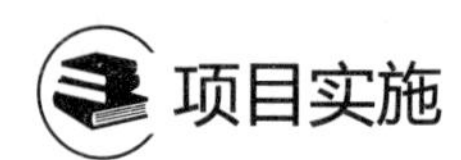

项目实施

任务 4-4 枝接技术

1. 布置任务

（1）教师安排“葡萄绿枝接”任务，指定教学参考资料，让学生制订任务实施计划单。

（2）学生自学，完成自学笔记。

2. 分组讨论

（1）学生分组讨论，探究自学中存在的问题，交流心得体会。

（2）教师答疑，引导学生制订实施计划。

3. 任务实施

学生按照小组制订的实施计划实施任务。

4. 实施总结

（1）任务完成后，组织各组学生进行现场交流，探究自学中存在的问题，交流心得体会。

（2）教师答疑，点评。

（3）学生查找任务实施中存在的不足，并提交任务实施单。

任务 4-5 芽接技术

1. 布置任务

（1）教师安排“桃‘T’字形芽接”任务，指定教学参考资料，让学生制订任务实施计划单。

（2）学生自学，完成自学笔记。

2. 分组讨论

（1）学生分组讨论，探究自学中存在的问题，交流心得体会。

（2）教师答疑，引导学生制订实施计划。

3. 任务实施

学生按照小组制订的实施计划实施任务。

4. 实施总结

（1）任务完成后，组织各组学生进行现场交流，探究自学中存在的问题，交流心得

体会。

（2）教师答疑，点评。

（3）学生查找任务实施中存在的不足，并提交任务实施单。

问题探究

总结嫁接亲和力不良的表现。如何改善？

拓展学习

一、砧木和接穗的相互影响

嫁接成活后，砧木、接穗双方成为一个新的植株，在其生长过程中，均会互相影响。主要表现如下。

1. 砧木对接穗的影响

砧木对接穗影响面很广，如对生长发育、结实能力、抗逆性和适应性等方面，都有影响。

（1）对生长的影响　园艺树木嫁接以后，有的砧木促使树体生长高大，这种砧木称为乔化砧，如海棠、山定子是苹果的乔化砧，山桃和山杏是桃的乔化砧。有些砧木能使树体生长矮小，这种砧木称为矮化砧，如苹果中的 M_9 砧木、M_{26} 砧木均为矮化砧。砧木生长势不同，对接穗枝梢总生长量的影响也不同。与乔化砧相比，接在矮化砧上的苹果树生长势缓和，枝条加粗、缩短，长枝减少，短枝增加，树冠开张，干性削弱。砧木还可影响树体寿命，矮化砧能缩短果树的寿命，乔化砧则相反。

（2）对结果的影响　砧木对果树进入结果期的早晚，果实的成熟期、色泽、品质、产量和贮藏性都有一定影响。一般嫁接在矮化砧和半矮化砧上的果树，开始结果都早。苹果矮化砧有使果实早着色、色泽好、提早成熟的作用。

（3）对抗逆性和适应性的影响　果树砧木多属野生或半野生的种类，具有较广泛的适应性，如抗寒、抗旱、抗涝、耐盐碱和抗病虫害等。利用砧木可使嫁接的苗木抗逆性和适应性有所提高，从而有利于扩大栽培区域。如葡萄树在绝大部分地区栽培自根苗即可，但在东北地区应采用抗寒砧木的嫁接苗，可有效提高其耐寒性。

2. 接穗对砧木的影响

接穗对砧木的影响主要体现在它影响砧木根系的形态、结构及生理功能。如杜梨嫁接鸭梨后，根系分布浅，易发生根蘖；MM_{106} 砧木嫁接短枝型苹果，其根系分布稀疏。此外，在接穗的影响下，砧木根系中的糖类、总氮、蛋白态氮的含量以及过氧化氢酶的活性，都有一定的变化。

3. 中间砧对接穗与砧木的影响

在乔化实生砧上嫁接某些矮化砧（或某些短枝型品种）的茎段，然后再在矮化茎段上嫁接所需要的栽培品种，中间那段砧木称矮化中间砧（或中间砧）。矮化中间砧对砧木和接穗均会产生一定的影响，如 M_9 砧木、M_{26} 砧木作元帅系苹果中间砧，树体矮小，结果早，产量高，但根系分布浅，固地性差。矮化中间砧的矮化效果和中间砧段的长度呈正相关，一般使用长度为 20 ～ 25cm。

二、嫁接工具

1. 芽接用具与材料

芽接用具主要有修枝剪、芽接刀、磨刀石、小水桶等。芽接材料主要是包扎物，生产上多采用塑料薄膜条（宽 1cm、长 12 ～ 15cm）。

2. 枝接用具与材料

枝接用具主要有修枝剪、枝接刀、手锯、小水桶等。枝接材料主要是包扎物，生产上多采用塑料薄膜条（宽 1.5 ～ 2cm、长 20 ～ 25cm）。

复习思考题

1. 什么是嫁接亲和力？
2. 嫁接繁殖成活的原理是什么？
3. 影响嫁接苗成活率的因素有哪些？
4. 总结桃“T”字形芽接方法。
5. 总结葡萄绿枝接方法。

项目十五 嫁接后管理

学习目标

知识目标

1. 熟悉嫁接苗接后管理内容。
2. 掌握除萌、剪砧方法。

能力目标

1. 会检查嫁接成活情况。
2. 会进行除萌、剪砧与立柱操作。

思政与素质目标

1. 通过学习、查阅古书记载的育苗繁育史记，学习古人勇于实践、勤于钻研和善于总结的科学精神；

2. 通过实践苗木繁育研究新方法和手段，学习科研人员积极探索、攻克难题、刻苦钻研、勇于创新的精神，增加“学农爱农”自信心、“强农兴农”责任感，培养热爱劳动的品格；

3. 查阅“二十四节气”苗木繁育相关的民谣、谚语、风俗、诗词等中华优秀传统农耕文化，学习古人顺应客观规律、勇于实践、勤于钻研和善于总结的精神。

资讯平台

一、检查成活情况及解绑

1. 检查成活

（1）芽接成活检查　芽接后 10d 左右检查成活情况。凡接芽新鲜、叶柄一触即落，表明已成活。如果芽片萎缩、颜色发黑、叶柄干枯不易脱落，则表明未成活。

（2）枝接成活检查　枝接一般需 1 个月左右才能判断是否成活。如果接穗新鲜、伤口愈合良好、芽已萌动，表明已成活。葡萄绿枝接可于接后 15d 检查成活情况。

2. 解绑

不论是芽接或枝接，都应适时解绑。绑缚材料解除过早，接芽（接穗）愈合部容易松裂，造成死亡或接合不牢随后劈裂；解除过晚，茎干加粗生长后会勒成“细脖子”，影响生长发育，也容易折断。

（1）芽接　通常在嫁接 20d 后解除绑缚，秋季芽接稍晚的可推迟到来年春季发芽前解除。解绑的方法是在接芽相反部位用刀划断绑缚物，随手解除。

（2）枝接　要在接穗发枝并进入旺盛生长后解除绑缚，或先松绑后解绑。

二、剪砧

芽接成活之后，剪除接芽以上的砧木部分叫剪砧。剪砧可集中营养，促进接芽萌发。剪砧过早会使剪口风干或受冻；过迟造成养分浪费，接芽萌发迟缓而发育不良。秋季芽接苗在第 2 年春季萌芽前剪砧为宜。7 月份以前嫁接，需要接芽及时萌发的，需要 2 次剪砧。即第一次为接后立即剪砧，要求接芽必需保持 10 个左右营养叶片，也可在接后折砧，15 ～ 20d 剪砧；第二次剪砧是在接芽萌发长至 10cm 左右长时，剪除接芽上部砧木，促进接芽生长，当年成苗。剪砧时，剪刀刃应迎向接芽一面，在芽片以上 0.5 ～ 1cm 处下剪，剪口向接芽背面稍微下斜，伤口涂抹封剪油以利保湿和加速愈合。具体见图 4-7。

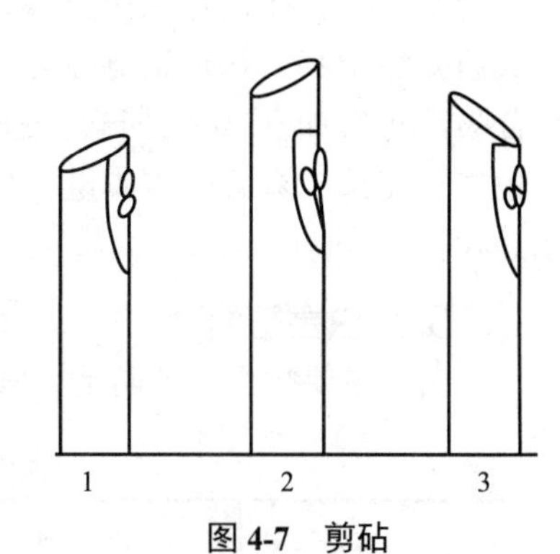

图 4-7　剪砧

1—正确；2—过高；3—剪口倾斜方向错误

三、抹芽和除萌

1. 芽接苗

芽接苗剪砧后，砧木上长出的萌蘖，应及时抹除。一般每周 1 次，连续除萌 5 次左右，以集中养分，促进接芽萌发生长。

2. 枝接苗

枝接苗嫁接后会从砧木上长出许多萌蘖，应及时抹除，以免与接穗争夺养分。接穗如果同时萌发出几个嫩梢，仅留 1 个生长健壮的新梢培养，其余萌芽和嫩梢全部除去。除萌次数应 5 次以上。

四、立柱

为了确保嫁接的接穗品种能正常生长，还应采取立支柱等保护措施，尤其在春季风大地区更应注意。可以在新梢（接穗）边立支柱，将接穗轻轻缚扎住，进行扶持，特别是采用枝接法，更应注意立支柱（图 4-8）。若采用的是低位嫁接（距地面 5cm 左右），也可在接口部位培土保护接穗新梢。

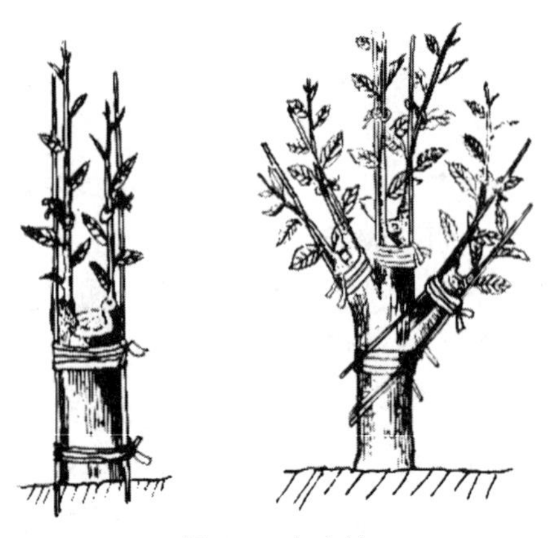

图 4-8　立支柱

五、其他管理

1. 补接

在时间允许的情况下，对未接活的苗，应及时进行补接，以提高苗圃出苗率。

（1）芽接后的补接　一般在成活检查后立即安排进行，以免错过嫁接的适宜时期。秋季芽接苗在剪砧时还应细致检查，发现漏补苗木，暂不剪砧，以便萌芽前采用带木质芽接或枝接补齐。

（2）枝接后的补接　贮存的接穗要处于休眠状态。补接时应将原接口重新落茬。

2. 土肥水管理

为促进接芽早发快长，春季剪砧后及时追肥、灌水。一般每亩追施尿素 10kg 左右。结合施肥进行春灌，并疏松土壤，提高地温，促进根系发育。5 月中下旬苗木旺长期，再追 1 次速效性肥料，每亩追施尿素 10kg 或复合肥 10 ～ 15kg。施肥后灌水，以利发挥肥效。结合喷药每次加 0.3% 的尿素，进行根外追肥，促其旺盛生长。7 月份以后应控制肥、水，防止贪青徒长，降低苗木质量。可在叶面喷施 0.5% 的磷酸二氢钾 3 ～ 4 次，以促进苗木充实健壮。

3. 病虫害防治

苗木主要病虫害的防治，参考表 4-2。

表 4-2　苗木主要病虫害防治

时间	苗木类型	防治对象	防治要点
2 ～ 4 月份	苹果、梨	幼苗病害（烂芽、幼苗立枯、猝倒、根腐）	①不用种植双子叶蔬菜的田块，轮作倒茬，多施有机肥 ②种子处理：用 0.5% 福尔马林喷洒种子，拌匀后用塑料膜覆盖 2h，摊开散去气体后播种 ③土壤处理：用 50% 多菌灵或 70% 甲基托布津喷洒，并翻入土壤 ④幼苗出土后及时拔除病苗，并喷 50% 多菌灵或 50% 甲基托布津 800 倍液或 75% 百菌清 500 倍液
		地下害虫（蛴螬、地老虎、蝼蛄、金针虫等）	播种前的土壤处理：每亩用 50% 辛硫磷 300mL，拌土 25 ～ 30kg，撒于地表，然后耕翻入土
		白粉病	①萌芽前喷 5°Be 石硫合剂 ②发病初期用 25% 粉锈宁 1500 倍液、25% 三唑酮 5000 倍液或 12.5% 烯唑醇 3000 ～ 5000 倍液喷雾防治

续表

时间	苗木类型	防治对象	防治要点
5～8月份	苹果、梨	蚜虫类	用50%抗蚜威3000～4000倍液、10%吡虫啉3000～5000倍液或10%顺式氯氰菊酯3000～4000倍液喷雾防治
		卷叶虫	用2.5%溴氰菊酯3000倍液、50%杀螟松1000倍液或25%灭幼脲1000～1500倍液等喷雾防治
		红蜘蛛	用5%噻螨酮1500倍液、20%哒螨灵2500倍液、20%双甲脒1000～1500倍液、炔螨特2000～3000倍液、5%唑螨酯2000～3000倍液或30%蛾螨灵2000倍液等喷雾防治
		斑点落叶病	用1∶2∶200倍波尔多液、10%多氧霉素1000～1500倍液、75%百菌清800倍液、70%代森锰锌400～600倍液、40%氟硅唑6000～8000倍液或50%异菌脲2000倍液等喷雾防治
		梨黑星病	用1∶2∶240倍波尔多液、40%氟硅唑乳油800～1000倍液、12.5%烯唑醇3000倍液、50%异菌脲1500倍液或70%甲基托布津500倍液等喷雾防治
	桃	穿孔病	用农用链霉素可溶性粉剂5000～10000倍液、70%代森锰锌500倍液或70%甲基托布津1000倍液等喷雾防治
		蚜虫和潜叶蛾等	潜叶蛾用25%灭幼脲2000倍液、30%蛾螨灵2000倍液或20%甲氰菊酯2000倍液等喷雾防治。蚜虫防治方法同上
	葡萄	白粉病、霜霉病、黑痘病	用1∶0.5∶160倍波尔多液、70%甲基托布津1000倍液、80%代森锰锌500倍液、75%百菌清600倍液、50%多菌灵800倍液、72%克露750倍液、25%粉锈宁1500倍液、64%杀毒矾400倍液等喷雾防治
9～10月份	苹果、梨	白粉病、卷叶虫、食叶类害虫等	根据苗圃病虫发生情况，有目的地喷药防治
11～12月份	所有苗木	各种越冬病虫害	苗木检疫、消毒（参照苗木出圃部分）。苗圃耕翻、冬灌、清除落叶，消灭病虫

项目实施

任务4-6 检查成活情况、解绑和剪砧

1. 布置任务

（1）教师安排“检查桃苗成活情况、解绑和剪砧”任务，指定教学参考资料，让学生制订任务实施计划单。

（2）学生自学，完成自学笔记。

2. 分组讨论

（1）学生分组讨论，探究自学中存在的问题，交流心得体会。

（2）教师答疑，引导学生制订实施计划。

3. 任务实施

学生按照小组制订的实施计划实施任务。

4. 实施总结

（1）任务完成后，组织各组学生进行现场交流，探究自学中存在的问题，交流心得体会。

（2）教师答疑，点评。

（3）学生查找任务实施中存在的不足，并提交任务实施单。

任务 4-7 嫁接苗抹芽、除萌和立柱

1. 布置任务

（1）教师安排“葡萄嫁接苗抹芽、除萌和立柱”任务，指定教学参考资料，让学生制订任务实施计划单。

（2）学生自学，完成自学笔记。

2. 分组讨论

（1）学生分组讨论，探究自学中存在的问题，交流心得体会。

（2）教师答疑，引导学生制订实施计划。

3. 任务实施

学生按照小组制订的实施计划实施任务。

4. 实施总结

（1）任务完成后，组织各组学生进行现场交流，探究自学中存在的问题，交流心得体会。

（2）教师答疑，点评。

（3）学生查找任务实施中存在的不足，并提交任务实施单。

问题探究

依据实践，参阅相关资料，填写黄瓜嫁接苗培育流程单。

黄瓜嫁接苗培育流程单

项目	时间	操作要点	注意事项
砧木苗培育			
接穗培育			
嫁接			
接后管理			

拓展学习

寒富苹果矮化中间砧苗（两刀苗）的培育

寒富矮化中间砧果苗需要经过两次嫁接才能完成，一般常规技术育苗需要三年才能出

圃。即第一年春季播种培育乔化砧实生苗，夏季芽接矮化砧；第二年春季萌芽前剪砧，秋季在矮化砧接口以上 25 ～ 30cm 处芽接栽培品种；第三年春季在栽培品种接芽上 0.5cm 处剪砧，秋后成苗出圃。

生产上为了降低成本、加快育苗进程，可采用二年出圃技术。即第一年春季播种培育乔化砧实生苗，8 ～ 9 月份芽接矮化砧；第二年春季萌芽前剪砧，6 月中下旬芽接栽培品种，接后 10 ～ 15d 剪砧，秋后育成出圃。二年出圃苗的关键技术措施如下。

1. 培育壮砧

选平整、肥沃、疏松的地块育苗，施足基肥，细致整地。早春播种，加强管理，促进砧苗迅速生长，应在 8 ～ 9 月份达到嫁接标准。第二年春季萌芽前剪砧，细管猛促矮化砧苗，力争 6 月中旬高度达到 50cm 以上，矮化砧段 25cm 处直径达 0.5cm 以上。

2. 提早嫁接

第一年实生砧苗上嫁接矮化砧没有严格的时间界限，但必须在 9 月上旬以前将未接活的补齐。第二年在矮化砧苗上芽接栽培品种应提早到6月中旬，最迟6月底以前接完。嫁接时，采用带木质芽接或“T”字形芽接，以利接芽萌发。操作中要尽量保护好接口以下矮化砧苗上的叶片，维持足够的营养面积，提高成活率，促进品种接芽及早萌发。

3. 及时剪砧

栽培品种芽接之后留 2 片叶剪去生长点，或接后立即折砧，10 ～ 15d 剪砧。剪砧后剪口涂封剪油。

4. 加强肥、水管理

以每亩的苗圃计算，播种前施优质农家肥 2000kg；砧苗高 10cm 左右，开沟追施尿素 5kg；6 月上旬结合灌水追施复合肥 10 ～ 15kg。第二年春季剪砧后，结合灌催芽水，施尿素 10 ～ 15kg；栽培品种嫁接前后施复合肥 10 ～ 15kg。同时应加强根外追肥。品种接芽初萌发时，易感黄化病，生长缓慢。可在嫁接前 10d 左右喷 0.3% ～ 0.5% 的硫酸亚铁溶液，每隔 10d 喷 1 次，连喷 3 ～ 4 次，可控制黄化，使叶色正常，生长加快。

复习思考题

1. 试述嫁接苗管理的关键技术。
2. 嫁接的主要方法有哪些，如何选择？

数字资源

模块五 扦插繁殖技术

学习前导

本模块包括插穗的采集与贮藏，扦插设施，扦插，扦插后的管理四个项目。其中，插穗的采集与贮藏项目介绍了插穗的采集时期、采集方法、贮藏及管理，使学生知道如何选择插穗的母树，学会插穗的采集与贮藏技能；扦插设施项目主要介绍了地热温床扦插、弥雾扦插、露地扦插所需的设施，使学生了解这些设施，并学会正确选择设施；扦插项目主要介绍了扦插成活的原理、影响扦插成活的因素、促进扦插生根的方法、扦插基质、扦插方法，使学生知道扦插为什么能够成活、哪些因素会影响扦插成活率，在此基础上掌握园艺植物扦插的整个流程，并学会扦插技能；扦插后的管理项目介绍了扦插后苗木的水分、追肥、土壤、遮阴和其他管理措施。总之，此模块以插穗的采集与贮藏开始，按照扦插繁殖苗木的工作过程，设计学生学习过程，学生通过学习，不仅知道与扦插育苗相关的基本知识，掌握扦插育苗的基本流程，而且学会园艺植物的扦插育苗技术。

课程思政案例

扦插繁殖史记材料

扦插是古代苗木繁殖的重要方法之一，多用于石榴、葡萄等。对石榴的扦插，《齐民要术》中描述较详：“三月初，取枝大如手指者，斩令长一尺半，八九枝共为一窠，烧下头二寸，不烧则漏汁矣。掘圆坑深一尺七寸，口径尺。竖枝于坑畔，环圆布枝，令匀调也……下土筑之……其土令没枝头一寸许也……水浇常令润泽”。在干旱地区，这种扦插技术是有利于发根的。

对葡萄的扦插，在《农桑衣食撮要》中记载也较为详细：“预先于去年冬间截取藤枝旺者，约长三尺，埋窖于熟粪内，候春间树木萌发时取出，看其芽生，以藤签萝卜内栽之。埋二尺在土中则生根，留三五寸在土外，候苗长，牵藤上架。根边常以煮肉肥汁放冷浇灌，三日后，以清水解之，天色干旱，轻锄根边土，浇之。冬月用草包护，防霜冻损。二三月间皆可插栽”。这种方法，也适用于北方寒冷干旱地区。

项目十六　插穗采集与贮藏

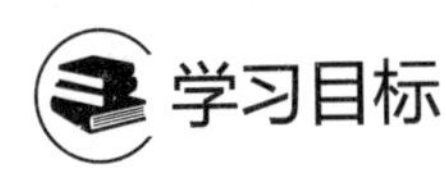

学习目标

知识目标

1. 熟悉扦插的定义及扦插繁殖的特点。
2. 掌握插穗采集的时期及采集方法。
3. 熟悉插穗贮藏的方法。

能力目标

1. 能够针对不同的园艺植物，正确选择插穗母树。
2. 能够根据不同的扦插方法，选择适宜时间进行插条的采集。
3. 能够进行插条的贮藏。

思政与素质目标

1. 通过学习、查阅古书记载的育苗繁育史记，学习古人勇于实践、勤于钻研和善于总结的科学精神；

2. 通过实践苗木繁育研究新方法和手段，学习科研人员积极探索、攻克难题、刻苦钻研、勇于创新的精神，增加“学农爱农”自信心、“强农兴农”责任感，培养热爱劳动的品格；

3. 查阅“二十四节气”苗木繁育相关的民谣、谚语、风俗、诗词等中华优秀传统农耕文化，学习古人顺应客观规律、勇于实践、勤于钻研和善于总结的精神。

资讯平台

一、扦插及其特点

1. 扦插的定义及分类

扦插繁殖是目前园艺植物苗木生产的主要方式之一。是一种通过切取植物的枝条、叶片或根的一部分，插入土、沙或其他基质中，使其生根、萌芽、抽枝，长成新植株的繁殖方法。通过扦插方法所育成的苗木称为扦插苗。扦插所用的繁殖材料称为插穗或插条。

根据插穗所用器官、扦插时期和扦插条件的不同，可以把扦插分为不同的方法。如根据插穗所用器官不同，可将扦插分为枝插、根插、叶插，枝插又依枝条的木质化程度分为硬枝扦插和嫩枝扦插；根据扦插时期不同分为：春插、夏插、秋插和冬插；根据插床基质不同分为：土插、沙插、水插和雾插等。

2. 扦插繁殖的特点

扦插繁殖是无性繁殖方法的一种。优点有以下几点：一是能保持母本的优良性状，因此可以通过扦插培育出个体之间遗传性状比较一致的无性系，如对于具有斑点或花纹的虎尾兰、麝香百合等，可通过根插、叶插等来保持这些品种的斑点或花纹等特征；二是扦插后成苗快，开花、结果时间早，因此可以通过扦插来达到提前开花的目的；三是扦插材料来源广泛，生产成本低；四是生产技术简单易行，容易掌握。扦插繁殖的缺点有：扦插苗的根系在土壤中的分布较浅，对生长环境的适应性及抗逆性较差；扦插苗的寿命比实生苗短。

二、插穗的采集

1. 选择母本植株

插穗采集时应根据园艺植物种类和培植目的选择母本。果树一般选择品种纯正、品质优良、生长健壮、无病虫害的丰产植株作为采穗母株，不应该在一些表现不良、病虫为害严重和尚未结果的幼树上采集插条，以防造成苗木质量变劣和导致品种退化；草本植株一般根据花色、花形、叶形、植株形态等有选择地保留母本的遗传特性；花灌木选择花大色艳、色彩丰富、观赏期长的植株作采穗母本。

2. 确定采集时间

插穗的采集时间因园艺植物种类、扦插繁殖方法不同而存在差异。硬枝扦插时，落叶类树木插条的采集一般在秋末树木缓慢生长或停止生长后，至第二年春季萌芽前进行，以充分木质化的枝条作插穗；常绿类植物在春季萌芽前采集。采集过早，植株体内营养物质积累较少，导致插穗质量下降，或者是由于枝条生长量小，导致可利用的插穗量减少，从而降低了繁殖系数；采集过晚，枝条上的芽膨大，会消耗营养物质，不利于生根，或枝条木质化程度过高，不利于扦插成活。

嫩枝扦插一般在植物生长最旺盛期，剪取半木质化的幼嫩枝条作插穗。多数园艺植物在5～7月份，如桂花以5月中旬采集为好；银杏、葡萄、山茶的插条采集以6月中旬为好。采集过早，枝条幼嫩易失水萎蔫干枯；采集过晚，枝条木质化，生长素含量降低，抑制物增多，不利于生根。开花类植物，如月季，剪取插穗的时间在谢花后进行。一天中适宜的采集时间为早晨和傍晚，此时插条含水量高，空气湿度大，温度较低，插条易于保存。严禁在中午采集插穗。

3. 插条的采集

硬枝扦插时，剪取母本树树冠上中部向阳面充分成熟、节间适中、色泽正常、芽眼饱满、无病虫危害的一年生中庸枝作为插穗，过粗的徒长枝和细弱枝均不适合作插条。剪去插条梢端过细及基部无明显芽的枝段后，剪成7～8个芽的枝段（50cm左右），每50～100根捆成1捆，并使插穗的方向保持一致，且下剪口对齐，标明品种名称和采集地点，以免混杂（图5-1）。

图5-1 采集的插条

嫩枝扦插时，选择母本树上成熟适中、腋芽饱满、叶片发育正常、无病虫害的枝条为宜，枝条过嫩易腐烂，过老则生根缓慢。插条一般随采随插，不需要进行贮藏。采集后立即放入盛有少量水的桶中，使插条基部浸泡在水中，让其吸水以补充因蒸腾作用而失去的水分，以防插条萎蔫。如果从外地采集嫩枝，需将每片叶剪去一半，并用湿毛巾或塑料薄膜分层包裹，枝条基部用苔藓包好，运到目的地后立即解开包裹物，用清水浸泡插条茎部。

三、插条的贮藏及管理

北方寒冷地区进行硬枝扦插或春季所需插条数量大时，常将休眠枝条事先采集并进行贮藏，待春季扦插适期时取出插穗。这样，既能使插穗保持较好的状态，又能合理安排劳动力。贮藏时间多在土壤结冻前进行。贮藏方法有沟藏和窖藏两种，我国北方一般多采用沟藏，其方法和步骤如下。

1. 贮藏

（1）选地　选择背风向阳，地势高燥，排水良好的背阴地方挖贮藏沟或贮藏坑。

（2）挖贮藏沟或坑　贮藏沟或坑深 60 ～ 80cm，宽 1m，长度依贮藏插条的数量而定。

（3）摆插条　贮藏前先在沟或坑底铺一层厚 10 ～ 15cm 的湿沙（沙子的湿度以手握成团，一触即散为度），将插条平放或立放在沙上，摆一层插条撒一层湿沙，以减轻插条呼吸发热。插条与插条之间、捆与捆之间均用湿沙填充。一般摆放插条的层数不宜超过 3 层，否则易造成发热霉烂，也不便于检查管理。贮藏时，插条中间每隔 2m 左右竖一直立的草捆，以利上下通气。

（4）覆盖　插条摆好后，最上面可覆一层草秸，最后再盖上 20 ～ 30cm 厚的土，踏实，周围开排水沟（图 5-2）。东北、华北寒冷地区覆土厚度还要适当增加。

对于皮孔粗大、髓心空、易失水的插条，需要将其全部埋入湿沙中贮藏。

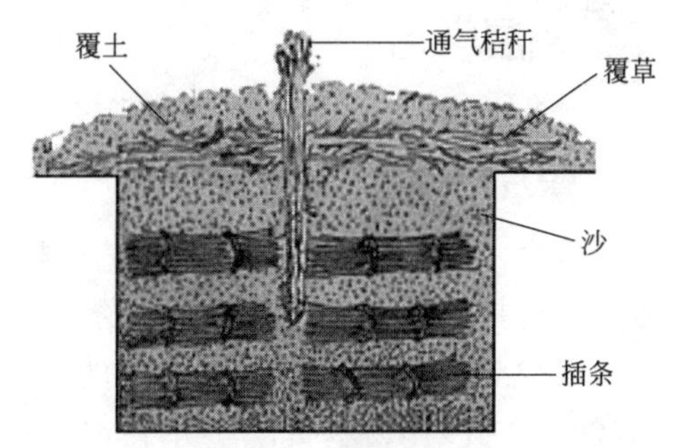

图 5-2　插条贮藏

2. 管理

插条贮藏期间应经常检查温度和沙的湿度，防止插条发霉、干枯。贮藏沟内温度宜保持在 0 ～ 5℃，温度过高，枝条呼吸增强，消耗养分增多，且易生霉；温度太低，芽眼易受冻害。若沙的湿度过大、枝条发霉时，要及时翻晾通风，重新贮藏。

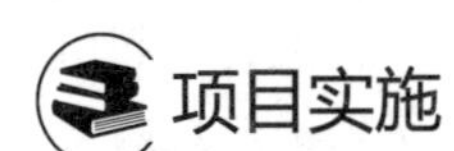

项目实施

任务 5-1　插条的采集与贮藏

1. 布置任务

（1）教师安排“选择当地 2 ～ 3 种利用扦插方法繁殖的园艺植物，在适宜的季节进行插穗的采集与贮藏”任务，指定教学参考资料，让学生制订任务实施计划单（包括选择采穗母树、插条采集、插条贮藏）。

（2）学生自学，完成自学笔记。

2. 分组讨论

（1）学生分组讨论，探究自学中存在的问题，交流心得体会。

（2）教师答疑，引导学生制订实施计划。

3. 任务实施

学生按照小组制订的实施计划实施任务。

4. 实施总结

（1）任务完成后，组织各组学生进行现场交流，探究自学中存在的问题，交流心得体会。

（2）教师答疑，点评。

（3）学生查找任务实施中存在的不足，并提交任务实施单。

问题探究

（1）以小组为单位，每组选择 1 ～ 2 家从事扦插育苗的企业，调查其插条贮藏的方式及贮藏后的效果，总结不同贮藏方式的优缺点。

（2）进行插条采集与贮藏操作后，第二年春季调查插条贮藏的效果，分析贮藏过程中插条发霉腐烂的原因，并给出解决措施。

拓展学习

一、鳞片扦插繁殖

百合、风信子、朱顶红等园艺植物除用鳞茎分株繁殖外，还可以用鳞片进行扦插繁殖。方法是选择健壮、充实、无病的鳞茎，先去除外层过分老化的鳞片，留下中心的幼嫩部分，然后取中部鳞片进行扦插，每片鳞片带基盘。扦插前用 0.005% 萘乙酸溶液处理鳞片 1 ～ 2s，用泥炭或细沙作为基质，将鳞片插植或撒播于苗床中，保持 18 ～ 20℃湿润的条件，当年鳞片基部即可生根，并形成小鳞茎。

二、根插园艺植物插条的采集

根插是指截取园艺植物或苗木的根系，插入或埋于育苗地进行育苗的方法。根插时插条的采集时间与硬枝扦插相同，秋季、冬季或早春均可以进行。插条采集可选择起苗时或起苗后翻出的苗根，也可以选择健壮的中年树或植株，距主干 0.5cm 处挖根。插条采集注意两个问题：一是不能从一株树上挖太多的根系；二是秋末挖出的根系要进行湿藏，以备第二年春季扦插使用。

复习思考题

1. 什么是扦插繁殖？有什么特点？
2. 比较硬枝扦插和嫩枝扦插插条采集的时期和方法有何不同？
3. 硬枝扦插时，秋冬季插条采集后如何进行贮藏？
4. 插条贮藏后发霉的主要原因是什么？

项目十七　扦插设施

学习目标

知识目标

熟悉地热温床扦插、弥雾温床扦插、露地扦插常用的设施及其使用方法。

能力目标

能够根据不同的扦插方法，选择适宜的扦插设施和扦插基质进行扦插。

思政与素质目标

1. 通过学习、查阅古书记载的育苗繁育史记，学习古人勇于实践、勤于钻研和善于总结的科学精神；

2. 通过实践苗木繁育研究新方法和手段，学习科研人员积极探索、攻克难题、刻苦钻研、勇于创新的精神，增加“学农爱农”自信心、“强农兴农”责任感，培养热爱劳动的品格；

3. 查阅“二十四节气”苗木繁育相关的民谣、谚语、风俗、诗词等中华优秀传统农耕文化，学习古人顺应客观规律、勇于实践、勤于钻研和善于总结的精神。

资讯平台

一、地热温床扦插设施

扦插成活的关键是插穗先生根、后发芽。因此为了给插穗基部创造适宜不定根生长的温度，可在插床床底铺设电热线或马粪、羊粪，或者搭建火炕，做成地热温床。

1. 电热温床

电热温床是利用电热线加热催根，是一种效率高、容易集中管理的催根方法（图 5-3、图 5-4）。电热温床主要加温和控制设备有电热线、控温仪、开关、交流接触器等。电热线一般用 DV 系列电加温线，将其埋入催根苗床内，用以提高地温。其功率有 400W、600W、800W、1000W 4 种，可根据处理插条的多少灵活选用。

图 5-3　电热温床

电加温线的布线方法是：首先测量苗床面积，然后计算布线密度。如苗床长 3m，宽 2.2m，电加热线采用 800W（长 100m），则布线道数 =（线长 - 床宽）/ 床长 =(100-2.2)/3=32.6，即布线道数为 32 道。注意布线道数必须取偶数，这样两根接线头方可在同一侧。

布线间距 = 床宽 / 布线道数 =2.2/32=0.07（m）。

计算好布线间距后，用木板做成长 3m、宽 2.2m 的木框，框的下面和四周铺 5 ～ 7cm 的锯末做隔热层，木框两端按布线距离各钉上一排钉子，使电热线固定在加热床上（图 5-4），再用塑料薄膜覆盖，膜的上面铺 5 ～ 7cm 的湿沙，最后将已经剪截好的插条用催根剂处理后，按品种捆成小捆埋在湿沙中，床上再用草苫加塑料薄膜覆盖。一般 $1m^2$ 苗床可摆放插条 6000 根左右。建造电热温床时，必须严格按照说明书进行，要绝对注意安全。

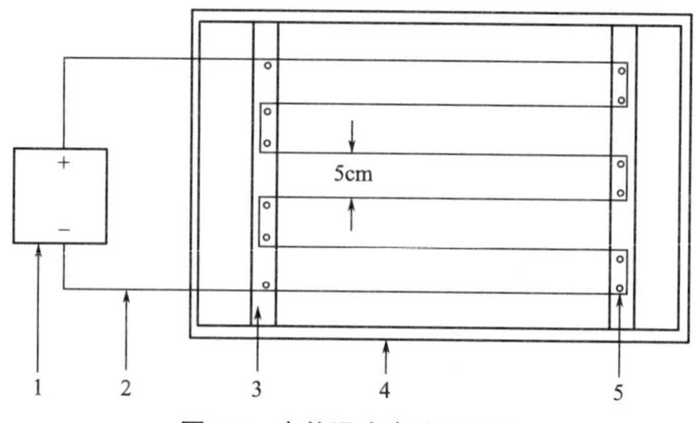

图 5-4 电热温床布线示意图

1—控温仪；2—控温线；3—木方；4—催根床外框；5—铁钉

电热温床每天早晚通电。通电时间长短依床温高低而定，床内温度达 25 ～ 30℃时即可断电。有条件的地方最好安装控温仪，将温度控制在 25℃。

在育苗量不大、电热线和控温仪不易购得的地方，也可以用绝缘性能较好的电褥子进行催根，效果也较好。方法是先在催根处地下铺一层砖，砖上平铺一层厚 5 ～ 10cm 的锯末或沙子，然后用质量较好的塑料薄膜将电褥子两面包好置于沙上，将电褥子上面的薄膜铺平，仔细检查有无漏洞，最后在薄膜上铺 10cm 厚的湿沙或湿锯末，并将已处理好的插条整齐排放在上面。接通电路，前 2 ～ 3d 控制开关置于高档位置，当沙内温度升到 20 ～ 25℃时换用低档保温。利用电褥子加热一般 15d 左右就可以完成催根过程。

2. 酿热温床

酿热温床是指在温床内铺设酿热物，如马粪、羊粪，制造升温条件，促进生根。催根前，先在地面挖床坑，坑底中间略高，四周稍低，然后装入 20 ～ 30cm 厚的生马粪，边装边踏实，踩平后浇水使马粪湿润，盖上塑料薄膜，促使马粪发酵生热，数天后温度上升到 30 ～ 40℃时，再在马粪上面铺 5cm 左右厚的细土，待温度下降并稳定在 30℃左右时，将准备好的插条整齐直立地排列在上面。枝条间填入湿沙或湿锯末，以防热气上升和水分蒸发。插条下部土温保持在 22 ～ 30℃。注意插条顶端的芽不能埋入沙中，以免受高温影响过早萌发。催根期间要保持沙或锯末的湿润，并注意控制床面气温，白天将覆盖温床的塑料薄膜揭开，利用早春冷空气来降低床面温度，防止芽眼过早萌发。地上部结构同冷床，不同的是于地下挖一近似龟背形填充酿热物的土坑，目前应用较多的为半地下式温床（图 5-5）。酿热物是指未经发酵腐熟的新鲜有机物，如禽畜粪、棉籽屑、锯末、垃圾等。通常将它们以适当的比例混

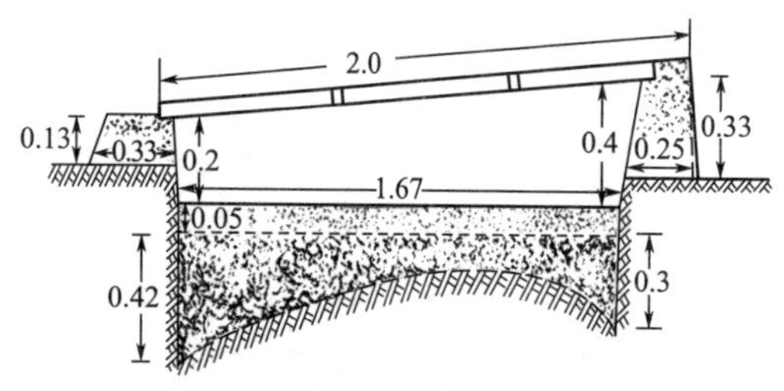

图 5-5 半地下式酿热温床（单位：m）

合填入坑内，其上铺一层培养基质，由酿热物发酵补充热量。

3. 火炕

火炕建造比较简单，适合在无电源和一些习惯于火炕育苗的地区采用。常用的是回龙火炕，半地下式或地上式均可。炕宽 1.5 ～ 2m，长度随需要而定。火炕建造方法各地有所不同，有一层烟道和两层烟道之分。两层烟道火炕的修造方法是：先在炕床下挖 2 ～ 3 条小沟，沟深 20cm、宽 15cm。沟上面用砖或土坯铺平，这就是第一层烟道即主烟道。烟道出口处至入口处应有一定的角度，倾斜向上，再在第一层烟道上面用砖或土坯砌成花洞，即为第二层烟道。抹泥修成炕面，周围用砖砌成矮墙。火炕修好后，要先进行试烧，温度过高处应适当填土。炕面各处温度均匀时（20 ～ 28℃）铺 10cm 厚湿沙或湿锯末，上面摆放插条进行催根，并覆盖塑料薄膜防止插条失水干燥（图 5-6）。

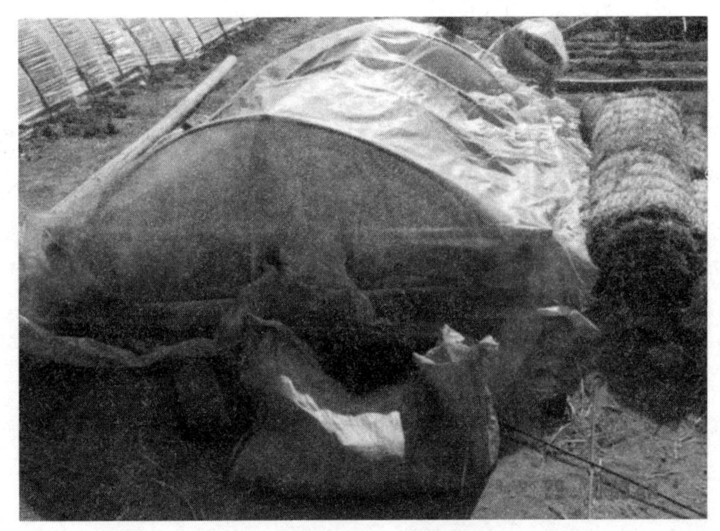

图 5-6 火炕催根

4. 热水（蒸汽）温床

有条件的地方，可利用地热、工厂废热，将热水或蒸汽由散热管道引入育苗床内，代替电加温线。其建造方法基本同电热温床。

二、弥雾苗床扦插

弥雾苗床是一种智能型的自动控制扦插床，能通过电动自动控温喷雾系统，较好地控制插床内的温度与湿度，给插穗创造出一个相对空气湿度近似饱和的空间，使插穗叶面形成并维持一层薄的水膜，促进叶片的生理活动，加速插穗生根，显著提高半木质化或未木质化枝条扦插的成活率。

弥雾苗床先是在地势平坦、排水良好、四周无遮光物体的地方建造插床，然后在插床上安装自动喷雾装置。

1. 插床建造

目前，生产中常用的插床类型有沙床和架空插床两种。

（1）沙床　沙床进行扦插时，透气性和排水性较好，但其散热快、保温性能差。因此在晚秋、冬季和早春进行扦插育苗时，要在插床底部增加加温设施或在沙床上覆盖保温材料。

沙床的建造过程如下：第一步先用砖在床的四周砌成高度为40cm的墙，注意墙底层要留出排水孔；第二步在床内最下层铺设小石子，中层铺设炉灰渣，最上层铺设纯净的粗河沙；最后在床上安装自动间歇喷雾装置。自动间歇喷雾装置喷水一次，沙床基质的空气即可更换一次。

（2）架空插床　架空插床是在空中利用育苗托盘进行扦插育苗。具有容器间透气性较好、插床的增温设施易于安装、插床温度易于控制、易于调控基质含水量等优点。

架空插床的建造过程如下：第一步先在地上铺设1～2层砖，使地面平整；第二步在铺平的地面上用砖垒成3～4层砖高的砖垛。垒垛时注意两个问题：一是根据所使用育苗盘的大小确定砖垛之间的距离；二是砖垛之间的高度应一致。第三步在砖垛上摆放育苗托盘，形成架空插床；最后在插床上安装自动间歇喷雾设备。

2. 自动喷雾设备

目前，我国广泛采用的自动喷雾设备有以下三种。

（1）电子叶喷雾设备　是通过模拟插穗叶片对水分的生理需求而设计的自控间歇喷雾装置，主要包括进水管、贮水槽、自动抽水机、压力水筒、电磁阀、控制继电器、输水管道和喷水器等。使用时，将电子叶安装在插床上，根据电子叶上有无水膜，自动调控喷头的工作状态，实现插床水分的自动调节。

（2）微喷管道系统　此种喷雾设备具有技术先进、节水、省工、高效、安装使用方便、不受地形影响、喷雾面积可调控等优点。主要由水源水分控制仪、管网和喷水器等组成。

（3）双长悬臂喷雾设备　此种喷雾设备是我国自行设计的对称式双长臂自压水式扫描喷雾设备，采用低压式喷头和旋转扫描喷雾技术，喷雾时无需高压水位。

三、露地扦插设施

露地扦插是目前园艺植物扦插繁殖中最常用的扦插形式。搭建小拱棚后，注意要经常通风换气，并在拱棚上加盖遮阳网，以防止棚外紫外线过强、使棚内温度过高的现象发生。

1. 地膜覆盖

对于秋冬季落叶树种，常利用其成熟枝条在春季进行露地扦插。此时，为较快提高插床床土的温度，保证插床湿度，提高扦插成活率，可采用地膜覆盖扦插床的方式进行扦插（图5-7）。一般采用黑色地膜，地膜宽度主要根据垄或苗床宽度确定。覆盖地膜时注意膜要铺设平整，膜四周要用土压严，防止春季大风吹破地膜。

2. 小拱棚

在我国北方地区早春进行露地扦插育苗时，为防止冻害、调节土壤墒情、提高土温、促进插条基部愈伤组织的形成，需要在插床上搭盖小拱棚。小拱棚高30～40cm、宽80cm，小拱棚间的间距约为50cm（图5-8）。

3. 遮阳网

遮阳网又称凉爽纱，是以聚乙烯树脂为原料，通过拉丝编织而成，是一种高强度、耐老化、轻质量的网状新型农用覆盖材料。遮阳网的宽度有0.9m、1.5m、1.8m、2.0m、2.2m、

2.5m、4.0m 等几种，颜色有白、银灰、果绿、蓝、黄、黑等，生产上常用的为黑色和银灰色两种。遮光率为 25% ～ 90%，使用寿命一般 3 ～ 5 年。

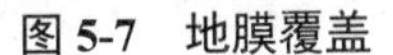

图 5-7　地膜覆盖

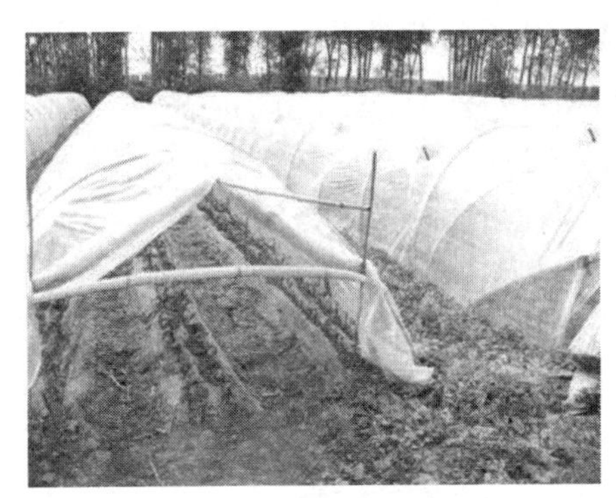

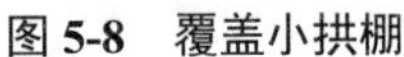

图 5-8　覆盖小拱棚

项目实施

任务 5-2　地热温床扦插设施准备

1. 布置任务

（1）根据选定的育苗形式及育苗数量，学生任意选择 1 种形式的地热温床，自行准备相应的设施及材料，为下一步进行扦插做好准备。指定教学参考资料，让学生制订任务实施计划单（包括准备的材料、用具名称及数量）。

（2）学生自学，完成自学笔记。

2. 分组讨论

（1）学生分组讨论，探究自学中存在的问题，交流心得体会。

（2）教师答疑，引导学生制订实施计划。

3. 任务实施

学生按照小组制订的实施计划实施任务。

4. 实施总结

（1）任务完成后，组织各组学生进行现场交流，探究自学中存在的问题，交流心得体会。

（2）教师答疑，点评。

（3）学生查找任务实施中存在的不足，并提交任务实施单。

任务 5-3　弥雾苗床扦插设施准备

1. 布置任务

教师安排“弥雾苗床扦插设施准备” 任务。

2. 分组讨论

学生以组为单位设计调查提纲，调查弥雾苗床扦插所需设施和设备名称、数量及用途。

3. 参观

（1）任课教师组织学生到利用弥雾苗床进行扦插育苗的企业调查，学生分组调查。

（2）学生撰写调查报告。

4. 讨论交流

（1）调查任务完成后，组织各组学生进行现场交流，探究弥雾苗床扦插设施准备项目内容，分享参观后的心得体会。

（2）教师答疑，点评。

（3）学生修订调查报告，并及时提交。

任务 5-4　露地苗床扦插设施准备

1. 布置任务

（1）以春季葡萄露地硬枝扦插为例，根据季节准备相应的设施并进行实施，为后续扦插提前做好准备工作。指定教学参考资料，让学生制订任务实施计划单（包括准备的材料、用具名称及数量）。

（2）学生自学，完成自学笔记。

2. 分组讨论

（1）学生分组讨论，探究自学中存在的问题，交流心得体会。

（2）教师答疑，引导学生制订实施计划。

3. 任务实施

学生按照小组制订的实施计划实施任务。

4. 实施总结

（1）任务完成后，组织各组学生进行现场交流，探究自学中存在的问题，交流心得体会。

（2）教师答疑，点评。

（3）学生查找任务实施中存在的不足，并提交任务实施单。

问题探究

进行弥雾苗床扦插设施调查，探究为什么弥雾苗床扦插要定期进行喷雾？喷雾的最适间隔期如何确定？

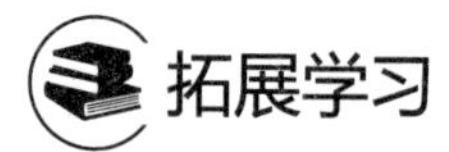

拓展学习

扦插常用的基质

扦插基质是用来固定插穗的材料，对扦插成活有重要影响，因此扦插时需选择适宜的基质。扦插用的基质应具有保温、保湿、疏松、透气、洁净、酸碱度适中、成本低、便于运输等特点。常用的扦插基质有园田土、珍珠岩、蛭石、泥炭、河沙、砻糠灰、炉渣、水等。

（1）园田土　在硬枝扦插和根插时，常用园田土做扦插基质，最好选用沙质壤土或壤土。对容易生根而抗腐烂的嫩枝或半木质化枝也可采用园田土做基质，但一般混入 1/2 或 2/3 的河沙，以改善通气性。用园田土做扦插基质，具有土质疏松、透气性好、土温较高、成本低等优点。

（2）珍珠岩　用于基质的珍珠岩是经过高温煅烧而成的膨化制品，多呈白色或褐色。具有疏松、透气、排水和保水保肥性良好、质地轻等特点，不含病原菌和害虫，插穗腐烂较少，适合做插床材料，尤其是全光照弥雾扦插常采用的较好基质之一。珍珠岩干燥后容易浮动，因此扦插之前要先浇水整平镇压，扦插后才不会倒伏，也可以与苔藓、蛭石或粗沙等其他基质配合使用。

（3）蛭石　含有多种微量元素，多呈颗粒状，少数也有粉末状。保水，透气，升温快，并且易保温，同时不带病原菌和害虫，是公认的木本、草本植物的优良扦插基质。蛭石经多次使用后颗粒变小，通气性差，排水条件变劣，宜与珍珠岩或炉渣混用，以改善通透条件。

（4）泥炭　又称为草木灰，是一种存在于沼泽地中的矿物质。含丰富的植物纤维和大量有机质，团粒结构，质轻多孔，酸性较弱，保水、透气、保温效果好，具有一定的腐殖质和肥力。多与其他基质如河沙、珍珠岩混用。

（5）河沙　河沙是最常用的扦插基质。粗沙颗粒之间有较大的空隙，通气好，无菌、无毒、无化学反应，空气热量能很快传导到深层，不易使插条霉烂，是较好的扦插基质。细沙保水强，但通气不好，不易直接用于扦插。生产上最好选用有棱角的粗沙，其通气和排水性能好，但露地扦插易干燥，所以要注意多喷雾补水和遮阳，插后消毒或换沙。

（6）砻糠灰　常由稻壳炭化而成，为黑灰色。具有疏松、透气、保湿性和吸热性好等特点。高温炭化后的砻糠灰不含病菌，适合做草本植物的扦插基质。

（7）炉渣　炉渣具有来源广泛，价格低廉，保水、保肥、保温和通透性好，无菌和无毒等特点，是较为优良的扦插基质。

（8）水　水插是一种卫生且简便易行的方法，适宜水插的植物有绿萝、水仙、橡皮树、万年青等。水插可以观赏植物发根状况，具有趣味性，但水插植物种入土壤中不易发根，因此实用性不高。水插时一般用池塘水、河水、井水效果较好，如果用自来水做扦插基质时，必须将自来水晾放 2 ～ 3d 后才能使用。此外，水插时还要注意，为保持水的洁净度，防止水中滋生细菌，要经常换水或向水中充气，或在水中加入活性炭等材料。

此外，还有锯末屑、苔藓等扦插基质，苗木扦插成活率也较高。

由于基质种类较多，实际生产中，在基质选择和配制时需注意以下几个问题：一是根据园艺植物的生长习性和基质的特点，选择适宜的一种或多种、单独或混配成扦插基质；二是对较难生根、喜酸性土壤的园艺植物和适宜进行嫩枝扦插的园艺植物，最好选用珍珠岩、蛭石、泥炭等，按照 1 ∶ 1 ∶ 1 的比例混合配制成基质；三是由于使用过的旧床土或基质，一般混有影响植物生长发育的病菌，因此不宜重复使用。如在同一块插床上长时间生产扦插苗时，要定时更换插床床土或扦插基质。

复习思考题

1. 园艺植物扦插时使用的苗床有哪几类？各有何特点？

2. 弥雾苗床扦插时常用的自动喷雾设备有哪些？
3. 用于园艺植物扦插的基质有哪些？各有何特点？
4. 如何铺设电热温床？

项目十八 扦插

学习目标

知识目标

1. 了解扦插成活的原理及生根类型。
2. 熟悉影响扦插成活的因素及促进插条生根的方法。
3. 熟悉扦插育苗的流程及提高成活率的措施。

能力目标

1. 能够根据不同园艺植物种类，选择适宜的扦插方法进行扦插。
2. 会制订扦插育苗的计划，并能够协作完成给定的扦插育苗任务。

思政与素质目标

1. 通过学习、查阅古书记载的育苗繁育史记，学习古人勇于实践、勤于钻研和善于总结的科学精神；

2. 通过实践苗木繁育研究新方法和手段，学习科研人员积极探索、攻克难题、刻苦钻研、勇于创新的精神，增加“学农爱农”自信心、“强农兴农”责任感，培养热爱劳动的品格；

3. 查阅“二十四节气”苗木繁育相关的民谣、谚语、风俗、诗词等中华优秀传统农耕文化，学习古人顺应客观规律、勇于实践、勤于钻研和善于总结的精神。

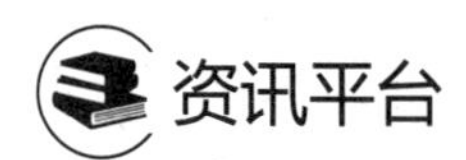

资讯平台

一、扦插成活的原理

扦插成活的原理是植物细胞具有全能性和再生能力。即构成同一植物体的每一个细胞都具有相同的遗传物质，它们在适宜的环境条件和营养条件下，可以进行遗传物质（基因）的表达，所以由具有完整细胞结构的细胞组成的各种植物组织与器官，都具有形成一株株相应植物的潜在能力，而这种潜在能力即为植物细胞的全能性和再生能力。具体表现是：当植物体的某一部分组织和器官受伤或被切除时，植株在伤口处将表现出弥补损伤、恢复协调的功能，即产生愈伤组织、形成不定芽以及不定根等。

利用植物的茎、叶等器官进行扦插繁殖时，茎叶伤口处及伤口附近的形成层、次生韧皮部、髓部等幼嫩组织在适宜条件下，恢复分裂能力，形成愈伤组织，进一步形成不定根与不定芽，产生新的根系与枝叶，最后形成新的独立植株。插穗形成不定根的部位因植物种类不同而存在差异，一般可分为三种类型：皮部生根型、愈伤组织生根型、混合生根型。

1. 皮部生根型

这类植物的枝条在生长期间能够形成许多位于枝条髓射线与形成层交叉点上的薄壁细胞群，即不定根的原始体。当插条入土后，在适宜的温度与湿度条件下，根原始体先端不断生长发育，并穿越韧皮部和皮层长出不定根（图 5-9）。此种类型的植物插穗根系形成快，在剪枝插穗前根原始体已经存在甚至已经形成，因此扦插容易成活。如葡萄、茉莉、佛手、榕树等植物插穗生根即属于皮部生根型。

2. 愈伤组织生根型

它形成的原理是由于形成层细胞和形成层附近的细胞分裂能力强，因此在插穗形态基端的伤口周围，能形成大量呈半透明状的、具有明显细胞核的薄壁细胞群，即初生的愈伤组织（图 5-10）。初生愈伤组织一方面保护插穗的切口免受外界不良环境的影响，同时还可以进一步分化，向内逐渐形成木质部、韧皮部和形成层等组织，向外分化形成根的原始体，生出不定根。由于此种类型的植物需要先从插穗基部伤口处形成愈伤组织，在此基础上再分化产生不定根，因此根系形成时间较长，生根速度较慢，而且在此期间常因外界环境条件的不利变化，如温度、湿度不适宜或病菌侵入等原因，导致插穗在扦插期间难以从愈伤组织分化出不定根而致使插穗中途死亡，因此这类植物扦插繁育较为困难。如部分月季品种、雪松、悬铃木等属于这种生根型。

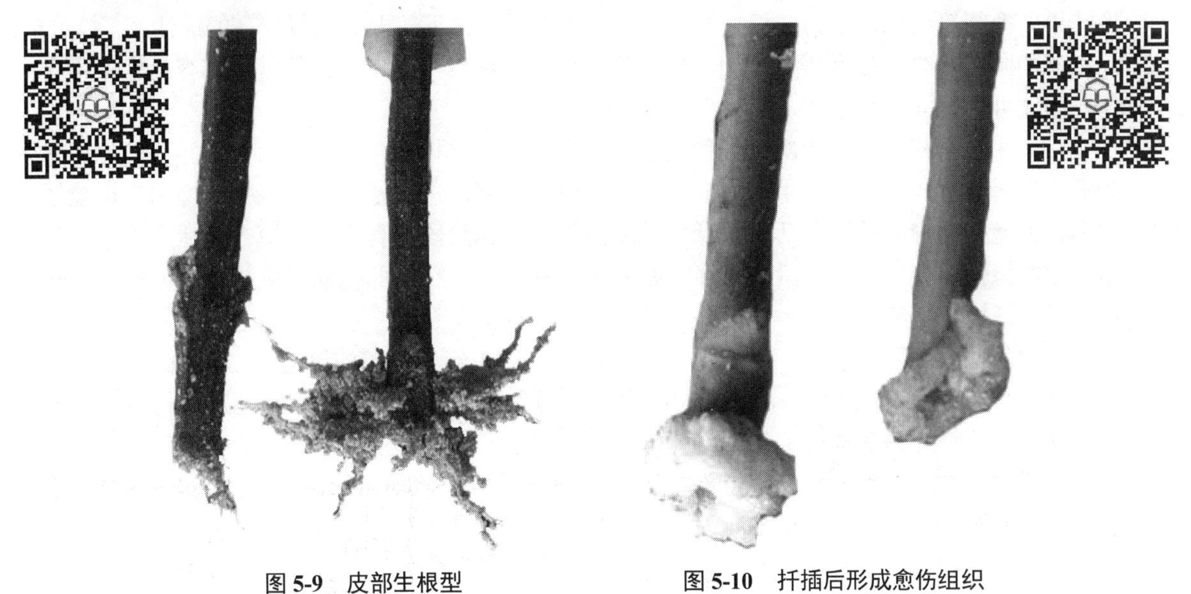

图 5-9 皮部生根型

图 5-10 扦插后形成愈伤组织

3. 混合生根型

所谓混合生根型是指皮部生根型的植物，在从基部伤口附近长出根系的同时，伴随有愈伤组织生根的现象出现；同样，以愈伤组织生根型为主的树种，在插穗基部产生愈伤组织的同时，伴随有皮部生根的现象出现。此种类型的植物组织与器官扦插后特别容易成活。如黑杨、柳等树种的插穗，其根系既可以从皮部根原基产生，也可能从伤口处形成的愈伤组织发生，因而其根系发生类型属于混合生根型。

根插能够成活的原理是：根的皮层薄壁细胞组织中能形成不定芽，而后发育成茎叶，形成新植株。

二、影响扦插成活的因素

扦插后能否生根成活，主要决定于插穗本身的条件和外界的环境条件是否适宜，即内因和外因。

1. 影响扦插成活的内因

在扦插苗生产过程中，插穗能否成活的关键是看其能否尽快形成不定根。而影响插条不定根形成的内在因素有：植物的遗传特性、采穗母树及枝条年龄、枝条的着生位置、枝条的发育状况、插穗长度与留叶状况等。

（1）植物的遗传特性　不同的园艺植物由于其遗传特性不同，其形态、结构、生长发育规律和对外界环境条件的适应能力均不同，因此在扦插过程中产生不定根的能力有较大差异。按生根难易程度可分为以下 3 类。

① 不易生根的植物：柿树、核桃、板栗、苹果、梨、桃、梅花、广玉兰等园艺植物的插穗扦插后，在形态基端伤口处很难生根，扦插后成活率极低。

② 较难生根的植物：树莓、醋栗、枣树、果桑、刺槐、君迁子、米兰、山茶等园艺植物的插穗扦插后，需要较高技术和较精细的管理，才能获得较高的成活率。

③ 易生根的植物：荷花、菊花、彩叶草、一串红、夹竹桃、月季、樱桃、葡萄、石榴、无花果、番茄等园艺植物的插穗扦插后，在一般扦插条件下，即能获得较高的成活率。

有的园艺植物，如香椿、泡桐、树莓等，枝插不易发生不定根，但其根部容易发生不定芽，因此可用根插进行繁殖。

（2）采穗母树及枝条年龄　插穗的生根能力与采穗母树的年龄有很大关系。一般母树年龄大，生活力衰弱，细胞分生能力减弱，母树枝条内部促进生根的物质减少，抑制生根物质增多，因此枝、根的扦插成活率较低；而幼龄母树，其阶段发育年龄较短，生活力强盛，细胞分生能力强，促进生根的激素较多，有利于根系的生成，因此扦插时应从幼龄母树上采集插穗进行扦插，容易成活。

插穗生根能力随着枝条年龄的增加而降低。一般 1 年生枝条的再生能力最强，2 年生枝条次之，3 年生及以上的枝条由于其组织老化，再生能力较弱，不易做插穗进行扦插。因此大多数园艺植物扦插多选用 1 年生或当年生枝条进行。

实践证明，同一树种从实生起源的幼龄母树上采取的插穗比从营养植株上选取的插穗，具有更强的再生能力，因此更易生根。但用扦插方法繁殖果树苗木（如葡萄苗）时，为不影响树体进入开花结果的时间，不能从幼龄的、未进入开花结果的实生植株上选取插穗。

（3）枝条的着生位置　包含两层含义：一是指枝条在母树上的着生位置；二是指插穗在同一个枝条上的不同位置。这两种位置的不同，均会不同程度地影响插穗的生根能力。

同一株树上着生在不同部位的枝条，其生活力强弱不同，因此生根情况也有差异。一般根颈处及主干上萌发的枝条发育充实，再生能力较强，枝条的位置距主轴越远或枝条分枝级次越多，生根能力越弱，扦插后成活率越低。

同一个枝条的上、中、下不同部位，其生根能力也不同。扦插时取哪一部位作插穗较好，主要取决于植物的生根类型、枝条成熟状况、不同的生长时期及采用的扦插方法。如百合、芦荟等植物，剪取枝条基部的插穗扦插后生根较多，因为这些植物在茎基部潜伏的根原体和营养物质的含量最多，向上逐渐减少。有些植物，如月季，则是枝条上部的根原体与营养物质多于基部，因此这类植物扦插时应取上部枝段作插穗，生根最好。从枝条成熟状况看，一般枝条的中下部较粗壮，芽体饱满，营养物质含量较丰富，利于生根；而枝条的上部组织幼嫩，发育不充实，芽体不饱满，营养物质含量较低，扦插成活率较低，因此对大多数园艺植物而言，扦插时取枝条的中下部作插穗，效果较好。常绿植物由于枝条的中上部多为新生枝，具有较强的光合作用，生长健壮、内源激素丰富，因此，取枝条的中上部进行扦插，生根效果较好。而落叶果树由于扦插时期和方法不同，选取的枝段也应不同，如夏季进行嫩枝扦插，以枝条中上部枝段为好，冬春季硬枝扦插时，则以枝条中下部枝段为好。

（4）枝条的发育状况　扦插时，芽体的萌动和不定根的形成均需要消耗树体内的营养物质，因此枝条的粗细、充实与否直接影响着插穗能否生根成活。一般生长健壮、组织充实、芽眼饱满、营养物质丰富的枝条扦插后容易生根成活，而枝条细弱、组织不充实、营养物质较少的枝条扦插后不易成活，即使成活生长状况也较差。

（5）插穗长度与留叶状况　插穗的长度与留叶数量的多少，会直接影响插穗不定根的发生、根系的生长、扦插成活率及苗木生长状态。因此扦插时，保留适宜的插穗长度和留叶数量十分重要。

对大多数园艺植物来说，用长插穗进行扦插，可以保证插穗内营养物质充足，利于生根成活。但插穗过长，种条利用率不高，繁殖系数较低，不经济。因此，针对不同园艺植物的生长特点，找出经济、生根效果好的适宜的插穗长度十分重要。经过多年实践证明，一般草本植物适宜的插穗长度为 7 ～ 10cm，落叶木本植物硬枝扦插时，适宜的插穗长度为 5 ～ 20cm，常绿植物为 10 ～ 20cm。在种条较少的情况下，可以采用短插穗，甚至是一芽一叶扦插，如葡萄、桂花、中华猕猴桃等利用短插穗扦插，成活率较高。

进行嫩枝扦插时，插穗上可留有叶片进行光合作用，补充碳素营养，提高扦插成活率。但留叶数量过多，叶片蒸腾量大，易造成插穗失水干枯死亡。因此嫩枝扦插时，应确定适宜的留叶数，一般每根插穗可保留上部 1 ～ 2 片叶，对于叶片较大的植物，保留半叶即可（图 5-11）。若插床有弥雾装置进行定时保湿，则插穗可适当多留叶。

图 5-11　嫩枝扦插保留叶片数量

2. 影响插穗生根的外因

影响插穗生根的外部因素主要有：温度、湿度、光照、基质和通气状况等。

（1）温度　温度对插穗生根的影响主要表现在地温和气温两个方面。地温主要满足不定根形成的需要。大多数木本植物硬枝扦插时，插穗适宜的生根温度为 15 ～ 25℃，20℃为最适温度；嫩枝扦插时，插穗生根的适宜温度为 20 ～ 25℃。喜高温的温室花卉一般在 25 ～ 30℃时生根良好。因此，提高春季扦插成活的关键在于提高地温。气温主要是满足芽的萌发和叶片的光合作用。气温升高，叶片蒸腾作用加速，易引起插穗失水干枯，不利于生根，因此春季扦插时关键在于创造地温略高于气温的环境。通过采取措施，如地下铺马粪或利用电热温床等提高土壤温度，使插条先发根后发芽，从而提高扦插成活率。

（2）湿度　空气湿度和基质湿度对扦插生根成活影响很大。一般来说空气湿度越大越好，多数树种，适宜插穗生根的空气相对湿度为 80% ～ 90%。高湿可减少枝段和叶片水分蒸腾散失，尤其是绿枝扦插，使叶片不致萎蔫，生产上绿枝扦插时可采用弥雾设备或遮阴等方法，维持较高的空气湿度。扦插繁殖基质的湿度也要适宜，基质湿度过大，易导致插床透气性差，不利于插穗呼吸作用的进行，使插穗腐烂甚至死亡。一般基质湿度维持在田间最大持水量的 60% ～ 80% 较好。

此外，插穗自身的含水量也会影响插穗的生根。实践证明，插穗的光合作用越强，不定根形成就越快。当插穗内含水量减少时，叶组织内的光合强度会显著降低，从而影响不定根的形成。因此，对越冬前采集、贮藏期间失水较多的插条，为提高其含水量，利于插穗生根，扦插前要将剪好的插穗浸泡在水中，使其充分吸水，提高插穗的含水量，从而提高插后的成活率。

（3）光照　扦插生根需要一定的光照条件，尤其是带叶的嫩枝扦插和常绿植物的扦插，为了保证叶片一定的光合能力，为生根提供有机营养和激素物质，在发根初期，需要有适当的光照，但绝对要避免阳光直射，防止水分过度蒸发而导致插穗枯萎，一般接受 40% ～ 50% 的光照为佳。因此，在嫩枝扦插初期可进行搭棚遮阴，当插穗根系大量发生后，要逐渐增加光照强度，延长光照时间。目前生产中较好的方法是利用全光照喷雾设施，加速插穗生根，提高扦插成活率。

（4）基质　扦插时理想的基质要求结构疏松、通水透气性良好，pH 适宜，可提供全面的营养元素，且不带有害的真菌和细菌。露地硬枝扦插时在含沙量较高的肥沃沙壤土中进行，绿枝扦插对基质的要求比硬枝扦插严格，一般插床基质可选用干净河沙、蛭石、珍珠岩、苔藓、泥炭等。

（5）通气状况　扦插育苗中，通风供氧对插穗生根和成活有很大促进作用。实践证明，插条生根率与基质中的含氧量成正比。在进行扦插繁殖时，一定要选择疏松、通透性好的基质，以保证成活率。不同的植物对氧气需求量不同，蔷薇、常春藤扦插时要求较多的氧气，必须选择疏松的基质或插入深度较浅时才能较好生根，而杨、柳则需要较少的氧气，扦插时即使插入较深仍能成活。

三、促进插穗生根的方法

由于不同植物种类插穗的生根能力、生根快慢不同，在生产实践中，为了促进一些不太容易生根或生根慢的插穗较快生根，提高生根率，可通过人为措施来达到目的。常见的方法如下。

1. 机械处理

扦插繁殖前，对繁殖材料进行环剥、剥老皮、纵刻伤、绞缢等机械处理，阻止枝条上部制造的养分和生长素等向下运输而停留在枝条中。插穗剪下后扦插，可以促进插穗生根。

（1）环剥处理　在母树上准备用作插穗的枝条基部，环剥一圈皮层，宽 3 ～ 5mm，环剥皮 15 ～ 20d 后，剪取插穗进行扦插，有很好的生根效果。

（2）剥老皮　对较难发根和枝条木栓组织较发达的园艺植物，扦插前将其表皮木栓层剥去，加强插穗的吸水能力，可明显促进插穗生根。

（3）纵刻伤　插穗剪离母枝前，在计划剪取插穗的枝条基部用刀刻 2 ～ 3cm 长的伤口，至韧皮部，10d 后，把已刻伤的枝条从伤口处剪下进行扦插，可明显促进生根。

（4）绞缢处理　将母树上准备选作插穗的枝条，用细铁丝或尼龙绳等在其基部扎紧，经15～20d后，剪取插穗扦插，其生根能力有显著提高。

2. 黄化处理

对不易生根的木本植物，尤其是含有多量色素、油脂等的园艺植物，插穗剪取前2～3周，用黑纸、黑布、黑色塑料薄膜等材料，对母枝基部进行包扎遮光或用泥土封包枝条遮光，使其黄化，促其皮层增厚、薄壁细胞增多、生长素积累，可促进根原始体的分化和不定根的生成。

3. 清洗处理

对插穗进行清洗处理，既可以增加插穗中的含水量，又可减少松脂、单宁、酚和醛类化合物等抑制物的含量，有利于插后根原体的形成，促进成活。主要方法有以下几种。

（1）浸水处理　此法适合单宁、油脂含量高的园艺植物。将剪好的插穗捆扎整齐，在扦插前将插穗浸入清水中处理10～24h，使之充分吸水（图5-12）。插穗具体浸泡时间因园艺植物种类的生物学特性、枝条的幼嫩情况而异。如葡萄浸泡24h，生根的效果较好。

图5-12　浸木处理

（2）流水清洗　是将插穗捆扎好后放入流动的水中浸泡数小时。浸泡的具体时间也因园艺植物种类和枝条幼嫩状况而定。短的浸泡24h，长的可达72h。

（3）酒精清洗　用酒精清洗的主要目的是去除插穗中抑制生根的物质。如杜鹃类植物，用1%～3%的酒精或1%的酒精与1%的乙醚混合液浸泡6h，可显著提高其生根率。

4. 药剂处理

对繁殖材料进行药剂处理，加强其呼吸作用，促进细胞分裂，可显著提高其生根率、生根时间、生根数量、根的粗度与长度。常用药剂主要是植物生长调节剂，如ABT生根粉、吲哚乙酸（IAA）、吲哚丁酸（IBA）、萘乙酸（NAA）等。用药剂处理插穗基部时，注意药剂的使用浓度与处理时间要适宜。一般低浓度$(10\sim100)\times10^{-6}$处理12～24h；高浓度$(500\sim2000)\times10^{-6}$处理3～5s。生根难的园艺植物种类使用浓度要高些，生根容易的园艺植物种类使用浓度低些。硬枝扦插时使用浓度高些，嫩枝扦插时使用浓度低些。但注意浸蘸的部位为插条基部，不能使最上端芽眼蘸到药剂，否则影响萌芽。

此外，用维生素B_1、维生素C、高锰酸钾、蔗糖等处理插条也有促进生根成活的效果。如对生根困难的柿、板栗用1×10^{-6}的维生素B_1或维生素C处理插穗基部12h，再进行激素处理后，可保证有50%以上的生根率。用0.1%～0.5%的高锰酸钾溶液处理菊花、一品红等园艺植物的插穗基部 10 ～ 12h，可明显促进生根，还起到杀菌消毒的作用。用 5% ～ 10% 的蔗糖溶液浸泡插穗基部 10 ～ 24h，也具有较好的生根效果。使用时根据园艺植物的具体种类适当调整使用浓度和处理时间。

5. 加温处理

早春扦插时因气温高于地温，导致插穗出现先发芽展叶后生根的现象，最终降低成活率。生产中可采用阳畦、塑料薄膜覆盖或利用电热温床、火炕加温催根处理，使插床基质温度达到 20 ～ 25℃，促进插穗首先生根，保证扦插成活率。具体方法可参照项目十七扦插设施中相关内容进行。

四、扦插方法

1. 叶插

叶插是指利用叶脉和叶柄能长出不定根、不定芽的再生功能的特性，以叶片为插穗来繁殖新个体的方法。主要适用于能自叶上发生不定芽及不定根的园艺植物，如大岩桐、秋海棠、落地生根、虎尾兰、非洲紫罗兰、芦荟等，它们大都具有粗壮的叶柄、叶脉和肥厚的叶片。叶插法一般在生长期进行。根据叶片的完整程度可以分为全叶插、片叶插两种。

（1）全叶插　是以完整叶片为插穗的一种扦插方法。适用于草本植物，如落地生根、秋海棠、大岩桐、百合等。全叶插有两种方式，即平置法和直插法（图 5-13）。平置法是将去掉叶柄的叶片平铺于插床的基质上，用大头针或竹签固定，使叶背与基质密切接触。直插法是将叶柄插入基质中，叶片直立于插床基质上面，从叶柄基部发生不定芽及不定根。

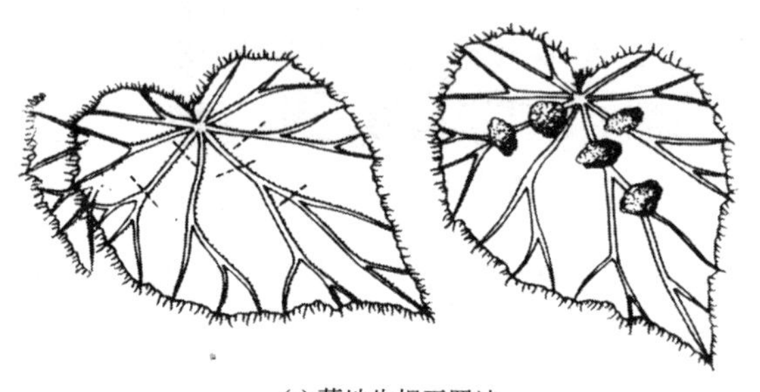

(a) 落地生根平置法　(b) 蟆叶秋海棠直插法

图 5-13　全叶插

（2）片叶插　是将叶片分切数块，分别进行扦插，使每块叶片上均能形成不定芽、不定根，生长成为新的植株。适用于蟆叶秋海棠、虎尾兰、红景天、长寿花等。如蟆叶秋海棠在室温 20 ～ 25℃条件下，将其叶片带叶脉剪成 4 ～ 5 小片，插后 25 ～ 30d 生根，60 ～ 70d 即可长出小植株（图 5-14）。将虎尾兰按 5cm 一段剪好，分别插于基质中，在室温 20 ～ 25℃条件下，30d 左右生根，50d 左右即可长出不定芽（图 5-15）。

图 5-14　蟆叶秋海棠片叶插

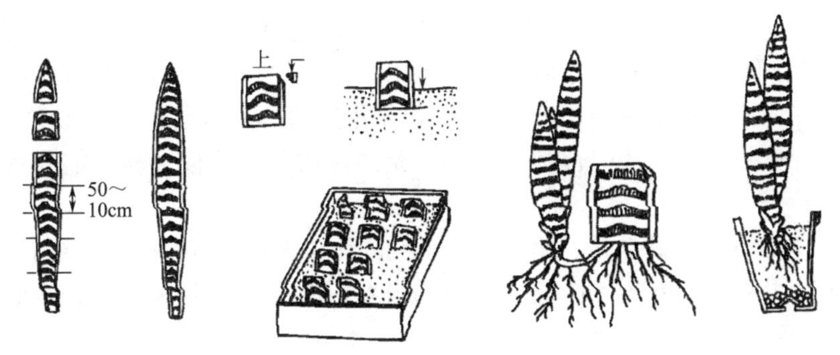

图 5-15　虎尾兰片叶插

不论哪种插法，均要注意以下两个问题：一是叶片也有极性，不能插倒，否则既不能生根，也不能生芽；二是注意保持良好的温度、湿度条件，才能收到较好的效果。

2. 茎插

茎插可分为芽叶插、绿枝扦插和硬枝扦插等方法。

（1）芽叶插　是用完整叶片带腋芽的短茎作扦插材料。主要适用于叶插不易产生不定芽的种类，如菊花、山茶花、扶桑、橡皮树、桂花、天竺葵、宿根福禄考等。芽叶插常在春、秋季进行扦插，成活率高。方法是：选择健壮的枝条，用刀将带饱满芽的叶片和部分茎一起切下，将其以45° 角斜插于苗床，深度为仅露芽尖即可，行株距10cm×10cm为宜（图5-16）。芽叶插应在设施或荫棚内进行。

（2）绿枝扦插　是指在生长期用半木质化的新梢进行带叶扦插，也称为嫩枝扦插、软枝扦插和带叶扦插。在无花果、葡萄等果树，柑橘、杜娟、一品红、虎刺梅、扶桑、茉莉、橡皮树等花卉及蕹菜、番茄等蔬菜植物繁殖中均可应用。绿枝扦插时间以夏初最为适宜。此时插穗幼嫩，易失水而导致染病腐烂，因此为提高成活率，应选择经过灭菌消毒的珍珠岩、蛭石、河沙等作为基质。

① 插条的剪截：插条的长度因园艺植物种类、枝条节间长短不同而不同。一般插条长10 ～ 15cm，含有 2 ～ 4 个芽。为减少蒸腾耗水，应除去插条的部分叶片，仅留上端 1 ～ 2 片叶（大叶型可将叶片剪去 1/2），以利光合积累，基部去掉部分叶片，以利扦插和生根。剪截插条时，在最上部芽上 1cm 处平剪，在基芽下 0.3cm 处斜剪，注意剪口要光滑（图 5-17）。插条下端可用 β- 吲哚丁酸（IBA）、β- 吲哚乙酸（IAA）、ABT 生根粉等激素处理，使用浓度一般为 5 ～ 25mg/kg，浸泡 12 ～ 24h，以利成活。插条应随剪随插，并注意保湿。

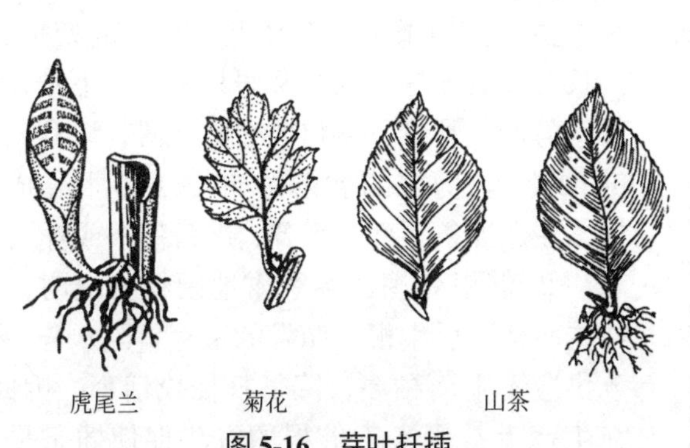

图 5-16　芽叶扦插

图 5-17　嫩枝扦插插条剪截

对部分特殊园艺植物，插条剪截后，注意对伤口进行处理，以利伤口愈合。如多肉、多浆、多汁类植物仙人掌等，插穗剪好后，要用草木灰涂抹伤口或将其放于阴凉通风处晾晒几小时，待伤口汁液晾干后再行扦插；对富含乳汁的一品红等园艺植物，插穗剪截后，要将其切口浸入水中去除乳汁，否则会使乳汁凝固在切口上而使插穗不能吸水，最终导致插穗死亡。

② 扦插：扦插前先做好插床，将基质用0.5%福尔马林或高锰酸钾消毒后放入插床中，或者用50%多菌灵粉剂50g与1m^{3}基质混拌均匀后，用薄膜覆盖3～4d，揭膜后1周即可使用。

扦插深度因园艺植物种类、枝条木质化程度的差异而略有不同。一般插条插入基质1/3～1/2，直插或斜插均可，以斜插为好，扦插密度以叶片互不遮挡为度（图5-18）。扦插后用芦苇帘或遮阳网遮阴，要喷雾或勤喷水，以保持空气和土壤较大湿度，有利生根成活，待生根后逐渐撤除遮光物。生产中多在室内进行弥雾扦插繁殖。

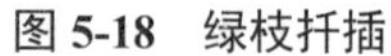

图5-18 绿枝扦插

（3）硬枝扦插　是用充分成熟的一年生枝段进行扦插。主要适用果树、园林树木，如葡萄、石榴、无花果、月季和菊花。

① 插条的剪截：在春季扦插前25～30d，将贮藏越冬的插条取出，在清水中浸泡一昼夜后，选择皮色新鲜、芽眼完好的枝条，剪成长10～15cm的枝段（一般保存2～3个饱满芽）。插条过长，下切口愈合慢，易腐烂，不利于操作；插条过短，插条内贮存营养少，不利于生根。插条顶端在芽上1～2cm处平剪，太长会形成死桩，太短芽眼易枯死。下端在节部斜剪成马耳形，剪口要平整光滑，以利愈合（图5-19）。剪好的插条每50～100根扎成一捆，注意插条下部要平齐，准备催根或扦插。

图5-19 硬枝扦插插条剪截

② 催根处理：春季露地硬枝扦插时，往往先萌芽，后生根。萌发的嫩芽常因水分、养分供应不上而枯萎，降低扦插成活率。因此，在生产上常用人工催根的方法促使插条早生根，提高扦插成活率。进行催根处理的时间是

扦插前 20 ～ 25d。生产中应用的方法有以下几种：电热温床催根、火炕催根、冷床催根和药剂催根等，其中以药剂催根与电热温床催根结合使用效果最好。具体方法可参照项目十七扦插设施中相关内容进行。

催根时在热源上铺一层湿沙或锯末，厚度 3 ～ 5cm，将浸蘸过药剂的插条下端向下，成捆直立埋入铺垫基质中，捆间用湿沙或锯末填充，顶芽外露。插条基部温度保持在 25 ～ 28℃，气温控制在 8 ～ 10℃以下。为保持湿度要经常喷水。这样可使根原体迅速分生，而芽则受气温的限制延缓萌发。这样经过 15 ～ 20d，插条便可产生愈伤组织并开始生根。

③ 扦插：北方地区扦插时间多在春季萌芽前进行，以当地的土温（15 ～ 20cm 处）稳定在 10℃以上时开始。华北地区一般在 3 月下旬至 4 月上旬，华北北部 4 月中旬进行扦插。扦插时可直接插入苗床，也可插入营养容器（图 5-20）。苗床扦插时可做成垄和畦。垄插由于表土层较深，根系附近土壤疏松透气，且土壤吸收阳光的面积大，地温升高快，有利于插穗生根。垄插灌水在高垄之间，不会因灌水而影响土壤透气性，因此效果好于畦插。但在气候非常干旱的地区，保水困难不宜采用垄插。

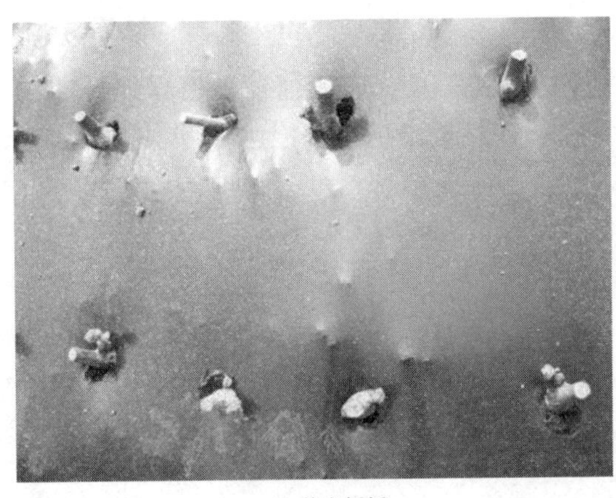

(a) 苗床扦插

(b) 营养钵扦插

图 5-20　葡萄硬枝扦插

扦插时，在苗床上按一定的距离开沟或打孔，然后进行扦插。扦插的角度有直插和斜插两种，但斜插时倾斜角度不能太大。一般生根容易、插穗较短、土壤疏松、通气保水性好的应直插；而生根困难、插穗较长、土壤黏重通气不良、土温较低的宜斜插。扦插深度与环境条件有关，在干旱、风大、寒冷地区扦插时插条宜全部插入土中，上端与地面持平，插后培土 2cm 左右，覆盖顶芽，芽萌动时扒开覆土。在气候温和且较湿润的地区，插穗上端可以露出 1 ～ 2 个芽，扦插时不要碰伤芽眼。

3. 根插

根插是利用植物根上能形成不定芽的能力进行扦插繁殖的方法。常用于根插易生芽而枝插不易生根的园艺植物，如枣、柿、李、核桃等果树，牡丹、芍药、罂粟、凌霄、金丝桃、梅、樱花、凤尾兰、牛舌草、毛地黄等花卉植物。

根插可利用苗木出圃剪下的根段或留在地下的根段，将其粗者剪成 10cm 左右长，细者剪成 3 ～ 5cm 长的插穗，斜插于苗床中，上部覆盖 3 ～ 5cm 厚细沙，保持基质温度和湿度，促进其形成不定芽。根插时也要注意不能倒插，否则不利于成活（图 5-21）。

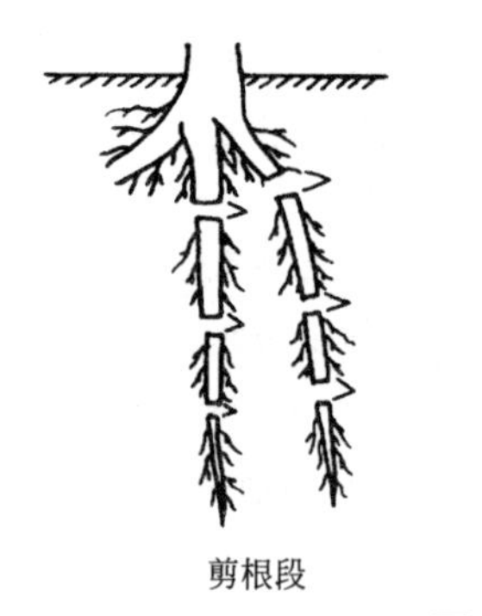

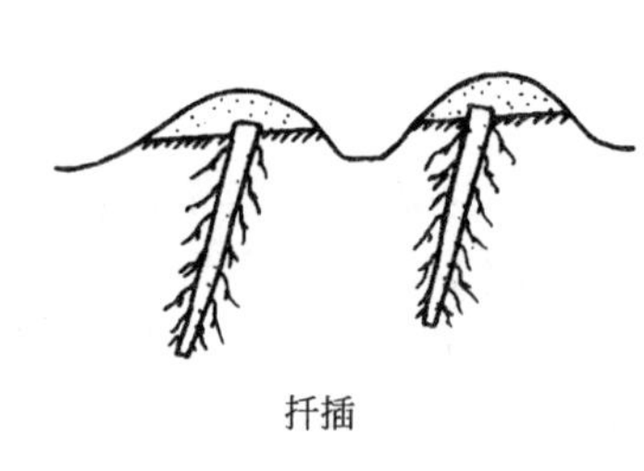

图 5-21 根插

项目实施

任务 5-5 硬枝扦插

1. 布置任务

（1）以春季葡萄露地硬枝扦插为例，准备相应材料和工具，完成葡萄硬枝露地扦插任务。指定教学参考资料，让学生制订任务实施计划单（包括插条剪截、浸水、催根、扦插等过程）。

（2）学生自学，完成自学笔记。

2. 分组讨论

（1）学生分组讨论，探究自学中存在的问题，交流心得体会。

（2）教师答疑，引导学生制订实施计划。

3. 任务实施

学生按照小组制订的实施计划实施任务。

4. 实施总结

（1）任务完成后，组织各组学生进行现场交流，探究自学中存在的问题，交流心得体会。

（2）教师答疑，点评。

（3）学生查找任务实施中存在的不足，并提交任务实施单。

任务 5-6 绿枝扦插

1. 布置任务

（1）以月季绿枝扦插为例，准备相应材料和工具，完成月季绿枝扦插任务。指定教学参考资料，让学生制订任务实施计划单（包括制作插床、插条剪截、插前处理、扦插等过程）。

（2）学生自学，完成自学笔记。

2. 分组讨论

（1）学生分组讨论，探究自学中存在的问题，交流心得体会。

（2）教师答疑，引导学生制订实施计划。

3. 任务实施

学生按照小组制订的实施计划实施任务。

4. 实施总结

（1）任务完成后，组织各组学生进行现场交流，探究自学中存在的问题，交流心得体会。

（2）教师答疑，点评。

（3）学生查找任务实施中存在的不足，并提交任务实施单。

任务 5-7 叶片扦插

1. 布置任务

（1）以虎尾兰叶片扦插为例，准备相应材料和工具，完成虎尾兰叶片扦插任务。指定教学参考资料，让学生制订任务实施计划单（包括制作插床、插条剪截、插前处理、扦插等过程）。

（2）学生自学，完成自学笔记。

2. 分组讨论

（1）学生分组讨论，探究自学中存在的问题，交流心得体会。

（2）教师答疑，引导学生制订实施计划。

3. 任务实施

学生按照小组制订的实施计划实施任务。

4. 实施总结

（1）任务完成后，组织各组学生进行现场交流，探究自学中存在的问题，交流心得体会。

（2）教师答疑，点评。

（3）学生查找任务实施中存在的不足，并提交任务实施单。

问题探究

各组进行扦插后，调查扦插成活率的高低，并比较各组间成活率存在差异的原因，给出解决措施。

拓展学习

一、插穗的特殊剪截方法

对于一些极难生根的园艺植物，为保持切口湿润，增加插穗的吸水能力，提高扦插成活率，在插穗剪截时，可对其基部进行特殊处理。

（1）夹石插穗　对于桂花、山茶等极难生根树种，将插穗剪截后，可将插穗基部从中间剪开，夹以石子等，以增加伤口面积，扩大插穗生根面积。

（2）带踵插穗　对于山茶、桂花、无花果等园艺植物，剪截插穗时，可从新枝与老枝交接处下部 2 ～ 3cm 处下剪，即插穗基部带部分 2 年生枝的树皮和木质部，这类枝条为带踵枝条。这类插穗基部养分充足，组织紧密，较易生根，成活率高，幼苗长势强。

（3）裹泥球插穗　对于常绿类树种如山茶、桂花等，插穗剪截后，为使插穗具有较高的含水量，可将插穗基部包在较黏重的泥球中，然后将泥球与插穗一起插于基质中。

二、全光照弥雾嫩枝扦插技术

全光照弥雾嫩枝扦插技术是当前国内外广泛采用的苗木生产新技术之一，在果树、花卉苗木生产中都可以应用。此种扦插方法技术容易掌握，易于生根，苗木生产周期短，可实现苗木生产专业化、工厂化、良种化和规模化，是今后苗木生产现代化的主要发展方向。其主要技术流程如下。

（1）插穗的选择　在植物生长季节，从采穗圃或生长健壮的母树上，选择插穗。扦插木本花卉时，选择带有叶片的当年生半木质化的嫩枝作插穗；扦插草本花卉时，选择带有叶片的嫩茎作插穗。

（2）插前准备

① 制作插床：在地势平坦、通风良好、光照充足、水电方便的地方制作插床，插床底部设有排水孔。然后把配好的基质用 0.5% 的高锰酸钾消毒后放入插床中。

② 安装全光照自动弥雾装置：插床做好后，在插床中心安装全光照自动间歇弥雾装置。

③ 插条准备：将采集的当年生新梢剪除顶端幼嫩部分，再剪成长 8 ～ 10cm 的插条，保留 2 ～ 3 个芽，下切口在叶下 0.2cm 左右的地方进行斜剪，上切口进行平剪，叶片较小的保留 2 ～ 3 片叶，叶片较大的保留半片叶。剪好后按照 50 根绑成一捆，先用流水冲洗 30min，然后用生根剂浸泡插穗基部至 1 ～ 1.5cm 处，最后进行扦插。

（3）扦插　扦插时间多在 5 月下旬～ 9 月中旬。扦插时先用粗度相当的木棍打孔，以免碰伤插条的皮部，损伤形成层而影响愈伤组织的产生和形成。然后将插条插入基质 2 ～ 3cm，扦插密度为 6000 ～ 7500 株 /hm^2。插入插条后用手压实，使插条与基质密接，随插随喷水。

（4）扦插后管理　扦插后，为防止病菌的感染，立即喷施 1000 倍的多菌灵，以后每 7d 喷 1 次。扦插完后，开启喷雾装置进行喷雾，根据气温变化以及插条的生长情况确定间隔和喷雾时间。晴天需不间断地喷雾，阴天可时喷时停，雨天和晚上可完全停止喷雾。当幼根形成后，每隔 7d 喷施 1 次 0.3% 磷酸二氢钾 +0.1% 尿素。

（5）移栽　当插穗叶芽萌动并长出 1 ～ 2 片叶时，即可移苗。移栽前 1 周停止喷雾进行练苗。晴天移栽时间在上午 10：00 前、傍晚 5：00 后，阴天可全天进行移栽。移栽过程中，不能损伤幼根，要随起苗随移栽。移栽后对幼苗进行适当遮阳，并及时浇透水，7d 后浇第 2 次水，之后的 1 个月内每天可叶面喷雾 2 ～ 3 次。1 个月后撤去遮阳物，进行日常的管理培植。

复习思考题

1. 利用所学知识解释扦插为什么会生根。
2. 促进插条生根的方法有哪几种？
3. 影响插条生根的因素有哪些？

4. 怎样进行加温催根处理？
5. 扦插的方法有哪些？各有何优缺点？
6. 举例说明叶插的全过程。
7. 简述葡萄硬枝扦插的过程。

项目十九　扦插后管理

学习目标

知识目标

熟悉园艺植物扦插后管理的主要内容、时期及方法。

能力目标

1. 能够根据苗木生长状况，制订扦插苗的管理计划。
2. 能够进行扦插苗管理，并协作完成管理任务。

思政与素质目标

1. 通过学习、查阅古书记载的育苗繁育史记，学习古人勇于实践、勤于钻研和善于总结的科学精神；

2. 通过实践苗木繁育研究新方法和手段，学习科研人员积极探索、攻克难题、刻苦钻研、勇于创新的精神，增加“学农爱农”自信心、“强农兴农”责任感，培养热爱劳动的品格；

3. 查阅“二十四节气”苗木繁育相关的民谣、谚语、风俗、诗词等中华优秀传统农耕文化，学习古人顺应客观规律、勇于实践、勤于钻研和善于总结的精神。

资讯平台

扦插繁殖的生根率和成活率的高低，不仅取决于扦插前对插穗和基质的处理方法是否科学、扦插时期和扦插方法是否合理，而且在很大程度上也取决于扦插后的管理是否有效。俗话说“三分栽，七分管”，这是实践经验的总结。扦插后的管理同样重要，应引起足够的重视。

一、水分管理

水分是插穗生根的重要条件之一，而影响插穗水分的因素有两个：一是插穗自身因蒸腾作用失水；另一个是扦插基质所含水分不足。因此扦插后立即灌一次透水，以后要视基质情况及时进行灌溉，使扦插基质不干不涝，防止基质干燥使插穗失水影响成活。

进行绿枝扦插和叶插时，要有喷雾条件，以保持插床内基质及空气的较高湿度。在扦插前的 1～2 周应加大喷雾强度和增加喷雾的次数，以后逐渐减少，使扦插初期水分稍大，后期稍干，否则引起苗木下部腐烂，影响插条的愈合、生根。插床内喷水要根据扦插基质的保水性能区别对待。排水好的多喷几次，保水好排水差的应少喷。当插穗生根后，逐渐减少喷水次数。

二、温度管理

早春硬枝扦插时，地温较低，需要铺设地热线增温催根或覆盖塑料薄膜，使温度控制在20～30℃，空气相对湿度控制在80%～90%。夏秋季节，需要通过喷水、遮阳等措施进行降温。

三、中耕除草

扦插未生根以前，一般不进行中耕除草，以免影响生根成活。当地上部分长到10cm左右时，可进行中耕，但不宜过深。一般生长季可中耕除草2～3次，视苗木生长和灌溉情况确定。

四、追肥

叶插生根前，可每隔5～7d喷一次0.2%的磷酸二氢钾水溶液。插穗生根后，可每隔5～7d喷一次0.2%的尿素+0.1%的磷酸二氢钾水溶液。在苗木独立生长后，为满足苗木生长对养分的需要，还要进行适时追肥，一般在苗木速生期的前、中、后期各进行一次，最好氮、磷、钾配合。可以叶面喷施，也可将速效肥稀释后浇入苗床。在苗木生长后期，要控制肥水，以促进苗木充分木质化，增强其抗寒性。

五、遮阴

对于常绿植物及嫩枝扦插，为提高其成活率，在插后要架设遮阴棚，控制一定的温度与光照。当发现插穗开始萎蔫，而土壤却依然很湿时，注意不要浇水，应马上增加遮阴，或者将它们移到空气潮湿的地方。出现这种问题，不是因为缺少土壤水分，而是因为所吸收的水分不能补偿因为叶面蒸腾而损失的水分。

六、其他管理

（1）摘除叶片或花蕾　无论是硬枝扦插还是嫩枝扦插，极易出现先萌芽而未发根的现象，因此为保证插穗的水分，提高扦插苗的成活率，可根据幼苗生长状况，适当摘除或处理扦插幼苗部分叶片，促使插穗尽快生根。当发现扦插幼苗上有花芽或花蕾出现时，要及时摘除，以免消耗幼苗过多营养，影响幼苗的生长发育。

（2）抹芽　扦插后，如发现一株上有2～3个芽，应保留1个优良健壮的芽，其余芽均抹去。

（3）病虫害防治　扦插苗由于生长旺盛，与播种苗比，较少感染病虫害。当发现病虫危害时要及时防治，以提高苗木质量。

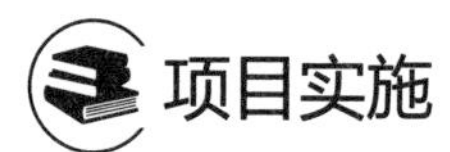

项目实施

任务5-8　扦插苗的管理

1. 布置任务

（1）以葡萄硬枝扦插苗管理为例，准备相应材料和工具，完成葡萄硬枝扦插苗的管理任务。指定教学参考资料，让学生制订任务实施计划单（包括抹芽，摘心，土、肥、水管理，病虫害防治等）。

（2）学生自学，完成自学笔记。

2. 分组讨论

（1）学生分组讨论，探究自学中存在的问题，交流心得体会。

（2）教师答疑，引导学生制订实施计划。

3. 任务实施

学生按照小组制订的实施计划实施任务。

4. 实施总结

（1）任务完成后，组织各组学生进行现场交流，探究自学中存在的问题，交流心得体会。

（2）教师答疑，点评。

（3）学生查找任务实施中存在的不足，并提交任务实施单。

问题探究

分阶段调查葡萄硬枝扦插后的成活率与成苗率，分析二者之间的关系。

拓展学习

葡萄营养袋扦插快速育苗期管理

一是要进行湿度调控。要根据土壤干湿程度、温度高低和苗木生长情况灵活调控。在育苗初期，可每隔 2 ～ 3d 喷 1 次水，后期随着气温升高，土壤蒸发量加大，喷水次数相应增加，可每隔 1d 或每天喷 1 次水。空气湿度控制在 75% 左右。二是进行温度调控。育苗初期，要加盖草苫等保温，土壤温度保持在 20 ～ 25℃，室内空气温度白天在 22 ～ 25℃，超过 27℃要通风降温。晚上在 15 ～ 17℃，不应低于 10℃。天气转暖后，加大通风量，以降低室内温度。阳光强烈时，要遮阴。三是进行营养管理。在生长过程中如发现叶色浅黄或出现其他营养缺乏症时，要进行叶面喷肥。可喷 0.1% ～ 0.2% 的尿素和 0.2% 的磷酸二氢钾溶液。喷肥次数根据苗木生长状况而定，一般为 2 ～ 3 次。但注意肥液浓度要比露天育苗施肥的浓度稍低，以免产生肥害。四是要适时进行病虫害防治。一般在苗期三叶一心时即可喷科博、甲基托布津等杀菌剂防治病害发生。

复习思考题

1. 简述葡萄硬枝扦插苗的管理任务。
2. 园艺植物绿枝扦插后，如何对苗木进行管理？

数字资源

模块六 压条繁殖技术

学习前导

本模块包括压条繁殖和压条后管理两个项目。其中，压条繁殖项目介绍了压条的时期和枝条的选择、促进压条生根的方法及压条繁殖方法，使学生熟悉压条繁殖的理论基础，掌握直立压条和水平压条技能；压条后管理项目介绍了压条后的土肥水、病虫害及其他管理，使学生了解苗木压条后管理流程，掌握压条后管理技能。

课程思政案例

压条繁殖史记材料

压条也是古代苗木繁殖的重要方法之一，关于压条繁殖，大约在汉代已开始采用。例如《四民月令》："二月，自是月尽；三月，可掩树枝"。到元代的《农桑衣食撮要》有"（石榴）叶未生时，用肥土于嫩枝条上以席草包裹束缚，用水频沃，自然生根叶，全截下栽之，用骨石之类覆压则易活"的记载。这种方法其实就是"高枝压条"（或叫高空压条）。目前，我国南方在柑橘、龙眼、荔枝等扦插发根较难的果树苗木上仍有使用。

项目二十 压条繁殖

学习目标

知识目标

1. 了解压条繁殖的概念及压条繁殖的特点。
2. 熟悉压条的时期、方法，枝条的选择。
3. 掌握直立压条、水平压条的技术。

能力目标

1. 能够进行直立压条。
2. 能够进行水平压条。

思政与素质目标

1. 通过学习、查阅古书记载的育苗繁育史记，学习古人勇于实践、勤于钻研和善于总结的科学精神；

2. 通过实践苗木繁育研究新方法和手段，学习科研人员积极探索、攻克难题、刻苦钻研、勇于创新的精神，增加“学农爱农”自信心、“强农兴农”责任感，培养热爱劳动的品格；

3. 查阅“二十四节气”苗木繁育相关的民谣、谚语、风俗、诗词等中华优秀传统农耕文化，学习古人顺应客观规律、勇于实践、勤于钻研和善于总结的精神。

资讯平台

一、压条的时期和枝条的选择

压条的时期根据压条的方法不同而异，可分为休眠期压条和生长期压条。

1. 休眠期压条

休眠期压条指在秋季落叶后或早春萌芽前压条。休眠期压条利用 1 ～ 2 年生成熟的枝条进行，多采用普通压条法。

2. 生长期压条

一般在雨季进行，北方在 7 ～ 8 月份，南方在春秋两季。生长期压条利用当年生枝条进行，多采用堆土法和空中压条法。

知识窗

压条繁殖的概念及特点

压条繁育是将未脱离母体的枝条压入土内或空中包以湿润材料，待生根后把枝条切离母体，成为独立植株的一种繁殖方法。该方法简便易行，成活率高，管理容易，适合于一些扦插不宜生根的树种，缺点是繁殖系数较低，不能进行大量繁殖，且生根时间较长。

二、促进压条生根的方法

对于压条不易生根或生根较难的树种，可采用一些处理促进生根。促进压条生根的常用方法有刻痕法、切伤法、缢缚法、劈开法、扭枝法、软化法、生长素刺激法等，主要原理是阻止有机物质向下运输，而水和矿物质的向上运输不受影响，使有机养分集中于处理部位，有利于不定根的形成。同时也有刺激生长激素产生的作用（图 6-1）。

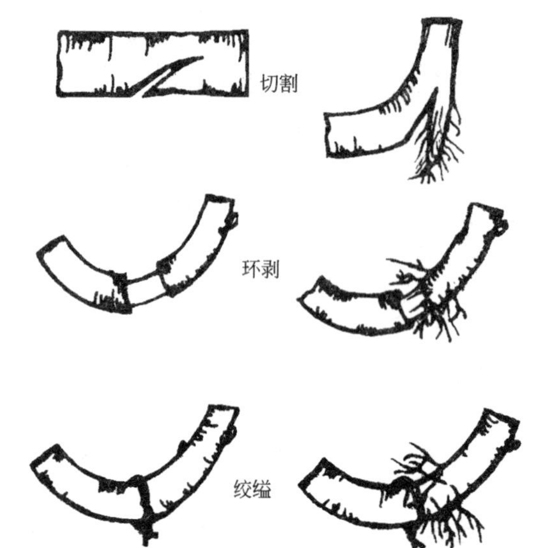

图 6-1　促进压条生根的方法及生根状

三、压条繁殖的方法

根据压条生根的部位不同，可分为地面压条和空中压条。

1. 地面压条

地面压条又称低压法，是指将枝条直接压入土壤中的压条方法，分为普通压条、直立压条、水平压条和先端压条。

（1）普通压条　普通压条是最常用的一种压条方法，适用于枝条离地面比较近而又易弯曲的树种，如葡萄等。方法是：春季萌芽前或生长季新梢半木质化时，将母株近地面的 1 ～ 2 年生枝条向四方弯曲后压入土中，枝条顶部露出土面，被压部位深 10 ～ 20cm，并在弯曲处刻伤或环剥，促使发根。为防止枝条弹出地面，可在弯曲部位用小木叉或钩固定，培土压实，待生根后再切割分离，即成一独立植株。这种方法一般一根枝条只能繁育一株幼苗，且要求四周有较大空地（图 6-2）。

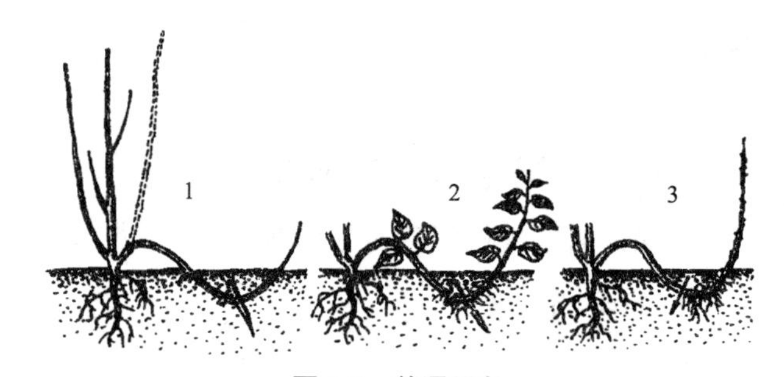

图 6-2　普通压条

1—萌芽前刻伤与曲枝；2—压入部位生根；3—分株

（2）直立压条　又称为垂直压条或堆土压条，主要用于发枝力强、枝条硬度较大的树种，如苹果和梨的矮化砧、樱桃、石榴、榛子、无花果、李等。方法是：冬季或早春将母株枝条距地面 15cm（二次枝仅留基部 2cm）剪断，施肥灌水，促进其萌发多数分枝。当新梢长到 15 ～ 20cm 时，在其基部进行刻伤或环剥，深达木质部。然后进行第一次培土，促进生根。培土高度约 10cm，宽 25cm。当新梢长到达 40cm 时，进行第二次培土，培土高度 20cm，宽 40cm，注意踏实。堆土时注意将各枝条间距排开，以免后来苗根交错，也利于采光。堆土后保持土壤湿润，一般 20d 后即可生根。入冬前或翌春即可分株起苗，把新生植株从基部剪下，即成为压条苗（图 6-3）。剪完后对母株立即覆土以防受冻或风干，第二年春继续进行压条繁殖。

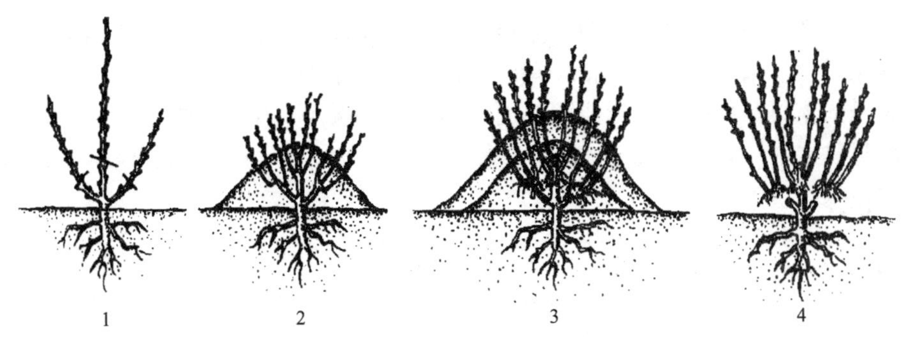

图 6-3　直立压条

1—短截促萌；2—第一次培土；3—第二次培土；4—扒垄分株

（3）水平压条　适用于枝条柔软、扦插生根较难的树种，如苹果矮化砧、葡萄等。通常仅在早春进行。方法是：在早春发芽前，选择离地面较近的枝条，将整个枝条压入沟中，用枝杈固定，覆上薄土。使每个芽节处下方产生不定根，上方芽萌发新枝，待生根成活后分别切割，使之成为各自独立的新植株。这种方法每个压条可产生数株苗木（图 6-4）。

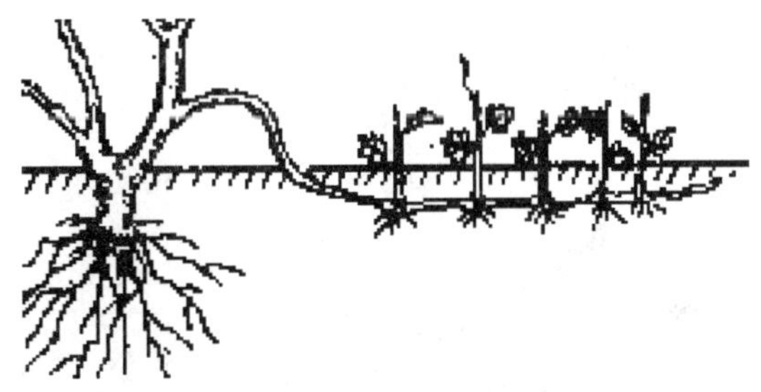

图 6-4　水平压条

知识窗

苹果矮化砧木苗压条繁殖

苹果矮化砧用水平压条时，早春将母株按行距 1.5m、株距 30 ~ 50cm 定植，植株与沟底呈 45° 角倾斜栽植，定植当年即可压条。将枝条顺行压入 5cm 深的斜沟中，用枝杈固定后覆以浅土。枝条上的芽眼萌发生长，待新梢长至 15 ~ 20cm 时进行第一次培土，培土高度约 10cm，宽 25cm。1 个月后，进行第二次培土，培土高度 20cm，宽 40cm。枝条基部未压入土中的芽眼处于顶端的优势地位，应及时抹去强旺萌蘖。秋季落叶后即可分株，靠近母株基部的地方，应保留 1 ~ 2 株，以供来年再次压条时使用（图 6-5）。

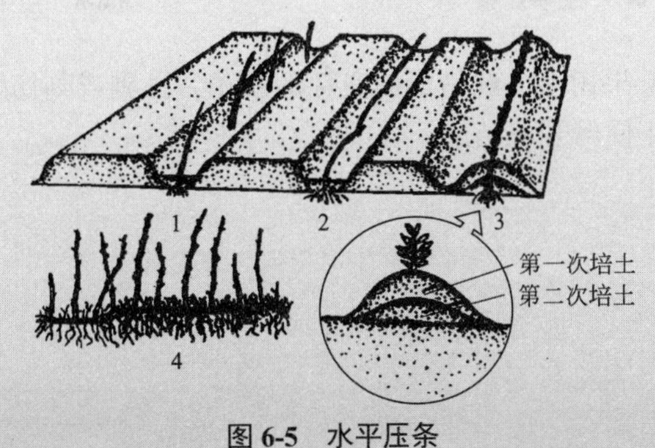

图 6-5　水平压条

1—斜栽；2—压条；3—培土；4—分株

（4）先端压条　有些果树如树莓，其枝条顶芽既能长出新梢，又能在新梢基部生根，可采用先端压条繁殖。通常在夏季新梢先端已不再延长、叶片小而卷曲如鼠尾状时，将其压入土中。如果压入太早，新梢不能形成顶芽而继续生长，压入太晚，则根系生长不旺。压条生根后，剪离母体成为一独立植株。

2. 空中压条

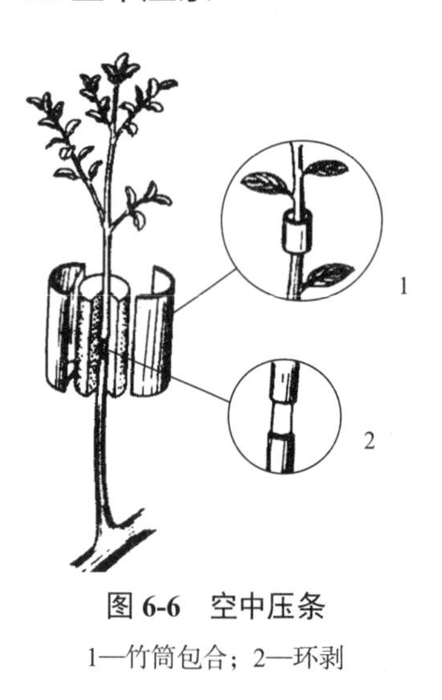

图 6-6　空中压条

1—竹筒包合；2—环剥

空中压条又称高压法，适用于枝条坚硬、不易弯曲或树冠太高以及扦插生根较难的珍贵树种的繁殖，如荔枝、龙眼、柑橘类、石榴、枇杷、油梨、人心果等。其成活率高、方法简单、技术容易掌握，但繁殖系数低，对母株损失较大。

空中压条在整个生长季均可进行，但以春季和夏季为好。选择发育充实的 2 ～ 3 年生枝条，在枝条基部 5 ～ 6cm 处环剥，宽 3 ～ 4cm，在伤口处用毛笔涂抹 5000mg/kg 的吲哚丁酸（IBA）或萘乙酸（NAA）等生长素或生根粉，然后在环剥处覆以保湿生根基质，如沙壤土、细沙、锯末、蛭石等，用塑料膜或油纸包紧，适量灌水。一般 2 ～ 3 个月即可生根，发根后剪离母株成一新植株（图 6-6 ～图 6-8）。

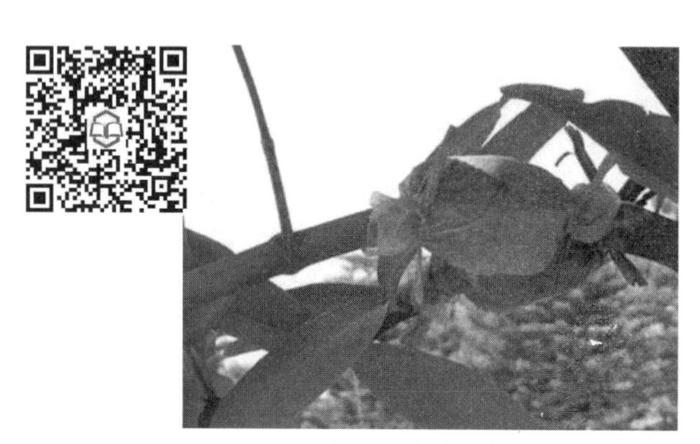

图 6-7　空中压条

图 6-8　空中压条生根

在苹果、梨、葡萄等果树上，选易形成花芽的枝条，环剥或刻伤处理，促其生根，并形成花芽，脱离母体第二年便可开花结果。

项目实施

任务 6-1　直立压条

1. 布置任务

（1）教师安排“榛子直立压条”任务，设计问题，指定教学参考资料，让学生制订任务实施计划单。

（2）学生自学，完成自学笔记。

2. 分组讨论

（1）学生分组讨论，探究自学中存在的问题，交流心得体会。

（2）教师答疑，引导学生制订实施计划。

3. 任务实施

学生按照小组制订的实施计划实施任务。

4. 实施总结

（1）任务完成后，组织各组学生进行现场交流，探究自学中存在的问题，交流心得体会。

（2）教师答疑，点评。

（3）学生查找任务实施中存在的不足，并提交任务实施单。

任务 6-2　水平压条

1. 布置任务

（1）教师安排“无花果水平压条”任务，设计问题，指定教学参考资料，让学生制订任务实施计划单。

（2）学生自学，完成自学笔记。

2. 分组讨论

（1）学生分组讨论，探究自学中存在的问题，交流心得体会。

（2）教师答疑，引导学生制订实施计划。

3. 任务实施

学生按照小组制订的实施计划实施任务。

4. 实施总结

（1）任务完成后，组织各组学生进行现场交流，探究自学中存在的问题，交流心得体会。

（2）教师答疑，点评。

（3）学生查找任务实施中存在的不足，并提交任务实施单。

问题探究

结合基地压条繁殖项目，总结压条繁殖关键技术。

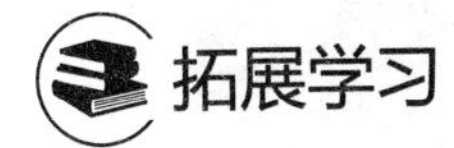

拓展学习

榛子直立压条技术

1. 母株处理

春季萌芽前对母株进行修剪，留其中一个主枝轻修剪，以保持母株的正常发育，其余主

枝重修剪；并把母株基部的残留枝从地面处全部剪掉，促使母株发生基生枝。

2. 摘叶疏枝

生长季榛子萌条茎粗已达 0.5cm，枝条长度 50cm 左右，枝条处于半木质化状态，是压条最适时期。清除杂草与病弱萌条，把欲压萌条下部的叶片除去，摘叶高度为地面向上 30 ～ 40cm，对于树基部过于密集细小不适宜压条的萌条，要疏去，以利于压条作业。

3. 机械处理

榛子压条前一般要在枝条基部涂抹生长素部位进行机械处理，主要目的是阻止枝条上部的养分和生长素向下运输，促进枝条生根。在萌蘖苗基部用细铁丝环绕后拧紧，对其造成缢伤（图 6-9），深度以达到木质部为准，尽可能保持铁丝拧紧后水平环绕于萌蘖苗上，不要倾斜，并保持缢伤创面整齐平滑，避免出现“剥皮”（苗木木质部与韧皮部分离）现象；铁丝松紧度以不可左右转动为宜。

4. 涂抹激素

榛子压条苗一般都要用生长素涂抹，刺激苗木生根，其生长素的种类不同，浓度也有所区别，其中以 BA 750mg/L 处理、NAA 250mg/L 处理、IBA 250mg/L 处理、1500 倍 ABT 生根粉等促根效果较好。操作时用毛刷将生根剂均匀涂抹在萌蘖苗横缢处以上 10cm 高范围。

5. 围穴填充锯末

生产上绿枝直立压条常采用锯末围穴压条，方法是先把油毡切成 30 ～ 40cm 宽的长条，然后按照母树萌条区域的大小进行圈围，要把所有萌条都围进去，接口处用铁丝或订书钉接牢。把拌好的湿锯末填入油毡围成的穴中（图 6-10），锯末要将所有萌条埋实，萌条间不留空隙。锯末填充的厚度要把萌条激素涂抹部位埋入锯末 10cm 左右。为防止按压锯末时，会有锯末从油毡底部溢出，可以将油毡下部覆一圈土。锯末灌水时湿度不均匀，视其湿度对其补水，补水之后要把歪扭的压条扶正。

图 6-9　绞缢

图 6-10　填充锯末

6. 压条后管理

全园压条结束后，需要检查油毡外围压土情况。风大地区，可用草绳或玻璃丝绳将苗丛进行捆绑以防苗木松散、倾斜、断苗。基质水分不足时及时补水。在压条后 15d 左右萌条产生愈伤组织，30d 后萌条基部涂药部位会产生大量乳白色新根。

大果榛子一般很少发生虫害，多发病害为白粉病，虫害为榛实象鼻虫。化学防治方法一般在 6 月中旬喷施 10% 吡虫啉可湿性粉剂 2000 倍液 + 乐斯本 1000 倍液 +20% 三唑酮乳油 800 倍液，8 月上旬喷洒 50% 多菌灵可湿性粉剂 600 ～ 1000 倍液或 50% 甲基托布津可湿性粉剂 800 ～ 1000 倍液即可。

复习思考题

1. 什么是压条繁殖？主要压条方法有哪些？
2. 简述直立压条的过程。
3. 简述水平压条的过程。
4. 压条繁殖主要适用于哪些园艺植物？

项目二十一　压条后管理

学习目标

知识目标

1. 熟悉压条后管理措施。
2. 掌握压条后土、肥、水管理与病虫害防治。

能力目标

会进行压条后苗木管理。

思政与素质目标

1. 通过学习、查阅古书记载的育苗繁育史记，学习古人勇于实践、勤于钻研和善于总结的科学精神；

2. 通过实践苗木繁育研究新方法和手段，学习科研人员积极探索、攻克难题、刻苦钻研、勇于创新的精神，增加“学农爱农”自信心、“强农兴农”责任感，培养热爱劳动的品格；

3. 查阅“二十四节气”苗木繁育相关的民谣、谚语、风俗、诗词等中华优秀传统农耕文化，学习古人顺应客观规律、勇于实践、勤于钻研和善于总结的精神。

资讯平台

一、土肥水管理

压条以后，主要是保持土壤或基质材料的适宜湿度，调节土壤通气和温度，适时浇水施肥，及时中耕除草等工作。初始阶段，在浇水后还要注意埋入的枝条是否弹出地面，若发现此种情况要及时埋入土中。

压条后土壤含水量为田间持水量的 60% ～ 80% 最适宜。因此在冬春干旱季节多浇水，夏秋多雨季节及时排水防涝。

压条苗一般于成活半个月后追肥，每亩可追施尿素 20kg、磷酸二铵 15kg，追肥后灌水。也可开始施清淡的人畜粪水，并配合施用适量的化肥。为增加叶面光合利用率，提早生根，还可叶面喷施 0.4% 磷酸二氢钾溶液 2 ～ 3 次，每 7 ～ 10d 喷一次。

二、病虫害防治

压条后需加强病虫害的防治工作，特别要注意蚜虫、红蜘蛛、刺蛾、潜叶蛾、介壳虫及白粉病等的危害。每年冬季、早春可对主干和大枝进行涂白，或喷施 3 ～ 5°Be 的石硫合剂、水剂各 1 次。白粉病发生时可交替喷洒百菌清、多菌灵 800 倍液进行防治，刺蛾、介壳虫可用 2.5% 溴氰菊酯或 40% 辛硫磷乳油喷杀，红蜘蛛可用三氯杀螨醇进行防治，蚜虫可用吡虫啉防治。

三、其他管理

压条后应保持土壤适当湿润，当苗高达 1m 以上时，可适当摘心促进苗木木质化。

分离压条苗的时期，以根的生长状况为准，若有良好的根系生成，即可与母树分离。对于较大的枝条应分 2 ～ 3 次切割。初分离的植株应注意灌水、遮阴等，不耐寒的植物还应移入温室越冬。

项目实施

任务 6-3　培育管理压条苗

1. 布置任务

（1）教师安排“榛子压条后管理”任务，指定教学参考资料，让学生制订任务实施计划单。

（2）学生自学，完成自学笔记。

2. 分组讨论

（1）学生分组讨论，探究自学中存在的问题，交流心得体会。

（2）教师答疑，引导学生制订实施计划。

3. 任务实施

学生按照小组制订的实施计划实施任务。

4. 实施总结

（1）任务完成后，组织各组学生进行现场交流，探究自学中存在的问题，交流心得体会。

（2）教师答疑，点评。

（3）学生查找任务实施中存在的不足，并提交任务实施单。

问题探究

选择一种园艺植物进行空中压条，撰写养护日记。

时　　间	压条袋中基质（干、湿）	上下切口部位（是否连接）	刻伤部位（是否生根）
月　日（压条后 10d）			
月　日（压条后 20d）			
月　日（压条后 30d）			
月　日（压条后 40d）			
月　日（压条后 50d）			
月　日（压条后 60d）			

拓展学习

一、压条生根原理

压条前一般在芽或枝的下方发根部位进行创伤处理后将处理部位埋压于基质中。这种前处理如环剥、绞缢、环割等，将顶部叶片和枝端生长枝合成的有机物质和生长素的向下输送通道切断，使这些物质积累在处理口上端，形成一个相对高浓度区。由于其木质部又与母株相连，所以继续得到源源不断的水分和矿物质营养的供给。再加上埋压造成的黄化处理，使切口处像扦插生根一样，产生不定根。

二、高枝压条应注意的问题

对花卉盆景爱好者来讲，高枝压条是一种乐意采用的繁殖方法，不需要专门设备和技术，管理简单，既适用于扦插难于成活的名贵花卉，也适用于中小树桩盆景的用材。对于葡萄等观果类还可带花果高枝压条，当年繁殖当年赏果。

在高枝压条繁殖过程中，往往会碰到这样一个问题：已经发根良好的枝条，上盆后又回落。原因是高压苗从外表上看，枝长、叶多、根须小，上盆后头重脚轻；从内因上看，剪离母枝前虽已有根，但大部分水分养料还是来于母枝，剪离后就出现暂时的吸收与消耗上的不平衡。弥补的办法是在剪离母枝前对幼株做一次重剪整形，以减轻上述不平衡现象；上盆后主干与盆用绳子固定牢，以免在搬动和受风摇动时造成伤根。

上盆前 15d 要遮阴和叶面喷雾，如处于干燥环境（高楼或在北方）用塑料袋罩上半个月效果更好。去掉时，要趁下雨天。如没有这种机会，可先在塑料袋上开个口，三五天后再去掉，这样对成活更为有利。

有时会遇到高枝压条数月甚至半年以上不见发根，这除与品种有关以外，还与环剥口宽度、压条土质和土质的酸碱度有关。环切剥皮的宽度不够、剥皮后又愈合在一起。环切剥皮的宽度一般需 2 ～ 3cm，如枝粗、皮厚还可放宽；压条用的土质不好，须多用干净疏松的壤土，黏重和含肥过多反而不发根；喜酸性植物，用中性和碱性土高压，也不易发根。

复习思考题

1. 压条后如何管理？
2. 如何提高压条繁殖苗木的出苗率和苗木质量？
3. 总结榛子苗繁育流程。

数字资源

模块七 分株繁殖技术

学习前导

本模块介绍了分株繁殖的时期、分株繁殖的方法以及分株繁殖后的管理，使学生知道何时进行分株繁殖比较适宜；分株繁殖的方法有哪些，并会根据不同的园艺植物选择适宜的方法进行分株繁殖；分株繁殖后的管理项目主要介绍了分株后如何进行土肥水管理、病虫害管理及其他管理，为提高分株繁殖成活率奠定基础。

课程思政案例

分株繁殖史记材料

分株繁殖方法比较简单，古代多有应用。繁殖的对象也不少，如奈、梨、李、枣、樱桃、木瓜等，常用此法繁殖，最早的记载是《齐民要术》中关于奈和樱桃。奈："于树旁数尺许，掘坑，泄其根头，则生栽矣"。樱桃："二月初，山中取栽，阳中者，还种阳地；阴中者，还种阴地。若阴阳易地，则难生，生亦不实"。

到明代，《便民图纂》中对梨、李、枣的分株均有记述。此后的《群芳谱》提出了木瓜分株移栽时间秋胜于春的经验。

项目二十二 分株繁殖

学习目标

知识目标

1. 熟悉分株繁殖的时期。
2. 掌握分株繁殖的方法。

能力目标

能够根据不同的园艺植物，选择适宜的分株时期和方法进行繁殖。

思政与素质目标

1. 通过学习、查阅古书记载的育苗繁育史记，学习古人勇于实践、勤于钻研和善于总结的科学精神；

2. 通过实践苗木繁育研究新方法和手段，学习科研人员积极探索、攻克难题、刻苦钻研、勇于创新的精神，增加“学农爱农”自信心、“强农兴农”责任感，培养热爱劳动的品格；

3. 查阅“二十四节气”苗木繁育相关的民谣、谚语、风俗、诗词等中华优秀传统农耕文化，学习古人顺应客观规律、勇于实践、勤于钻研和善于总结的精神。

资讯平台

分株繁殖是人为地将植物体分生出来的幼植体（根蘖、吸芽、珠芽等）或植物营养器官的一部分（变态茎或变态根）进行分离或分割，使其脱离母体，另行栽植而形成新的独立植株的繁殖方法。宿根类花卉、球根类花卉、木本花卉、兰花类植物和部分果树常采用这种繁殖方法。此法具有方法简便、易成活、成苗快等优点，但与其他无性繁殖方法相比，繁殖系数比较低。

一、分株繁殖的时期

分株繁殖的时期常在春、秋两季进行，不同园艺植物由于其开花、结果的时期不同，因此，选择分株时期时要考虑到分株对开花的影响。露地草本花卉可在秋季落叶后至翌年春季开始生长前进行分株，秋季开花的花卉在春季萌芽前进行，春季开花的花卉宜在秋季落叶后进行；落叶木本花卉和果树在冬季需要进行休眠，分株时期最好在早春 3 ～ 4 月植株萌芽前进行；竹类宜在出笋前一个月进行。

二、分株繁殖的方法

根据其分株繁殖的部位不同，分株繁殖可分为变态茎分株和变态根分株两种形式。

1. 变态茎繁殖法

（1）匍匐茎与走茎分株法　有些园艺植物能由短缩的茎部或由叶轴基部长出茎蔓，茎蔓上有节，节间较短横走地面的称为匍匐茎，如草莓等；节间较长不贴地面的为走茎，如吊兰、虎耳草等。匍匐茎或走茎节部能生根发芽，产生幼小植株，将其与母体分离即可得到新植株（图 7-1）。一般匍匐茎对光周期较为敏感，通常日照 12 ～ 14h 或在更长的日照条件下和温度大于 10℃时才会生长。

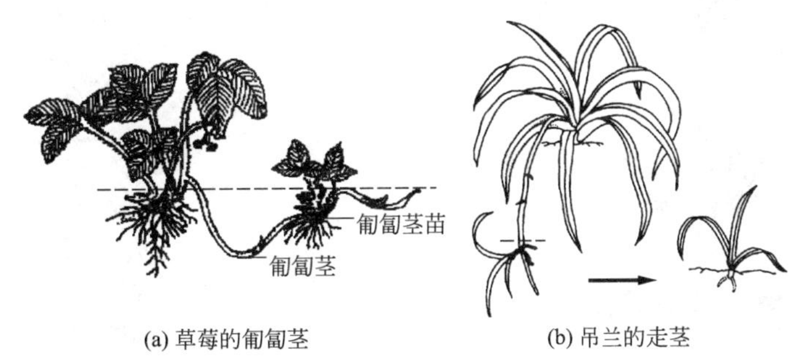

(a) 草莓的匍匐茎　(b) 吊兰的走茎

图 7-1　匍匐茎与走茎分株法

（2）根蘖繁殖法　是利用有些园艺植物根上易生不定芽、萌发成根蘖苗的特点，将其与母体分离后形成新的植株。园艺植物中枣、石榴、树莓、樱桃、萱草、兰花、金针菜、石刁柏、韭菜等用此法繁殖（图 7-2）。

图 7-2　树莓根蘖苗

不同园艺植物和地区，分株繁殖操作方法也略有不同。对草本花卉进行根蘖分株时，可将母株挖出，去除其上残存的土，用手掰开或用刀具将母株分割成数丛，每一丛上部带有 2 ～ 3 个枝干，下部带有部分根系，将枝干和根系适当修剪后，分别进行栽植。木本花卉进行根蘖分株时，可利用自然根蘖（株丛）进行分株繁殖，也可在春季芽萌动前 10 ～ 15d，距母株树干 1 ～ 1.5m 处两侧挖沟，将 0.5 ～ 2cm 粗的根切断或造伤，施入肥料，用土填平，促发根蘖，生长期注意施肥灌水，秋季或翌春分离母体挖出即可。渤海湾一带利用分株的幼苗繁殖樱桃砧木时，方法是：春分前后，将分蘖苗带根挖出，按照（7 ～ 8）cm×（70 ～ 80）cm 的株行距进行栽植，栽后将苗干截留 20cm，进行精细管理。新栽幼苗将继续发生萌蘖，其中够标准的可进行嫁接，不够嫁接标准的，次春再度分株移栽，继续繁殖砧木苗。

（3）吸芽分株法　吸芽是指某些植物根际或近地面茎叶腋间自然发生的短缩、肥厚呈莲座状的短枝。吸芽下部可自然生根，将其与母体分离即可得到一株新植株。园艺植物中菠萝、芦荟、景天、拟石莲花、凤梨、苏铁等均可用吸芽分株法繁殖（图 7-3）。其操作方法是：将吸芽从母株上切割后，晾干伤口，为防止伤口腐烂，可在伤口处涂抹硫黄粉或木炭，然后栽植在培养床上。

图 7-3 菠萝的吸芽

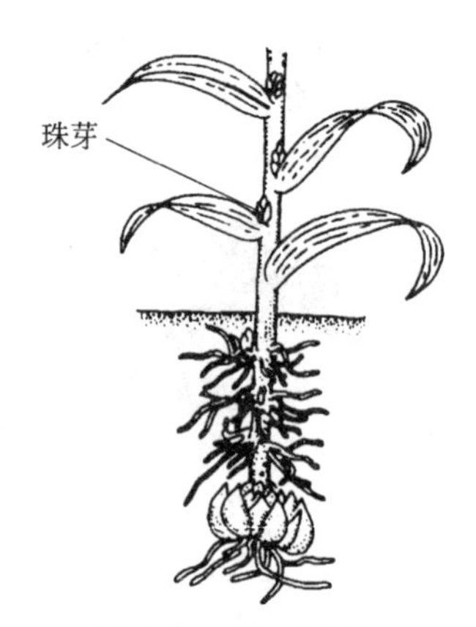

图 7-4 卷丹的珠芽

（4）珠芽及零余子分株法 珠芽及零余子是某些植物具有的特殊形式的芽，可以生于叶腋间（如卷丹叶腋间黑色的珠芽，图 7-4），也可生于花穗中（如观赏蕨类和姜科花卉）。由于珠芽及零余子脱离母体及自然落地后即可生根，长成新植株，因此可利用此习性进行繁殖。

（5）球茎分株法 球茎为地下变态茎，短缩肥厚近球形或扁球形，内部为实心，贮藏大量营养物质，球茎上有节、有芽，叶被薄膜包裹。如唐菖蒲、小苍兰、酢浆草、慈姑等均可用球茎进行繁殖。方法是：秋季将球茎挖取后晒干，剥离新球和子球，分别贮藏，第二年春季分别栽培，子球栽培 1 ～ 3 年后即可成开花球。也可将球体分切几块，每块均有芽，分别栽培。

（6）块茎分株法 块茎是由地下茎肥大变态形成，多为块状，其内贮藏一定营养物质。马铃薯、姜、藕、菊芋等可用块茎分割繁殖新植株。

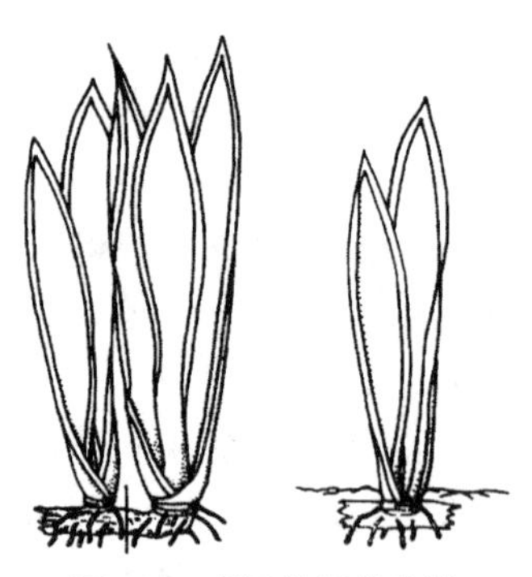

图 7-5 虎尾兰根茎分株

（7）根茎分株法 有些多年生花卉植物的地下茎呈粗而长的根状，并贮藏物质。根茎上有节，节间退化鳞叶、顶芽和腋芽。节上常形成不定根，并产生侧芽而分枝，形成新的株丛。如美人蕉、虎尾兰、荷花、睡莲等（图 7-5）。方法是：春季开始生长前，将肥大的根茎进行分割，每段茎上保留 2 ～ 3 个芽，然后直接定植即可。

（8）鳞茎分株法 鳞茎是变态的地下茎，有短缩而扁盘状的茎盘，鳞茎中贮藏着丰富的有机质和水分。百合、水仙、风信子、郁金香、大蒜、韭菜等的鳞茎鳞叶间可发生腋芽，腋芽会萌发抽生新的鳞茎并从老鳞茎旁离生，将其与母体分离即可得到新植株（图 7-6）。

2. 变态根繁殖法

变态根繁殖主要指块根繁殖。块根是由营养繁殖植株的不定根或实生繁殖植株的侧根，经过增粗生长而形成的肉质贮藏根。在块根上没有不定芽，芽着生在根与根茎的交界处。园艺植物中大丽花是典型的块根繁殖植物，可用整块块根，也可将块根切块繁殖，但切块时每一部分都必须带有部分根茎（图 7-7）。

图 7-6　水仙的鳞茎

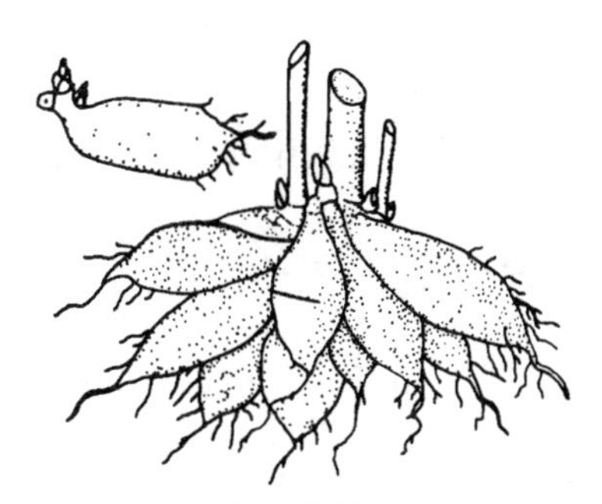

图 7-7　大丽花的块根繁殖

三、分株后的管理

将园艺植物分株后，栽植越早成活率越高。分株后如不能立即栽种，应将其放置阴凉处，并用湿润的报纸或棉布遮盖以减少水分的消耗，保持植株较高的活力。

对于分株时经过杀菌药剂浸泡消毒的，为不影响药效，种植后 2 ～ 3d 内不浇水或少浇水，可通过根外喷雾来补充水分，待伤口愈合后再充分浇灌。分株时未经杀菌剂消毒的，种植后应立即浇透水，让土壤与根系密切结合，使植株尽快恢复对水分和养分的吸收。分株后的新植株须避免强光直射，以防过度脱水，应置于阴凉处，同时可适当喷雾以增加空气湿度。在新根未长出时，不能施肥，以防止发生烂根。

北方地区，木本花卉如在秋季分栽，入冬前宜截干或短截修剪后埋土防寒，如在春季萌动前分栽，仅需适当修剪，使其正常萌发抽枝，但要将花蕾全部剪掉，以利植株恢复长势。

分株栽植成活后，要根据苗木生长状况适时追肥，通常可采用叶面喷雾追肥或根部浇施追肥。在整个生长期内要注意防治病虫害，以保证分株苗健壮生长。

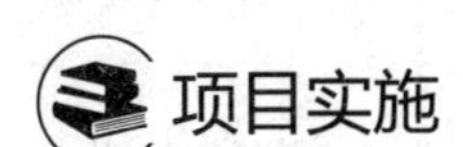

项目实施

任务 7-1　分株繁殖

1. 布置任务

（1）选择当地常见的 1 ～ 2 种园艺植物，根据其特点，选择适宜分株方法，准备相应材料与工具，完成其分株繁殖任务。指定教学参考资料，让学生制订任务实施计划单。

（2）学生自学，完成自学笔记。

2. 分组讨论

（1）学生分组讨论，探究自学中存在的问题，交流心得体会。

（2）教师答疑，引导学生制订实施计划。

3. 任务实施

学生按照小组制订的实施计划实施任务。

4. 实施总结

（1）任务完成后，组织各组学生进行现场交流，探究自学中存在的问题，交流心得

体会。

（2）教师答疑，点评。

（3）学生查找任务实施中存在的不足，并提交任务实施单。

问题探究

各组进行分株繁殖后，分析影响分株成活的因素有哪些？

拓展学习

草莓分株繁殖技术

（1）整地作畦或垄　选择土质疏松、土层深厚、有机质丰富、排灌方便、背风向阳的地块作为育苗圃。整地时每亩施入腐熟的有机肥2000kg，并掺入氮、磷、钾复合肥20～30kg，经深翻后做平畦或高畦。平畦宽1m，畦埂高15～20cm；高畦宽1m，畦间距20～25cm，畦面高15～20cm。畦的长度依据地形而定，一般在30～50m。

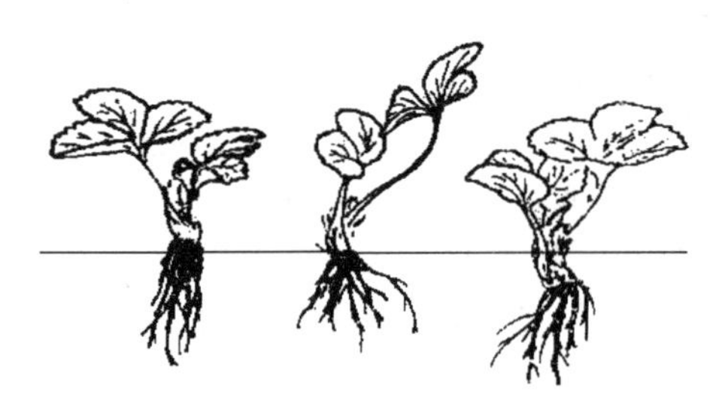

图7-8　草莓母株定植的深度

（2）选择母株　选择生长健壮，根系发育良好，无病虫害的植株作为育苗母株，于秋季（9～10月份）或春季（3月底至4月初）定植在育苗圃中。

（3）栽植母株　在每畦中部定植一行，株距30～50cm。定植时要保证“深不埋心，浅不露根”（图7-8），新茎基部与地面齐平，切忌过深。栽后及时灌水，以保证缓苗和利于成活。

（4）管理繁殖圃　应彻底摘除母株上出现的花序，以节省养分，促使匍匐茎的抽生和生长。抽生匍匐茎期间，加强土、肥、水管理，土壤保持湿润、疏松，适度追肥。一般夏季施1～2次肥，每亩追施氮、磷、钾复合肥10kg，追肥时结合灌水。另外要及时松土除草，促进母株的生长。

匍匐茎大量发生时，及时引压匍匐茎，使其合理分布，并促进其生根。育苗初期，对于不易抽生匍匐茎的品种，为促其匍匐茎的发生，可在6月上、中、下旬和7月上旬各喷一次50mg/L的赤霉素，每株喷5mL。结合摘除花序，效果更佳。8月底形成的匍匐茎苗根系差，应及时间苗和摘心，以保证前期形成的匍匐茎苗正常生长。

（5）假植匍匐茎苗　选择排水、灌水方便，土质疏松、肥沃的沙壤土作为假植圃。整地施肥后，做1m宽的假植畦，浇水，水渗后土壤略干即可假植。为了便于起苗，防止伤根过多，在假植前1d要给繁殖母本田浇水，水量不宜过大。将育苗圃中的子苗按顺序取出，摘净残存匍匐茎蔓，去掉老叶，以3叶1心为好。靠子苗一侧带2cm蔓剪下。茎苗起出后，立即将根系浸泡在甲基托布津300倍液或苯菌灵500倍液中1h，然后进行假植（株行距为15cm×15cm或12cm×18cm）。假植时做到深不埋心，浅不露根，假植后浇水。晴天时中午遮阴，晚上揭开。坚持早晚浇水，连续浇水5～7d。成活后追施一次肥，经常去除老叶、病叶和新生匍匐茎，保留 4 ～ 5 片叶，既可促进根系生长，又可促进根茎增粗。假植 1 个月后，要控水，使土壤持水量在 60% 左右，以促进花芽分化。

（6）起苗　8 月中、下旬以后，繁育的草莓苗木可根据需要陆续出圃。起苗前 2 ～ 3d 适量灌水。起苗时从苗床一端开始，取出草莓苗，去掉土块和老叶、病叶，剔除弱苗和病虫害的苗木，然后分级。

（7）越冬管理　当年不能出圃的苗木，要进行越冬管理。特别是北方地区，越冬管理的核心是防寒和防旱。在土壤封冻前，灌一次封冻水，要渗透苗圃土壤。灌封冻水后 2 ～ 3d 开始，可用稻草、秸秆、杂草、地膜、草帘等覆盖苗床，然后用少量土压实，防止覆盖物被风吹走。

复习思考题

1. 露地草本花卉和木本花卉在分株时间上有何不同？
2. 分株时应注意哪些事项？
3. 变态茎分株繁殖包括的方法有哪些？各举例说明。
4. 什么是变态根繁殖？如何进行操作？

数字资源

模块八 无病毒苗木繁育技术

学习前导

本模块包括无病毒苗木的繁育方法、无病毒苗木的鉴定、无病毒苗木的繁殖保存三个项目。其中，无病毒苗木的繁育方法项目介绍了无病毒苗木培育意义、病毒侵染苗木的途径和无病毒苗木繁育培育方法，使学生知道病毒侵染苗木的途径和无病毒苗木繁育方法，学会繁殖无病毒苗木；无病毒苗木的鉴定项目主要介绍了常用的无病毒苗木鉴定方法，使学生了解鉴定方法，并能根据园艺植物种类选择适宜方法对苗木进行鉴定；无病毒苗木的繁殖保存项目介绍了无病毒苗木的繁殖和保存方法。

课程思政案例

发展高效益、绿色有机经济作物——脱病毒草莓

草莓营养价值很高，被欧美国家誉为“水果皇后”，不仅含有比其他水果高十倍的维生素，而且果实中所含的鞣花酸具有抗癌作用，因此在欧美市场十分畅销，售价是苹果的5倍、葡萄的2倍，仍供不应求。日本、东南亚和欧美国家每年都要从我国进口上万吨速冻草莓。大力发展我国优质草莓生产、满足日益增长的出口需求将是利国富民、生产扶贫的重要举措。草莓生产过程中很容易感染多种病毒病，感染了病毒病的草莓果子一年比一年小、畸形、品质差、叶子皱缩，生长缓慢，一般减产30% ~ 80%，并逐年加重，不仅经济效益大幅度下降，而且品质差、口味下降，大部分达不到出口草莓的要求，严重地阻碍了草莓出口创汇和草莓生产的发展。

针对草莓生产上病毒病感染的生产难题，中国药科大学遗传育种教研室进行了专题攻关研究。经过5年努力，创造性地采用改良热处理分生组织培养脱病毒技术，成功地获得了脱毒彻底的草莓脱病毒苗，并进行了全国多点试种鉴定和高产栽培技术的研究，增产效益十分显著。这一研究项目通过了江苏省科委组织的科技成果鉴定。专家们一致认为该研究成果：方法科学、技术先进，去病毒彻底，达到国内领先水平，并率先应用于生产及各地试种示范，增产效益十分显著，建议尽快在全国农业、园艺生产上推广应用，产生更高的经济效益和更大的社会效益。该成果被评为全国农业科技成果推广一等奖。各地生产示范和鉴定结果表明：脱毒苗的增产效果和生长优势十分明显；脱毒苗生长快、长势旺、茎叶粗壮、开花数多，花序数、坐果率平均增加50%左右，无畸形果，果子外观好，色泽鲜红、果子大，均匀整齐，完全达到了出口草莓的要求，因此在日本水果商从2005年开始指名要求进口用脱毒草莓苗生产出来的草莓产品。

项目二十三　无病毒苗木繁育方法

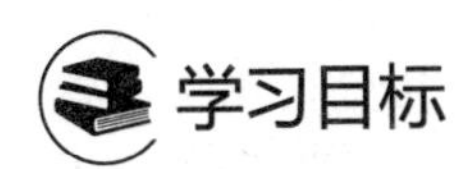

学习目标

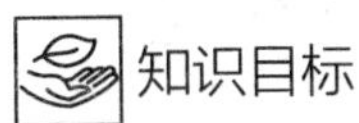

知识目标

1. 熟悉无病毒苗木的定义及培育意义。
2. 掌握病毒病传播的途径。
3. 掌握园艺植物无病毒苗木的繁育方法。

能力目标

能够根据病毒病的种类，选择适宜的方法进行脱毒。

思政与素质目标

通过实践苗木繁育研究新方法和手段，学习科研人员积极探索、攻克难题、刻苦钻研、勇于创新的精神，增强“学农爱农”自信心、“强农兴农”责任感。

资讯平台

一、无病毒苗木定义及培育意义

1. 无病毒苗木的定义

通常所说的病毒，实际上包括病毒、类菌原体、类细菌和类病毒。由这些病原微生物引起的病害统称为病毒病害。无病毒苗木又称为脱毒苗，是指经过脱毒处理和病毒检测，证明确已不带指定病毒，且无病毒病症状表现的健康苗木。无病毒苗木是一个相对概念，并不是绝对不带有任何病毒，只是不带有对当地园艺植物生产危害最大的几种病毒。

无病毒苗木有两个来源：一是国内外引进无病毒繁殖材料（砧木或接穗），经过检测确认不带病毒后，可作为无病毒原种妥善保存和繁育利用；二是生产中选择优良品种母株，进行脱毒处理和严格病毒检测后，将确认不带病毒的单系作为无病毒原种，供繁育和利用。

2. 病毒病对园艺植物的危害

目前病毒病已成为世界园艺植物生产中仅次于真菌病害的主要病害之一，是造成园艺植物的生活力、产量和品质下降，甚至造成植株大面积死亡的重要原因之一，给农业生产造成巨大的危害和损失。大部分园艺植物，特别是无性繁殖植物都带有数种甚至数十种病毒，如花卉中的唐菖蒲、香石竹、百合、月季、牡丹、杜鹃、茉莉等，果树中的苹果、梨、葡萄、草莓、桃、李、杏等。

病毒在园艺植物体内利用寄主营养进行繁殖，影响植株光合作用、呼吸作用、糖代谢、酶活性、激素平衡、矿物质营养等生理和新陈代谢活动，对园艺植物造成以下危害。

（1）种子发芽率低　当园艺植物被病毒侵染后，会导致种子发芽率明显降低。如李树感染李茎坏死病毒后的植株产生的种子，其发芽率仅为7.7%，而未感染李茎坏死病毒的植株产生的种子发芽率为 60% ～ 70%。

（2）苗期分株数量减少　当园艺植物苗木感染病毒后，苗期分株数量明显减少。如苹果砧木苗木 MM_{106} 感染苹果茎痘病毒后，分株数量减少 3% ～ 4%。

（3）嫁接不亲和，成活率低　葡萄感染扇叶病毒后，嫁接成活率降低 30% ～ 50%；感染皱木复合病后，嫁接成活率降低 40%，部分植株嫁接口上部肿大，形成“小脚”现象。当李根砧感染苹果褪绿叶斑病毒后，会引起砧木和一些李品种间出现嫁接不亲和现象，这种不亲和有时会在嫁接后 6 ～ 8 年才表现出来，对生产影响较大。

（4）萌芽率降低　当园艺植物感染病毒后，会使接穗的萌芽率明显降低。如在马哈利酸樱桃砧木上嫁接感染李坏死环斑病毒的樱桃品种后，导致其萌芽率降低 63%。

（5）削弱植株生长势　当桃树接种李坏死环斑病毒和李矮化病毒后，其枝条年生长量减少 54% ～ 72%；感染苹果潜隐病毒的金冠苹果嫁接到 M_{26} 砧木上，杆周粗度减少 16.3%。

（6）产量下降、品质变劣　对于以生产果实为主的园艺植物来说，感染病毒后对产量和品质的影响要比对树体生长的影响更为显著。如葡萄感染卷叶病毒后，产量减少 17% ～ 40%，果粒小而少，果穗着色不良，尤其是一些红色品种，感病后果实苍白，失去商品价值，成熟期推迟 1 ～ 2 周，含糖量降低 20% 以上。

此外，园艺植物感染病毒后，还会导致植株寿命缩短、抗性和适应性减弱等，造成严重经济损失。

3. 培育无病毒苗木的意义

病毒侵染园艺植物后，其危害有以下几个特点：一是病毒主要通过人为嫁接途径传染，通过接穗、插条、苗木等传播扩散，带毒植株繁殖的数量越大，病毒的传播速度就越快；二是对多年生园艺植物，尤其是果树来说，一旦被病毒侵染后，终生带毒；三是复合侵染、潜伏侵染现象普遍，潜在危害性大；四是病毒病与其他病害不同，难以用化学药剂进行有效的预防或控制；五是病毒主要在细胞内寄生和增殖，全身各部位都带有病毒，破坏树体的生理功能，导致生长衰弱，产量、品质下降，严重时树势衰退，最后枯死。

由于病毒病对园艺作物危害的独特性，而目前又无有效的治愈办法，因此，繁育无病毒苗木是控制病毒病的重要措施。实践证明，通过组培手段进行苗木脱毒，是目前防治病毒病最有效、最彻底的途径。通过组织培养技术培育的无病毒苗木具有以下特点：①提高产量，如草莓脱毒后可提高产量 20% ～ 30%，单株结果多，单果重增加；②提高品质，如苹果着色好，糖度高；③抗病性增强，植物脱毒后自身抗逆性提高，对病虫的抗性增强，可减少农药使用数量和次数，降低生产成本，减轻环境污染。通过组培手段培育无病毒苗木已成为果树、花卉等园艺植物优良品种繁育、生产中的重要环节。世界不少国家十分重视这项工作，把脱除病毒纳入常规良种繁殖的一个重要程序，建立了大规模的无病毒生产基地，为生产提供无病毒优良种苗，已在生产上发挥了重要作用，取得了显著的经济效益。

二、病毒病的传播途径

园艺植物病毒按其危害特点，可以分为潜隐性病毒和非潜隐性病毒两大类。潜隐性病毒一般不表现明显症状，必须经过鉴定才能明确园艺植物的带毒状况，一般呈慢性危害，当砧木或接穗一方不耐病时，即会表现出为害，引起植株生长势急剧衰退，甚至导致全株死亡。非侵染性病毒侵染园艺植物后，大部分都有明显症状，病树容易识别，无需特殊鉴定，只根据症状特点即可辨认，如果树中的苹果花叶病、苹果锈果病、葡萄扇叶病等。

园艺植物病毒病的传播途径有以下几种。

（1）接触传染　主要包括营养繁殖材料接触、汁液接触、伤口或根系接合等接触面传播病毒，是园艺植物传播病毒最直接的方式。

营养繁殖材料接触传播指通过接穗、插穗、砧木及匍匐茎苗等方式传播，导致染病园艺植物终生带毒。汁液接触传播指修剪过带病毒植株的剪、锯等工具沾有病毒后，再拿去修剪健康植株，则病毒就极可能传播到健康植株上。伤口或根系接合传播指当病株根系与健康植株根系在土壤中接合，愈合后也能传播病毒。苹果锈果病和枣疯病即通过此种方式传播。

（2）借助媒介传播　接穗、苗木、花粉、种子均可以传播病毒。如果树中核果类的不少病毒和树莓环斑病毒均是通过花粉传播病毒引起的。此外，昆虫、螨类、土壤线虫、菟丝子等生物媒介也可传播病毒。园艺植物上可以传播病毒的昆虫有叶蝉、蚜虫、介壳虫、飞虱等，有些病毒或类菌原体能寄生在昆虫体内，有些病毒虽然不能寄生在昆虫体内，但可以通过昆虫或螨类的口器、胃、肠及唾腺传播。如草莓的很多病毒是通过蚜虫传播的。葡萄的卷叶病、斑点病和草莓的许多病毒病是通过菟丝子传播的，菟丝子在繁殖过程中，本身不会带有任何病毒，但当园艺植物病株上生长菟丝子后，如果再蔓延缠绕到其他健康植株上时，就会将病毒传播给健康植株。

三、无病毒苗木培育方法

病毒脱除是培育园艺植物无病毒苗木的基础。目前，园艺植物常用的脱毒方法有热处理、微茎尖培养、花药培养、茎尖微体嫁接、热处理结合茎尖培养等。

1. 热处理脱毒

热处理脱毒法又称温热疗法，其脱毒原理是利用病毒和寄主植物耐高温性的差异，用高于常温的热空气或热水处理植株，使植株体内的病毒部分或完全被钝化，而对植株本身不伤害或伤害很少。高温环境下，病毒活性被钝化后，在植物体内增殖减缓或停止增殖，从而失去继续侵染的能力；而寄主植物耐高温，并在高温作用下，能加速其细胞分裂和增殖，这样在温度对病毒和寄主植物的不同效应的影响下，植物新生组织中的病毒浓度降低或没有病毒。以新生组织为接种材料进行组织培养，就能达到脱除病毒的目的。

（1）温汤浸渍处理脱毒　此法适用于休眠器官、剪下的接穗或种植材料的脱毒处理，但易使材料受伤，有时会导致植物组织窒息或呈水渍状。方法是将脱毒材料浸放在 50 ～ 55℃的水中 5 ～ 10min，或在 35℃的水中浸泡若干小时，使一些热敏感的病毒钝化。对桃树丛生病、黄化病等用此法获得脱毒成功。温汤浸渍对由类菌原体引起的病毒病效果较好。

（2）热空气处理脱毒　热空气处理脱毒适用于鲜活植物材料的脱毒。具体方法是：将生长的盆栽植株、种球、愈伤组织、离体瓶苗等移入温热治疗室或生长箱内，以 35 ～ 40℃的温度处理几十分钟至数月，至于具体的处理温度与处理时间可以按照植物种类、器官类别和生理状况以及待脱除病毒的种类等来综合确定。如草莓茎尖培养结合 36℃处理 6 周，比单纯的茎尖培养更能有效地清除轻型黄边病毒。此外，每种植物都有热处理临界温度，过高温度处理会造成植物的伤害，所以采用变温处理既可消除病毒又不伤及植物。如梨变温热处理，32℃和 38℃，每隔 8h 交换处理，处理 60d 后，脱毒率可达 64.3%。

需要注意的是热处理不能脱除所有病毒。一般而言，热处理主要对球状病毒、类似纹状病毒及类菌原体（也叫植原体或类菌质体，为原核生物）等起作用；延长热处理时间，病毒钝化效果好，但也可能会钝化寄主植物的阻抗因子，致使寄主植物抗病毒因子难以活化，从而降低无毒植株的发生率；热处理对植物组织有一定伤害，只有部分植株能够存活。因此，鉴于热处理脱毒存在上述缺陷，最好与其他脱毒方法配合使用，脱毒效果会更好。

2. 微茎尖培养脱毒

病毒在植物体内分布不均匀，在根尖和茎尖病毒含量很少或不含病毒。因此，可以采用微茎尖剥离后离体培养来脱除病毒。

（1）母体植株的选择及预处理　选择母体植株，首先要考虑是否具有原品种的典型特征特性，这关系到培养的脱毒苗是否失真；其次要考虑感染病毒的轻重和携带病毒的多少。在感染病毒程度较轻、携带病毒较少的植株上采集外植体，利于培养出脱毒苗。一般单一病毒侵染的植株脱毒较容易，多种病毒复合侵染的植株脱毒则较难。

母体植株的预处理是为了获取表面不带病原菌的茎尖外植体。可在切取茎尖前，将母体植株栽种在温室内无菌的盆钵中培养。浇水时不要直接浇在叶片上，最好定期喷施内吸杀菌剂，如喷施 0.1% 多菌灵和农用链霉素等。对于田间种植的母体植株，可以切取插条插入营养液中，在其腋芽抽生的枝条上选取外植体，这比从田间直接取材的污染率要小得多。在剥取茎尖外植体前，需对茎芽进行表面灭菌。叶片包被严紧的芽，如菊花、兰花的芽，只需在 75% 酒精中浸蘸一下即可；叶片包被松散的芽，如香石竹、大蒜、马铃薯等的芽，则要用 0.1% 次氯酸钠表面消毒 10min。实际消毒时应灵活运用这些消毒方法。

（2）外植体大小　通常微茎尖培养的脱毒效果与微茎尖大小呈负相关，而培养茎尖的成活率则与茎尖大小呈正相关，即茎尖越小，对培养基的要求越高，培养成活率越低，脱毒效果越好；茎尖越大，则与之相反。实践证明，茎尖剥离时不带叶原基，其脱毒效果最好，但成活率最低，而带 1 ～ 2 个叶原基的茎尖培养，一般可获得 40% 以上的脱毒苗。因此，通常切取带 1 ～ 2 个叶原基的茎尖进行培养，以达到既脱毒又保证成活率的目的。

（3）培养基　微茎尖培养时，一般以 White、Morel 和 MS 等固体培养基作为基本培养基，但当其能诱导外植体愈伤组织化时，最好改用液体培养基。由于双子叶植物的生长素和细胞分裂素是由第 2 对最年幼的叶原基合成，所以培养不带叶原基的微茎尖时，需要在培养基中适当提高激素的浓度。为了使培养的脱毒苗能保持原品种的特征特性，应避免使用容易促进外植体愈伤组织化的植物激素。如生长素类应使用萘乙酸或吲哚丁酸，而避免使用 2, 4- 二氯苯氧乙酸，细胞分裂素类可用激素或 6- 苄基氨基腺嘌呤；赤霉素对某些植物微茎尖培养有利，应注意选择使用。为了有利于茎尖的生长，常需要提高培养基中钾盐和铵盐的含量；以 MS 作为微茎尖培养的培养基时，应适当降低部分离子的浓度。

（4）接种与培养　微茎尖剥离后，应尽快接种在培养基上。接种时只用解剖针接种即可，确保微茎尖不能与芽的较老部分、解剖镜台和持芽的镊子接触，避免材料染菌。接种后置于 23 ～ 27℃、光照 10 ～ 16h/d、光强 1000 ～ 5000lx 的条件下培养。微茎尖培养必须保证较高的温度和充足的光照时间，否则在低温和短光照条件下，茎尖容易进入休眠状态。微茎尖初代培养一般需数月才能完成。植株再生途径一般为无菌短枝发生型（图 8-1）。

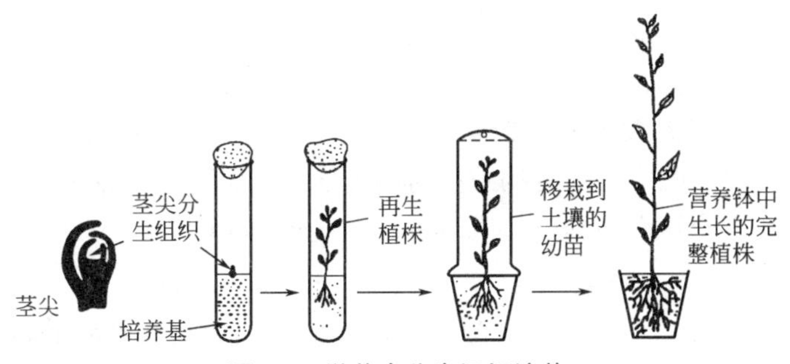

图 8-1　微茎尖分生组织培养

3. 花药培养脱毒

花药培养脱毒在草莓、马铃薯、大蒜、洋葱上已获得成功并应用。是将花药接种在诱导愈伤组织培养基上，诱导产生愈伤组织，然后从愈伤组织再分化产生芽，长成小植株，从而获得无病毒苗（图 8-2）。此法具有脱毒率高，安全可靠的优点。其原理可能是病毒在植物体内不同器官或组织分布不均匀，病毒在愈伤组织中繁殖能力衰退或继代培养的愈伤组织抗性增强所致。通过此法培养的无病毒植株必须通过病毒指示植株鉴定，才能确认为无病毒。

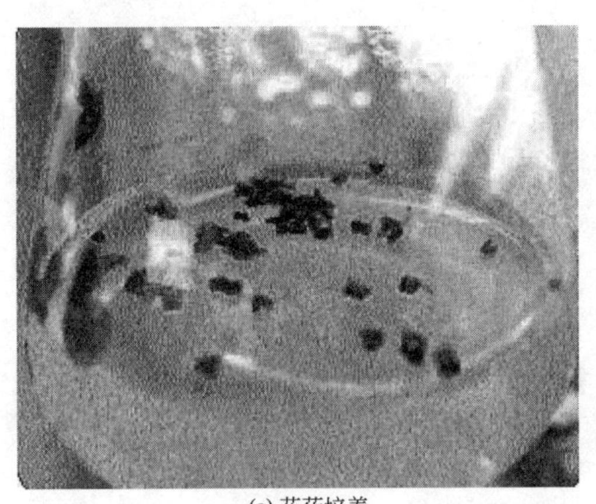

(a) 花药培养

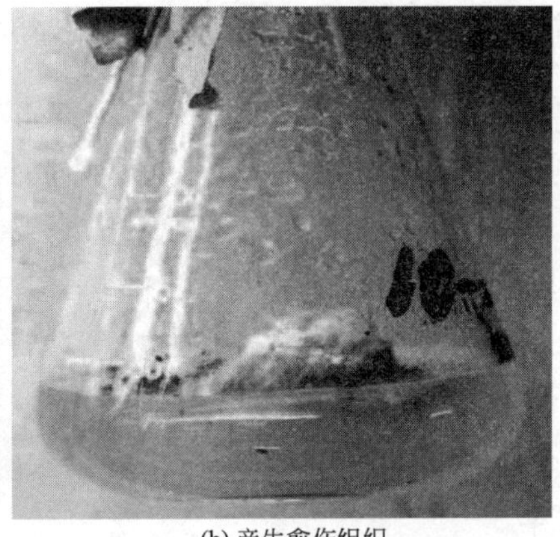

(b) 产生愈伤组织

图 8-2　花药培养

4. 茎尖微体嫁接脱毒

茎尖微体嫁接脱毒是在无菌条件下，将经过热处理的茎尖作为接穗，嫁接在组培无病毒实生砧上获得无病毒植株，是木本果树植物获得无病毒苗木的方法之一。此外，微体嫁接还有助于进行砧穗亲和力的研究，也可以解决部分园艺植物难以生根的问题。如格瑞弗期苹果通过茎尖组织培养，可以获得无病毒新梢，但不能生根，只有通过嫁接才能获得完整植株。

茎尖微体嫁接脱毒的方法是：将低温层积处理的砧木种子去掉种皮，接种到含 MS 无机盐和 0.7% 琼脂的培养基上，在 25℃黑暗条件下培养 15d，去掉上胚轴和子叶，移入装有 3% 蔗糖和 MS 无机盐液体培养基的平底试管中，试管中带有一个中心有小孔的滤纸桥，砧木幼苗胚轴穿过小孔使其固定。茎尖分生组织接穗，可从田间取无菌新梢，也可用试管培养的新梢。嫁接时将茎尖分生组织放在下胚轴上，并与砧木胚轴的维管组织密接。嫁接后将其置于每天 16h、4000lx 光照，27℃的温度，8h 黑暗，23℃条件下培养。1 周后接穗和砧木均产生愈伤组织，并完全愈合，6 周后接穗发育成具有 4 ～ 6 片叶的新梢，此时即可移栽。

微体嫁接脱毒时，接穗的大小和取样的时间均会影响嫁接成活率。试管内嫁接成活的可能性与接穗的大小成正相关，而无病毒植株的培育与接穗茎尖的大小成负相关。所以，为了获得无病毒植株，一般茎尖大小为 0.2 ～ 0.3mm，带 2 ～ 3 个叶原基。不同的取样时间嫁接成活率也不同。如从田间取样，适宜的嫁接时期是 5 月份，嫁接成活率达 70%；如用试管培养的新梢作接穗，则不论月份和季节，成活率均可达 60% 以上。

5. 热处理结合茎尖培养脱毒

热处理和茎尖培养的脱毒效果，常因园艺植物种类和病毒种类的不同而存在较大差异，单独使用其中的一种方法有很大局限性。因此可把茎尖培养脱毒与热处理脱毒相结合，尤其是对于一些难于用茎尖培养或热处理脱除的病毒，采用这种方法脱毒效果很好。

热处理结合茎尖培养脱毒的方法是：将热处理后的植株选取嫩梢，切取 0.4 ～ 0.5mm 大小的茎尖进行组织培养；或从田间植株上取嫩梢，剥取 0.4 ～ 0.5mm 大小的茎尖培养成株，在光照培养箱中进行热处理后，再切取梢端培养成株。移栽成活后，进行脱毒效果的鉴定。

项目实施

任务 8-1　热处理脱毒培养无病毒苗木

1. 布置任务

（1）以梨热处理脱毒为例，制订热处理脱毒计划。指定教学参考资料，让学生制订任务实施计划单。

（2）学生自学，完成自学笔记。

2. 分组讨论

（1）学生分组讨论，探究自学中存在的问题，交流心得体会。

（2）教师答疑，引导学生制订实施计划。

3. 任务实施

学生按照小组制订的实施计划实施任务。

4. 实施总结

（1）任务完成后，组织各组学生进行现场交流，探究自学中存在的问题，交流心得体会。

（2）教师答疑，点评。

（3）学生查找任务实施中存在的不足，并提交任务实施单。

任务 8-2　微茎尖培养脱毒培养无病毒苗木

1. 布置任务

（1）以脱除葡萄卷叶病毒为例，制订微茎尖培养脱毒计划。指定教学参考资料，让学生制订任务实施计划单。

（2）学生自学，完成自学笔记。

2. 分组讨论

（1）学生分组讨论，探究自学中存在的问题，交流心得体会。

（2）教师答疑，引导学生制订实施计划。

3. 任务实施

学生按照小组制订的实施计划实施任务。

4. 实施总结

（1）任务完成后，组织各组学生进行现场交流，探究自学中存在的问题，交流心得体会。

（2）教师答疑，点评。

（3）学生查找任务实施中存在的不足，并提交任务实施单。

任务 8-3 花药培养脱毒培养无病毒苗木

1. 布置任务

（1）以草莓花药培养脱毒为例，制订花药培养脱毒计划。指定教学参考资料，让学生制订任务实施计划单。

（2）学生自学，完成自学笔记。

2. 分组讨论

（1）学生分组讨论，探究自学中存在的问题，交流心得体会。

（2）教师答疑，引导学生制订实施计划。

3. 任务实施

学生按照小组制订的实施计划实施任务。

4. 实施总结

（1）任务完成后，组织各组学生进行现场交流，探究自学中存在的问题，交流心得体会。

（2）教师答疑，点评。

（3）学生查找任务实施中存在的不足，并提交任务实施单。

任务 8-4 微体嫁接脱毒培养无病毒苗木

1. 布置任务

（1）以脱除苹果茎沟病毒为例，制订微体嫁接脱毒实施计划。指定教学参考资料，让学生制订任务实施计划单。

（2）学生自学，完成自学笔记。

2. 分组讨论

（1）学生分组讨论，探究自学中存在的问题，交流心得体会。

（2）教师答疑，引导学生制订实施计划。

3. 任务实施

学生按照小组制订的实施计划实施任务。

4. 实施总结

（1）任务完成后，组织各组学生进行现场交流，探究自学中存在的问题，交流心得

体会。

（2）教师答疑，点评。

（3）学生查找任务实施中存在的不足，并提交任务实施单。

任务 8-5 热处理结合茎尖培养脱毒培养无病毒苗木

1. 布置任务

（1）以脱除苹果褪绿叶斑病毒为例，制订热处理结合茎尖培养脱毒计划。指定教学参考资料，让学生制订任务实施计划单。

（2）学生自学，完成自学笔记。

2. 分组讨论

（1）学生分组讨论，探究自学中存在的问题，交流心得体会。

（2）教师答疑，引导学生制订实施计划。

3. 任务实施

学生按照小组制订的实施计划实施任务。

4. 实施总结

（1）任务完成后，组织各组学生进行现场交流，探究自学中存在的问题，交流心得体会。

（2）教师答疑，点评。

（3）学生查找任务实施中存在的不足，并提交任务实施单。

问题探究

利用茎尖培养无毒苗时，为什么说脱毒成功率与茎尖大小直接相关？

拓展学习

化学治疗脱毒法

化学治疗脱毒法是在茎尖培养和原生质体培养基础上，培养基中加入的抗病毒醚（利巴韦林）能有效抑制病毒复制，从感染病毒的分生组织中获得无病毒苗木。目前已报道的植物病毒抑制剂除抗病毒醚外，还有一些鸟嘌呤或脲嘧啶类物质，以及细胞分裂素或植物生长素类物质。目前利用抗病毒醚脱毒效果因病毒种类不同而异，实验证明，12.5mg/L 的抗病毒醚加入培养基 80d（40d 继代培养 1 次），可脱除苹果茎沟病毒和褪绿叶斑病毒，此外，还可以脱除葡萄扇叶病毒，但对其他病毒则无效。因此需要继续开发新的抗病毒药剂，以提高无病毒种苗的生产效率。

复习思考题

1. 病毒病对园艺植物有哪些危害？
2. 病毒病是如何进行传播的？
3. 园艺植物常见的脱毒方法有哪些？简述其技术要点。

项目二十四　无病毒苗木鉴定

学习目标

知识目标

熟悉无病毒苗木鉴定常用的方法及操作程序。

能力目标

能够根据病毒病的种类，选择适宜的方法对脱毒效果进行鉴定。

思政与素质目标

通过实践苗木繁育研究新方法和手段，学习科研人员积极探索、攻克难题、刻苦钻研、勇于创新的精神，增强“学农爱农”自信心、“强农兴农”责任感。

资讯平台

经过脱毒处理获得的无病毒种苗，应该用指示植物、电镜、抗血清鉴定或酶联免疫吸附等方法进行脱毒鉴定。由于再培养的植株许多病毒具有逐级恢复的特点，所以在茎尖植株和再生植株生长的最初 10 个月中，每隔一定时期仍必须重复进行无病毒苗木的鉴定，只有那些持续呈阴性反应的才是真正的无病毒植株，可作为种源进行快速繁殖。无病毒苗木的鉴定包括两个方面：一是脱毒效果的鉴定；二是农艺性状的鉴定。

一、脱毒效果的鉴定

病毒鉴定方法有指示植物法、抗血清鉴定法、电子显微镜法和分子生物学检测法等。

1. 指示植物法

（1）指示植物和指示植物法的含义　指示植物法是指利用病毒在其他植物上产生的枯斑作为鉴别病毒种类的标准，又称为枯斑法。这些对病毒敏感并能产生专一性枯斑症状的植物称为指示植物，又称为鉴别寄主。此种方法具有灵敏、准确、可靠、操作简便的优点。因为病毒的寄主范围是不同的，所以应根据病毒种类的不同，选择适合的指示植物。另外，指示植物能够一年四季栽培和容易接种，能够较长时期内保持对病毒的敏感性，易接种，易感染，症状显著，并在较广的范围内具有同样的反应。常用的指示植物列举见表 8-1。

表 8-1　一些常用指示植物及其检测的病毒

植物病毒种类	主要指示植物	资料来源
草莓斑驳病毒（SMoV）	UC-4、UC-5、Alpine	王国平等，1993
草莓镶脉病毒（SVBV）	UC-10、UC-4、UC-5	
草莓皱缩病毒（SCrV）	UC-10、UC-4、UC-5、Alpine	

续表

植物病毒种类	主要指示植物	资料来源
草莓轻型黄边病毒（SMYEV） 苹果茎沟槽病毒（SGV） 苹果茎痘病毒（SPV）	UC-10、UC-4、UC-5、Alpine 弗吉尼亚小苹果 弗吉尼亚小苹果、君柚	冷怀琼，1998
苹果褪绿叶斑病毒（CLSV） 葡萄扇叶病毒（GFV） 葡萄卷叶病毒（GLRV） 葡萄栓皮病毒（GCBV） 葡萄茎痘病毒（GSPV）	大果海棠、杂种温暸 Rupestris .St.George 黑比诺、赤霞朱、品丽珠等 LN33 LN33、Rupestris .St.George	冷怀琼，1998

（2）鉴定方法　指示植物鉴定法对依靠汁液传播的病毒，可采用汁液涂抹鉴定法，对不能依靠汁液传播的病毒，则采用指示植物嫁接法。

① 汁液涂抹法　取被鉴定植物的 1 ～ 3g 幼叶置于研钵中，加入 10mL 水和等量的 0.1mol/L 的磷酸缓冲液（pH7.0），研碎后加入少量 500 ～ 600 目金刚砂作为摩擦剂，制成匀浆，用手指（戴上手套）或纱布或棉球蘸取匀浆在指示植物叶片上轻轻涂抹 2 ～ 3 次，以汁液进入叶表皮细胞又不损伤叶片为度，或用喷枪喷射进行接种，5min 后用清水清洗叶面多余匀浆及金刚砂（图 8-3）。接种后将指示植株置于室内或防虫网室内，在半遮阴、温度 15 ～ 25℃的条件下培养，2 ～ 6d 后若汁液带病毒即出现可见病症，说明此批组培苗不是脱毒苗。汁液涂抹法主要用于草本植物的脱毒鉴定，适用于鉴定通过汁液传播的病毒。利用指示植物法鉴定时，一般以早春为宜，因为早春刚萌发嫩叶或花瓣，接种成功率较高，5 月份以后接种较难成功，从而影响检测结果的准确性。

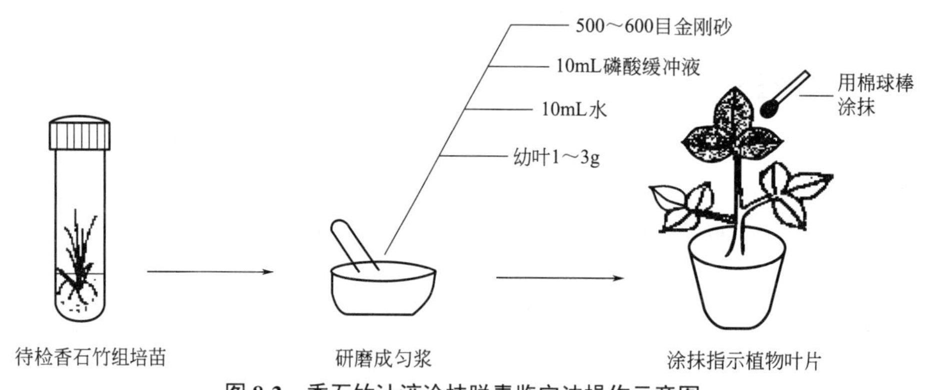

图 8-3　香石竹汁液涂抹脱毒鉴定法操作示意图

② 嫁接法　将被鉴定植物的芽或幼叶嫁接在指示植物上，4 ～ 6 周后根据指示植物的症状来判断是否脱毒。此法适用于非汁液传播病毒的鉴定。如草莓的黄化病毒、丛枝病毒等。一般木本植物和一些无性繁殖的草本植物的脱毒鉴定常用此法。嫁接方法有三种：一是直接在指示植物上嫁接待检植物的芽片或小叶（图 8-4）；二是双芽嫁接法，在休眠期剪取指示植物和待检植物的接穗，萌芽前分别把带有两个芽的指示植物接穗与待检植物接穗同时切接在实生砧木上，指示植物接穗接在待检接穗上方（图 8-5）；三是双重芽嫁接法，先将指示植物的芽嫁接到实生砧木基部距地面 10 ～ 20cm 处，再在接芽下方嫁接待检植物的芽，两芽相距 2 ～ 3cm。成活后剪去指示植物芽上部的砧干（图 8-6）。一般夏秋芽接，次年观察结果。

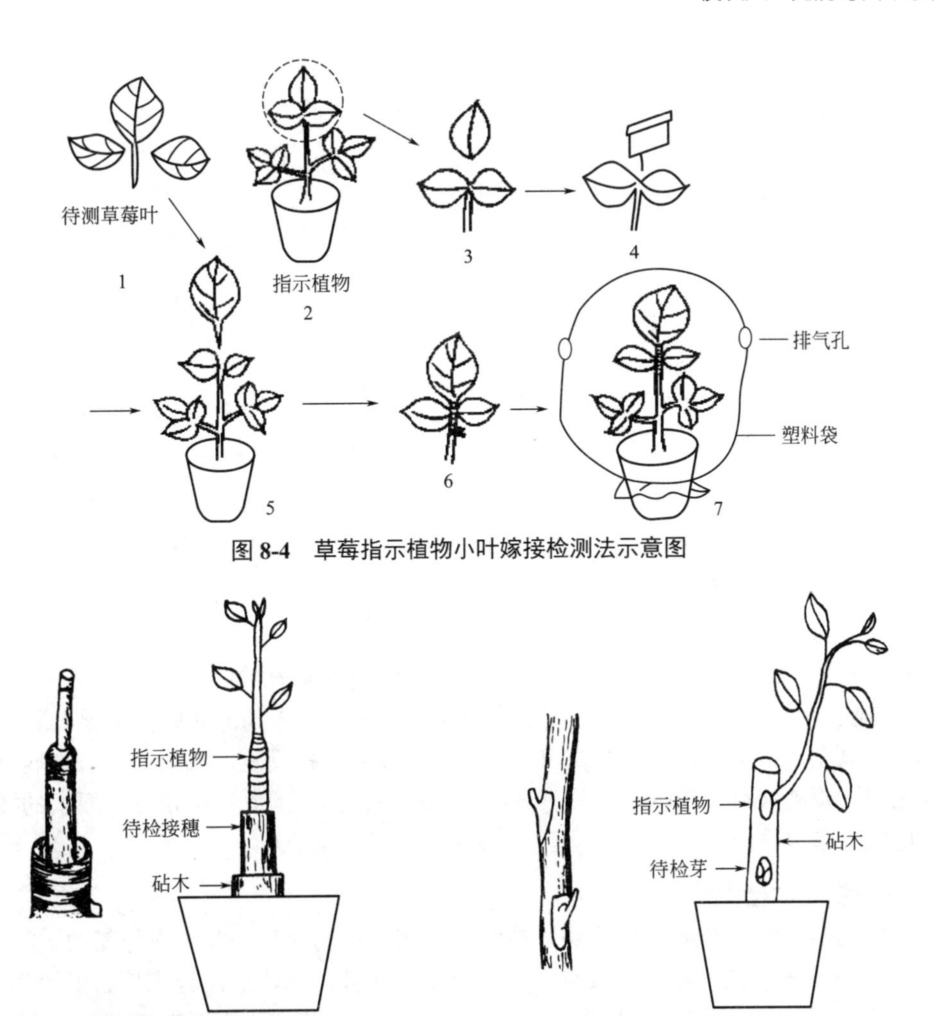

图 8-4　草莓指示植物小叶嫁接检测法示意图

图 8-5　双芽嫁接法

图 8-6　双重芽嫁接法

2. 抗血清鉴定法

凡能刺激动物机体产生免疫反应的物质，称为抗原。抗体则是由抗原刺激动物机体的免疫活性细胞而生成的一种具有免疫特性的球蛋白，能与该抗原发生专业性免疫反应，它存在于血清中，故称抗血清。由于植物病毒为一种核蛋白复合体，因此也具有抗原的作用，能刺激动物机体的免疫活性细胞产生抗体。同时由于植物病毒抗血清具有高度的专一性，感病植株无论是显性还是隐性，都可以通过血清学的方法准确地判断植物病毒的存在与否、存在的部位和数量。由于其特异性高，结果准确，测定速度快，一般几小时甚至几分钟就可完成，所以抗血清法也成为植物病毒检测最常用的方法之一。

酶联免疫吸附技术是血清鉴定的主要方法，它是把抗原和抗体的免疫反应和酶的高效催化作用结合起来，形成一种酶标记的免疫复合物，结合在该复合物上的酶，遇到相应的底物时，催化无色的底物产生水解反应，形成有色的产物，从而可以用肉眼观察或用比色法定性定量地判断结果。酶联免疫吸附法主要包括：直接法、间接法、竞争法、双抗体夹心法，其中应用较多的是间接法和双抗体夹心法。

（1）间接法　是用家兔球蛋白的山羊抗体与酶结合后制成羊抗兔酶标记抗体，检测各种病毒。此种方法具有不需制备特异酶标抗体、使用一种通用酶标抗体即可检测多种病毒的优点。目前常用的间接法有：F（ab'）$_2$间接法和A蛋白酶联法。

F（ab'）$_2$间接法的操作程序是：包被F（ab'）$_2$片断，孵育、洗涤；加入待检抗原样品，孵育、洗涤；加入病毒特异抗血清，孵育、洗涤；加入酶标A蛋白，孵育、洗涤；最后加入底物溶液，观察判断结果。

A蛋白酶联法是用A蛋白与A蛋白酶标记物组合成A蛋白酶联免疫吸附试验，不需要纯化抗体和制备特异的酶标记物。其操作程序是：包被A蛋白，孵育、洗涤；加入待检抗原样品，孵育、洗涤；加入病毒特异抗血清，孵育、洗涤；加入酶标A蛋白，孵育、洗涤；最后加入底物溶液，观察判断结果。

（2）双抗体夹心法　是用酶特异性抗体检测抗原的方法。此法需要提纯免疫球蛋白和制备酶标抗体，且每种酶标抗体只能检测一种病毒，特异性强，方法较烦琐。其操作程序是：包被抗体，将抗体用缓冲液稀释至适宜浓度，加入微孔板，孵育、洗涤；加入待检抗原样品，同时设阳性、阴性、空白对照，孵育、洗涤；加入酶标记的特异抗体，孵育、洗涤；最后加入底物溶液，室温避光放置一定时间后，观察判断结果。

3. 电子显微镜法

利用电镜可直接观察、检查出有无病毒存在，并可得知有关病毒颗粒的大小、形状和结构，由于这些特征是相当稳定的，故对病毒鉴定及研究一种未知的病原物是很重要的。

用电镜观察病毒粒体，要进行病毒提纯。用超速离心机反复低温离心，可把病毒粒子提纯分离出来。提纯液可用于电镜制片，观察病毒形态结构。但此种鉴定方法要求的技术条件较高，电镜设备也很昂贵。

4. 分子生物学检测法

分子生物学检测法是通过检测病毒核酸来证实病毒的存在。此法操作简便，灵敏度高，特异性强，检测速度快，可用于大量样品的检测。此外，该法应用范围广，既可以是DNA病毒和RNA病毒，也可以是类病毒。目前分子生物学检测方法主要有双链RNA（dsRNA）电泳技术、核酸分子杂交技术、多聚酶链式反应（PCR）技术。

二、农艺性状鉴定

有些脱毒方法可使无病毒苗木产生变异（失真）。如经热处理后，高温可引起分生组织细胞突变；经愈伤组织诱导的再生植株脱毒苗，有时会产生染色体变异，导致良种性状的丧失等。因此，经过脱毒和脱毒效果鉴定后，还需进行田间农艺性状鉴定，确定脱毒苗仍保持原品种的特征特性之后，才能作为原原种进行推广。农艺性状鉴定时，必须采取隔离措施，以免重新感染病毒；鉴定中注意淘汰劣变植株，保留优良植株；注意发现和选留超越母体植株优良性状的突变体。

项目实施

任务8-6　指示植物鉴定无病毒苗木

1. 布置任务

（1）制订用指示植物法鉴定草莓病毒的实施计划。指定教学参考资料，让学生制订任务实施计划单。

（2）学生自学，完成自学笔记。

2. 分组讨论

（1）学生分组讨论，探究自学中存在的问题，交流心得体会。

（2）教师答疑，引导学生制订实施计划。

3. 任务实施

学生按照小组制订的实施计划实施任务。

4. 实施总结

（1）任务完成后，组织各组学生进行现场交流，探究自学中存在的问题，交流心得体会。

（2）教师答疑，点评。

（3）学生查找任务实施中存在的不足，并提交任务实施单。

任务 8-7　血清学鉴定无病毒苗木

1. 布置任务

（1）制订用酶联免疫吸附法检测苹果病毒的实施计划。指定教学参考资料，让学生制订任务实施计划单。

（2）学生自学，完成自学笔记。

2. 分组讨论

（1）学生分组讨论，探究自学中存在的问题，交流心得体会。

（2）教师答疑，引导学生制订实施计划。

3. 任务实施

学生按照小组制订的实施计划实施任务。

4. 实施总结

（1）任务完成后，组织各组学生进行现场交流，探究自学中存在的问题，交流心得体会。

（2）教师答疑，点评。

（3）学生查找任务实施中存在的不足，并提交任务实施单。

问题探究

用酶联免疫吸附法检测葡萄扇叶病毒时，取样部位是否会影响检测效果？

拓展学习

生产案例：为什么苹果产量和品质下降了

一、苹果脱毒技术

苹果栽培时会受到多种病毒危害，主要有苹果花叶病毒、苹果锈果类病毒、苹果褪绿叶斑病毒、苹果茎痘病毒和苹果茎沟病毒等。潜隐性病毒的带毒率高达40% ～ 100%，且多为数种病毒复合侵染，导致生长势下降、产量降低。通过热处理结合茎尖培养能够有效脱除病毒。这对于确保苹果稳产高产、引种和苹果新品种的快速推广都有重要意义。

（1）脱毒方法　选择品种纯正、生长健壮、高产优质成年树的接穗嫁接于砧木上。接穗发芽后在生长旺季，将植株置于38℃条件下生长25 ～ 50d，然后选取新梢顶部1 ～ 2cm进行消毒。消毒方法一般为先用70% ～ 75%的酒精浸泡30s左右，再用10%的次氯酸钠溶液浸泡10 ～ 15min或用0.1%升汞溶液浸泡5 ～ 7min，最后用无菌水洗3 ～ 5次。切取消毒过的0.1 ～ 0.3mm的微茎尖（带2个叶原基）接种在诱导培养基[MS+6-BA 0.5mg/L+CH 300mg/L或LS+6-BA 2mg/L+CH（或LH）300 ～ 500mg/L]上。先在25 ～ 30℃、光下培养7 ～ 10d，当茎尖膨大转绿后再转入暗培养，能够加快茎尖的生长，形成黄化苗。一般在暗培养中增殖2 ～ 3代，随后将黄化苗再转入光下培养，光照强度1500 ～ 2000lx，使苗变绿且生长健壮。

（2）脱毒苗鉴定　采用木本指示植物法和酶联免疫吸附法等方法来鉴定苹果试管苗是否脱毒。木本指示植物法主要采用双重芽嫁接法，操作简单，但需要时间长，一般需要2 ～ 3年。近年来选择在温室内鉴定，可大大缩短时间，10周左右可完成。酶联免疫吸附法虽然检测速度快，能够同时进行多种样品的检测，但目前仅能鉴定苹果花叶病毒、苹果褪绿叶斑病毒和苹果茎沟病毒，而且经其检测为阴性的样本，还要通过木本指示植物法来最后确定。

二、葡萄脱毒技术

葡萄生产时会受到26种病毒的危害，造成葡萄的长势减弱，产量降低，风味变劣。利用组织培养技术，可在短期内快繁大量葡萄种苗，大大加速了名、优、新品种苗木的繁殖速度，也可以获得脱病毒苗木和实现优良种质资源的离体保存。

（1）脱毒方法　主要通过热处理结合茎尖培养脱毒，也可以先茎尖培养后高温处理而获得脱毒苗。此方法脱毒率相当高，已被广泛使用。热处理期间要保持良好的光照及管理条件。一般将生根的小苗在35 ～ 40℃下放置40d左右。随后在无菌条件下切取0.2 ～ 0.5mm并带有2 ～ 3片叶原基的茎尖，接入分化培养基上培养。分化培养基因品种而异，常用1/2MS、GS、B5等基本培养基，附加BA 0.5 ～ 1.0mg/L、NAA 0.01mg/L、LH 100mg/L或附加GA 0.1mg/L、IBA 1.0mg/L等。

（2）脱毒苗鉴定与生产　葡萄脱毒苗的鉴定，主要针对葡萄的扇叶病病毒、卷叶病病毒、栓皮病病毒、茎痘病病毒进行检测。通常采用嵌芽接和绿枝嫁接法检测，后者鉴定需要的时间短。扇叶病病毒接种后1个月，卷叶病病毒接种后2 ～ 3个月，栓皮病和茎痘病病毒接种后3 ～ 4个月即可表现出症状。

因为葡萄病毒病多为复合侵染，且不同季节、不同品种及不同条件下表现不一，需借助植物血清学、电镜学来测定。经过鉴定确实无病毒，则应建立葡萄种苗库，由生产单位、技术部门分工协作，进行系统的选育、检验和生产。美国、日本、欧共体已制定和实施无病毒葡萄良种繁育体系。

（3）脱毒苗快繁技术的特点　葡萄脱毒苗快繁技术与试管快繁技术几乎相同，不同之处主要有以下三点：一是脱毒采用茎尖培养，需要无菌剥取茎尖或先用热处理再剥取茎尖，不同品种对培养基的反应差异较大；二是脱毒苗的移栽要求场地、用具、基质、肥料等均无传毒媒介及病原；三是栽植脱毒苗应先鉴定确认脱毒后才能出圃、栽植。

三、甜樱桃脱毒技术

甜樱桃长期通过嫁接繁殖，感染病毒病概率很高，有些品种同时感染两种以上的病毒。感染病毒的树体轻则削弱生长势，导致早衰，重则降低品质（小果、着色不良、含糖量下降或有苦涩味）和产量。目前已从樱桃上检测和确认的病毒和类病毒有 34 种，可通过花粉、昆虫、嫁接、土壤及线虫传播。我国甜樱桃平均发病率 66.9%，中国樱桃实生苗平均发病率高达 83.44%。表现明显的病症有小叶、节间短缩、失绿黄化、叶脉白化、丛枝、花叶丛枝、花叶、花簇丛枝、小叶皱缩整株枯死等。甜樱桃脱毒主要通过热处理结合茎尖培养，其快速繁殖通过茎尖和茎段培养。

（1）脱毒方法　选择生长健壮、无病虫害的盆栽甜樱桃植株置于 40℃条件下热处理 10 ～ 15d，然后从当年生枝条上切取 3 ～ 4cm 长的嫩梢，先用自来水冲洗 30min 后，在超净工作台上用 70% ～ 75% 的酒精浸泡 15s，再用 10% 的次氯酸钠溶液浸泡 10 ～ 15min，或用 0.1% 升汞溶液浸泡 3 ～ 5min，最后用无菌水洗 3 ～ 5 次。将嫩梢用无菌滤纸吸干水分后切取 0.5mm 的微茎尖接种于 MS+6-BA 1 ～ 2mg/L+IAA 0.2 ～ 0.5mg/L 的培养基上。培养条件为温度（25±2）℃，光照时间 12h/d，光照强度 2000lx。接种后 5d 在切口面产生乳白色愈伤组织，15d 即可在切口处和腋芽产生 10 ～ 30 个丛生芽。这种方法脱毒率可达 46.3% ～ 56.8%。

（2）脱毒苗鉴定　甜樱桃脱毒苗鉴定方法通常采用汁液涂抹法和嫁接法鉴定组培苗是否脱毒。如将待检组培苗叶片匀浆涂抹在黄瓜和昆诺藜指示植物上，可分别检测樱桃卷叶病毒（CLRV）、樱桃锉叶病毒（CRLV）、樱属坏死环斑病毒（PNRS）、洋李矮缩病毒（PDV）、烟草花叶病毒（TMV）和苹果褪绿叶斑病毒（CLSV）等。目前国际上通过的用于田间鉴定的木本指示植物有山樱桃（Shirofugen 和 Kwanzan）、甜樱桃的滨库（Bing）、赛姆（Sam）、凯弥戴柯斯（Cannidex）五种指示植物。

四、草莓脱毒技术

生产案例：为什么我种植草莓产量这么低？

草莓主要采用匍匐茎分株繁殖，虽然繁殖容易，但效率较低，易受病毒侵害，引起品种退化，影响产量和品质。应用组培技术培育的脱毒苗质优、增产、抗病、生长势旺健、商品性状好，可增产 30% 左右，商品价值明显提高。

（1）脱毒方法　将草莓植株栽种到用于热处理的特定容器内生长 2 个月，使其根系健壮生长，以增加对高温的抵抗能力，然后放入恒温箱中，也可以将未经脱毒的试管苗置于恒温箱中，在 35 ～ 40℃下变温处理，白天保持 40℃处理 16h，夜间 35℃处理 8h，箱内相对湿度为 60% ～ 80%。处理的时间因病毒种类而异，一般为 2 ～ 5 周。

取经过热处理的草莓母株上新抽出的匍匐茎作外植体，每年 6 ～ 7 月份最为适宜。如果母株没有经过热处理，则于 7 ～ 8 月份匍匐茎发生最旺盛的时期，在无病虫害的田块，连续晴天 3 ～ 4d 时选取生长健壮、新萌发且未着地的匍匐茎梢 3cm 作外植体。然后按照肥皂水洗刷 → 流水冲洗 2h→ 剥去外层叶片 →75% 的酒精浸泡 30s，除去表面的蜡质 →2% ～ 3%

次氯酸钠溶液（加数滴 0.1% 吐温 -20 或吐温 -80）浸泡 15 ～ 20min→ 无菌水冲洗 3 ～ 5 次的顺序进行材料表面灭菌，最后用无菌滤纸吸干表面水分。在无菌条件下借助解剖镜将芽外面的幼叶和部分叶原基除去，使生长点暴露，然后用解剖刀切下带有 1 ～ 2 个叶原基、0.1 ～ 0.5mm 大小的微茎尖，迅速接入 MS+BA 0.5mg/L+NAA 0.25mg/L 或 White+IAA 0.1mg/L 的初代培养基上进行培养，培养温度 25 ～ 30℃、光照时间 16h/d、光照强度 1500 ～ 2000lx，1 ～ 2 个月后茎尖生长并分化出芽丛。若在低温和短日照条件下，茎尖可能进入休眠，所以应保持较高的温度和充足的光照时间。

热处理之后再进行微茎尖培养则脱毒比较彻底，即便切取的微茎尖稍大一点，也可以培育出脱毒苗，并且能够提高外植体的成活率。

（2）脱毒苗鉴定　经热处理和微茎尖培养得到的试管苗，必须经过脱毒检测，确定其不带病毒后才可以大量繁殖，用于生产。由于草莓的病毒通过汁液接种时不感染，所以通常采用小叶嫁接法来进行鉴定。经用指示植物进行小叶嫁接后，不同病毒的症状表现见表 8-2。

表 8-2　草莓的病毒种类与症状表现

病毒种类	指示植物	病症表现
斑驳病病毒	EMC	叶片有不整齐的黄色小斑点
脉结病病毒	EMC	小叶向后反转成风车状，尖端卷曲，叶脉成带状褪绿
轻性黄边病病毒	EMC	产生红叶，数日即枯
皱叶病病毒	UC-1	叶片有不整齐小斑点，叶脉不整齐，叶柄暗褐色

复习思考题

1. 指示植株法鉴定脱毒效果时，常用的木本和草本指示植物各有哪些？
2. 简要说明酶联免疫吸附法的原理。
3. 分子生物学检测包含哪些方法？

项目二十五　无病毒苗木繁殖保存

学习目标

知识目标

1. 熟悉无病毒苗木的繁殖程序。
2. 熟悉无病毒苗木的保存方法。

能力目标

根据给定园艺植物，能够制订无病毒苗木繁殖计划。

思政与素质目标

通过实践苗木繁育研究新方法和手段，学习科研人员积极探索、攻克难题、刻苦钻研、勇于创新的精神，增强“学农爱农”自信心、“强农兴农”责任感。

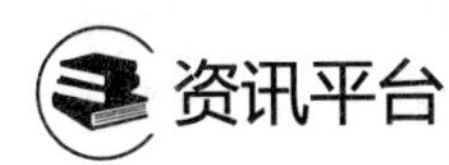

一、无病毒苗木的繁殖

无病毒苗木的扩繁主要采用无性繁殖的方法，如嫁接、扦插、压条、匍匐茎繁殖和微型块茎（根）繁殖等。从良种繁育的角度考虑，建立一套完整、科学的体系是非常必要的。我国无病毒苗木繁育生产体系见图 8-7。在无病毒苗木的繁育体系中，各级分工负责，各司其职，相对独立，又上下衔接，确保无病毒苗木的繁育质量和顺利、及时地供应生产。市售良种经 2 ～ 3 年使用后再度感染，便会影响园艺植物产量和品质，应重新更换和采用无病毒苗木，以保证生产的质量。

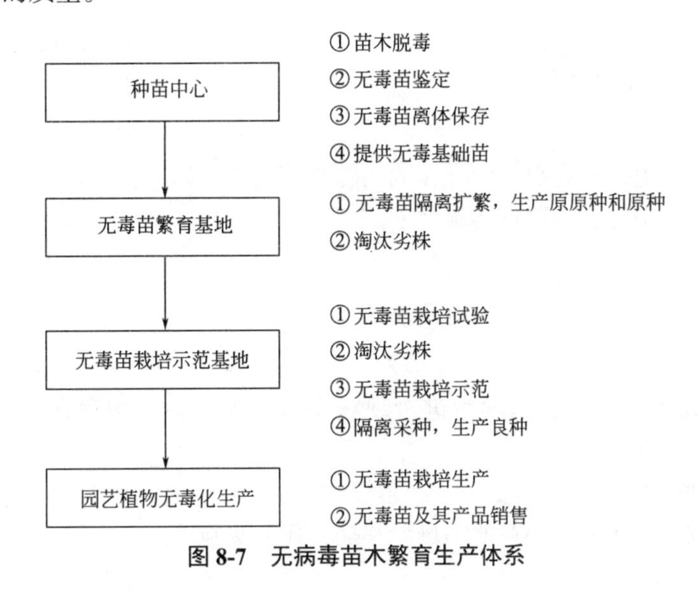

图 8-7　无病毒苗木繁育生产体系

在繁育无病毒苗木时，对其繁育技术有如下要求。

（1）建立无病毒母本园　包括品种采穗圃、无性系砧木压条圃和砧木采种园。母本园应远离同一树种 2km 以上，最好栽植在有防虫网设备的网室内，以防媒介昆虫带毒传染。母本树应建立档案，定期进行病毒检测。从原种母本树上采集接穗，嫁接在无毒实生砧或矮化砧上，每个品种嫁接 30 ～ 50 株，作为采穗圃。采穗圃建在田间有隔离的地块，或建于网室内。每年用指示植物和 ELISA 鉴定法轮回鉴定 1 次，以保证绝对无病毒。

（2）完善繁育手续　繁殖无病毒苗木的单位或个人，必须填写申报表，经省级主管部门核准认定，并颁发无病毒苗木生产许可证。使用的种子、无性系砧木繁殖材料和接穗，必须采自无病毒母本园，附有无病毒母本园合格证。育成的苗木须经植物检疫机构检验，合格后签发无病毒苗木产地检疫合格证，并发给无病毒苗木标签，方可按无病毒苗木出售。

（3）规范繁育技术　繁殖无病毒苗木的苗圃地，要选择地势平坦、土壤疏松、有灌溉条件的地块，同时也应远离同一树种 2km 以上，远离病毒寄主植物。苗木的嫁接过程，必须在专业技术人员的监督指导下进行，嫁接工具要专管专用。

二、无病毒苗木的保存

培育得到的无病毒苗木，有可能被病毒再次感染，所以要做好隔离与保存。通常无病毒苗木应种植在 300 目的防虫网内，以防止通过蚜虫传播病毒；要求土壤消毒，保持周围环境整洁，并及时喷施农药防治虫害，以保证无病毒苗木在与病毒严密隔离的条件下栽培繁殖。也可以通过组织培养进行繁殖和离体保存。

项目实施

任务 8-8　无病毒苗木的繁殖保存

1. 布置任务

（1）制订草莓无毒苗繁殖保存计划。指定教学参考资料，让学生制订任务实施计划单。

（2）学生自学，完成自学笔记。

2. 分组讨论

（1）学生分组讨论，探究自学中存在的问题，交流心得体会。

（2）教师答疑，引导学生制订实施计划。

3. 任务实施

学生按照小组制订的实施计划实施任务。

4. 实施总结

（1）任务完成后，组织各组学生进行现场交流，探究自学中存在的问题，交流心得体会。

（2）教师答疑，点评。

（3）学生查找任务实施中存在的不足，并提交任务实施单。

问题探究

选择 2 ～ 3 家生产无病毒苗木的企业，调查无病毒种苗生产体系有哪些共同特点？

拓展学习

果树脱毒苗快繁技术

1. 苹果脱毒苗快繁技术

通过茎段培养能够快速繁殖苹果脱毒苗。主要方法如下。

（1）继代增殖　从已确认脱毒的苹果试管苗上切取茎段，接种到 MS+6-BA 0.5 ～ 1mg/L+CH 300mg/L 的培养基上，诱导产生丛生芽苗。每 4 ～ 8 周继代 1 次，每个月可增殖

5 ～ 10 倍。

（2）生根培养　切取 2cm 以上的带顶芽的茎段，转接到生根培养基中。生根培养基可选择 1/2MS 或其他低盐的基本培养基，附加 IAA 1mg/L、IBA 0.2mg/L 和 GA 3mg/L，可有效地促进生根。也可以不通过生根培养，直接将芽片嫁接到已无病毒的苹果矮化砧木上，进行微嫁接培养。这样既可以保持树体有良好的矮化特性，又可通过采用脱毒繁殖材料妥善地解决脱毒苗的繁殖问题。对生根困难的苹果砧木 M_9 的试管苗生根，可以先接种在 LS+IBA 2mg/L+ 根皮酚 162mg/L 的培养基上培养 4 ～ 7d 后，再转入无激素的 LS 培养基，这样生根速度快。

（3）驯化移栽　苹果脱毒苗形成发达根系后，遮光炼苗 2 ～ 3 周，然后沙培驯化，待长出新根新叶后移栽到温室内的土壤或河沙中。沙培期间可浇灌 1/4MS+IAA 1 ～ 1.5mg/L 的营养液，保持相对湿度 80% 以上、温度 15 ～ 20℃、光照强度 15000 ～ 20000lx。

2. 葡萄脱毒苗快繁技术

（1）外植体选择与处理　选择田间生长旺盛的葡萄植株，取其上部嫩梢，装入无菌脱脂棉保湿的广口瓶中。冬季取材，将休眠期的插条埋入沙床中，置于培养室或较干净温暖的催芽床上令其萌发，待新梢长出三节以上时，选取顶芽和侧芽为外植体。田间取材时，最好选择在早春，可以大大降低污染率，提高成苗率。将嫩梢除去幼叶，剪成 1 ～ 2cm 的茎尖（从成年树上取的芽最好带卷须）或带芽茎段（以嫩梢上部 3 ～ 4 节的茎段较好），用饱和洗衣粉溶液浸泡 10min，流水冲洗 1 ～ 2h，在超净工作台上用 75% 酒精润洗 15s，在无菌水中漂洗 1 次，再用 0.1% 升汞消毒 8min，最后用无菌水冲洗 5 次。

（2）初代培养　将茎尖或茎段接种于诱导培养基上。培养基为 MS+BA 1 ～ 2mg/L+NAA 0.01mg/L+LH 100mg/L；培养条件为温度 25 ～ 28℃，光照强度 1800lx，光照时间 14h/d。当不定芽长至 0.5cm 以上时，可将小苗转入壮苗培养基 MS+BA 0.5mg/L+GA_3 0.2mg/L 中，经 1 个月的培养就可长成 2 ～ 3cm 高的幼芽茎。葡萄初代培养时，生长和繁殖速度一般较慢，其培养特性与品种相关，而且不同品种在初代和继代培养的差异性不同，如京早晶、里查马特差异小，而先锋、藤稔、高墨等差异大。

（3）增殖培养　葡萄增殖培养基一般多采用 MS+BA 0.4 ～ 0.6mg/L+NAA 0.01mg/L。在常规培养室内，经过 3 周左右的时间，小芽即可长成 4cm 左右高的无根苗。葡萄在此培养基中生长繁殖速度快，在 30d 的 1 个增殖周期内增殖 5 倍。

（4）生根培养　从增殖培养基上选 2cm 以上高的壮苗转接到生根培养基上培养。生根培养基为 1/2 MS+NAA 0.1 ～ 0.3mg/L。培养 7d 后即可看到有根原基形成，大约 1 个月就可获得 4cm 以上高度的再生植株。生根培养与增殖培养的培养条件一般要求光照强度 2000 ～ 3000lx，光照时间 14 ～ 16h/d 或连续光照，温度 25 ～ 28℃。

（5）驯化移栽　葡萄组培苗的驯化移栽多在春季或冬季的温室大棚中进行。其驯化移栽方法如下。

① 光培炼苗：当组培苗根长 2 ～ 3cm、具有 3 ～ 4 片正常叶片时，转入温室或大棚内，开瓶在 20000 ～ 40000lx 的自然光下炼苗 3 ～ 7d，当其生出油亮的叶片、幼茎呈淡红色时即可出瓶。

② 沙培炼苗：清晨或傍晚，组培苗出瓶，栽入沙床，株距 3 ～ 4cm，行距 8 ～ 10cm，栽后沙床加盖小拱棚；最初 3d 的棚内温度保持在（25±2）℃，最高不超过 30℃，最低不低

于 20℃，相对湿度保持在 80% ～ 95%，光照强度 7000 ～ 10000lx；3d 后降低棚内相对湿度到 70% ～ 80%，光照强度逐渐增强到 400001x；6 ～ 7d 后拆除拱棚。

③ 温室营养钵炼苗以及大田苗圃移栽：经沙培后的合格苗，在空气湿度不低于 70%、温度 20 ～ 25℃、散射光的条件下，栽入装有营养土：沙：腐熟有机肥 =1 ∶ 1 ∶ 0.2 的营养钵中炼苗。当新叶长出后再定植到大田苗圃中。

3. 甜樱桃脱毒苗快繁技术

（1）继代增殖　当已确认甜樱桃脱毒苗高达到 2cm 左右、具 4 ～ 5 个叶片时，切取单芽茎段接种到 MS+6-BA 1mg/L+NAA 0.2mg/L+$AgNO_3$ 35 ～ 10.0mg/L 继代培养基上。培养 30d 左右芽苗可长到 4 ～ 6cm 高，具有 4 ～ 8 片叶，丛生芽增殖数可达到 6 个以上。这样反复切割转接进行增殖培养。

（2）生根培养　将芽苗切截成 2cm 左右长的茎段转移至 1/2 MS+IBA 0.7mg/L+NAA 0.2mg/L 的生根培养基上，生根率可达 75.1%，移栽成活率可达 80.5% 以上。

（3）驯化移栽　一般采取分步移栽法。甜樱桃脱毒苗按常规驯化后栽到河沙中，保持温室气温 20℃左右、地温 18 ～ 20℃最易成活，成活率可达 90% 以上。栽后 2 周，当幼苗长出新的叶片，再移栽到塑料容器中，基质选择粗沙、蛭石、草木灰 1 ∶ 1 ∶ 1 混合的复合基质或壤土。1 周后逐渐放风，最后带土坨栽植到大田。

（4）嫁接　为了加快脱毒苗培育速度和降低成本，可以用嫁接技术二级扩繁。嫩枝嫁接、芽接均可。砧木选用已脱毒的 2 年生砧木，将脱毒组培苗高接后，第二年春再在其上取芽作接穗进行嫁接，秋季可获商品苗。

4. 草莓脱毒苗快繁技术

以丛生芽再生途径为例介绍草莓脱毒苗的快繁技术。

（1）继代培养　将已脱毒的草莓丛生芽苗切割成 3 ～ 4 芽的芽簇块接种于 MS+6-BA 1.0mg/L 的继代培养基上，每瓶放置 3 ～ 4 块，经过 3 ～ 4 周的培养可获得由 30 ～ 40 个腋芽形成的芽丛。在转接过程中，去掉原生叶片有利于新苗的分化；增殖培养中随时清除愈伤组织，有利于芽苗的增殖和生长。在转入生根培养基的前一次继代培养，改换培养基为 MS+6-BA 0.5mg/L，以利形成壮苗。

（2）生根培养　将长至 2cm 高的草莓苗接到 1/2 MS+IBA 0.2mg/L 的生根培养基中培养，生根率达 100%，平均根条数为 2.4 条。培养基中不附加 IBA 或 IBA 浓度超过 0.2mg/L，多数芽苗的基部切口处产生愈伤组织，随后在愈伤组织上分化生根，致使成活率大大降低。另外，也可以将具有两片以上正常叶的芽苗在试管外生根。

注意在继代增殖和生根培养时，培养温度控制在 18 ～ 26℃范围内，瓶苗可以正常生长及发根，而在 28℃以上时，绿苗普遍变黄，生根率降低，根尖发黄老化，容易产生玻璃化苗现象。

（3）驯化和移栽　当生根培养 15 ～ 20d 时，试管苗根多且粗壮。当主根长 1.5cm 左右，白色无须根、叶大而厚、深绿，具 3 片以上叶片时可以驯化移栽。栽培基质为腐熟的锯木屑或腐叶土，也可采用蛭石与珍珠岩配比为 1 ∶ 1 或园土与炉渣配比为 2 ∶ 1 的复合基质。温室内或塑料拱棚内温度要控制在 15 ～ 20℃，湿度维持在 80% 左右为宜。同时由于刚移栽的小苗茎秆脆嫩，应尽量采用喷雾浇水，水量不宜过大，干后再喷。移栽初期遮光 50%，1 周后逐渐增加光照强度。这样试管苗移栽成活率可达 90% ～ 100%。

草莓脱毒苗的繁殖程序可分五步，在病毒鉴定获得脱毒苗后依次进行原种种苗培养、原种种苗繁殖、良种种苗繁殖、生产用苗繁殖和栽培苗繁殖。前四步在300目的防虫网隔离室中进行，后一步在露地进行。为了提高脱毒母株的繁殖株数可采用赤霉素处理和摘蕾的方法。赤霉素处理用5mg/L的浓度，每株喷5mL，在5月上旬和6月上旬分两次进行。摘蕾可减轻母株的营养负担，促使匍匐茎的大量发生，如果做到技术科学合理，每1株1年可繁殖50～100株生产用苗。

草莓脱毒苗的繁殖重点是防止病毒的二次污染。由于草莓病毒主要是通过蚜虫吸吮汁液传播，所以要做好蚜虫防治工作。用马拉松乳剂、氧化乐果乳剂等杀虫剂，防治期在5～6月份和9～10月份，特别是9～10月份可防止蚜虫的越冬。

复习思考题

1. 无毒苗繁殖生产体系中包含哪几部分？各有何作用？
2. 无毒苗繁殖时对技术有何要求？
3. 无病毒苗木如何进行保存？

数字资源

模块九 工厂化育苗繁育技术

学习前导

本模块包括工厂化育苗方式，工厂化育苗工艺流程，工厂化育苗设施，工厂化育苗设备四个项目。工厂化育苗方式项目介绍了常用的工厂化育苗方式，使学生熟悉并掌握不同工厂化育苗方式的特点；工厂化育苗工艺流程项目介绍了工厂化育苗的技术环节，使学生了解工厂化育苗的关键技术环节，掌握园艺植物育苗的基质选择与配制的方法及工厂化育苗的苗期管理方法；工厂化育苗设施项目介绍了常见的育苗设施，使学生掌握各种工厂化育苗设施的特点及应用方法；工厂化育苗设备项目介绍了育苗温室环境控制系统、生产设备、育苗辅助设备，使学生了解各种工厂化育苗设备，掌握工厂化育苗设备的特点、应用方法及控制系统组成。

课程思政案例

为农业插上“智慧芯”

只需要一部小小的手机，就能轻松管理上百亩地的浇水施肥；坐在办公室电脑前，就能实时查看庄稼的生长情况……如今，这些高大上的新技术在山东省安丘市的田间地头落地开花，“智慧农业”让农民搭上了致富增收的科技快车。

在安丘市官庄镇 ×× 物联网农业产业园内，一架架葡萄绿意盎然。在其中一株葡萄的底部有一个小小的传感器，别看这个传感器不起眼，有了它，田里的土地、作物就会“说话”了。

总经理王 ×× 说：“这是一个茎流传感器，它用来检测每株葡萄每天水分的蒸发量。通过它，我们可以了解葡萄树每天对水分的需求量是多少，然后通过大数据分析，使得每一次浇水既让植物吃得饱，又不浪费。”

“产业园的高标准大棚全部采用智慧农业物联网来进行管理。”王 ×× 说，项目建成后，先进的物联网智慧农业将在这里开花结果。

大棚内，一个人就可以轻松管理，一部手机就可以轻松实现对整个园区的浇水、施肥远程控制。

越来越多农民尝到了新技术带来的甜头。在安丘市石堆镇 ×× 村，50 亩栽种齐整的葱苗长得郁郁葱葱，这些葱苗是用山东 ×× 公司的自动化机械进行标准移栽的。村民赵 ×× 开心地盘算起来："一亩葱从种到收，公司服务成本 3000 元左右，比雇人干，起码每亩节省 500 元。"

在 ×× 公司的工厂化育苗中心，首席技术官刘 × 介绍，一个苗盘 660 棵葱苗，每穴 3 粒种子，220 个穴位，完全实现精量播种。原先两个人一天能种 1 亩地，现在一台机器一天就种 8 ~ 10 亩地。种子丸粒化包衣、精量化播种、工厂化育苗、自动化移栽，公司提供全产业链服务。目前，公司已推广大葱全程机械化作业面积超过 3 万亩，累计服务农民 3000 多户。

项目二十六 工厂化育苗方式

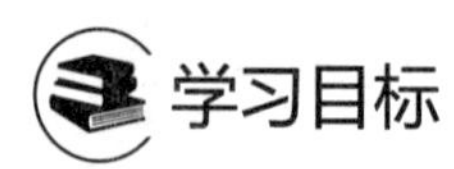

学习目标

知识目标

1. 了解常用的工厂化育苗方式。
2. 掌握不同工厂化育苗方式的特点。

能力目标

初步掌握工厂化育苗的操作技术要点。

思政与素质目标

通过实践苗木繁育研究新方法和手段，学习科研人员积极探索、攻克难题、刻苦钻研、勇于创新的精神，增强“学农爱农”自信心、“强农兴农”责任感。

资讯平台

工厂化育苗是以先进的育苗设施和设备装备种苗生产车间，将现代生物技术、环境调控技术、施肥灌溉技术、信息管理技术贯穿种苗生产过程，以现代化、企业化的模式组织种苗生产和经营，从而实现种苗的规模化生产。

工厂化育苗与传统育苗相比，具有以下优点。

① 采用规模化、集约化、商品化生产，节省能源与资源；

② 利用现代化育苗设施及自动化设备，提高种苗生产效率；

③ 采用科学的环境控制和管理手段，提高秧苗质量；

④ 通过标准化管理，使商品种苗适于长距离运输。

一、试管育苗

试管育苗是利用植物组织培养技术，将植物的离体材料如器官、组织、细胞、原生质体等，在试管内进行无菌培养，使其生长、分化、增殖，形成具有根、茎、叶的幼苗后，再经试管外驯化成苗的技术。植物组织培养的理论基础是细胞全能性。试管育苗法最早应用于育种过程中，目前已广泛应用于果树、花卉、蔬菜等植物的快速繁殖和脱病毒等方面，如马铃薯、甘薯、生姜、大蒜、草莓等。

试管育苗属于无性繁殖，能够保持原有品种的优良性状，获得无病毒苗木，提高繁殖系数，由于其管理方便利于实现育苗的工厂化周年生产。试管育苗的缺点是需要一定的设施设备条件，能耗较大，运行成本较高，有一定技术难度；优点是繁殖率高，能按照几何级数增殖，且能够及时提供规格一致的优质种苗和无病毒苗木，这是其他繁殖方法无法比拟的。

1. 试管育苗的工作程序

试管育苗的完整过程一般包括以下几个步骤。

（1）制订培养方案　查阅相关文献，根据已成功培养的相近植物资料，结合实际制订出切实可行的培养方案。然后根据实验方案配制适当的化学消毒剂以及不同培养阶段所需的培养基，并经高压灭菌或过滤除菌后备用。

（2）外植体选择与处理　选择合适的部位作为外植体，采回后经过适当的预处理，然后进行消毒处理。将消毒后的外植体在无菌条件下切割成一定大小的小块，或剥离出茎尖，挑出花药，接种到初代培养基上。

（3）初代培养　接种后的材料置于培养室或光照培养箱中培养，促使外植体中已分化的细胞脱分化形成愈伤组织，或顶芽、腋芽直接萌发形成芽。然后将愈伤组织转移到分化培养基分化成不同的器官原基或形成胚状体，最后发育形成再生植株。

（4）继代培养　分化形成的芽、原球茎数量有限，采用适当的继代培养基，经多次切割后转接。当芽苗繁殖到一定数量后，再将一部分用于壮苗生根，另一部分保存或继续扩繁。进行脱毒苗培养的需提前进行病毒检测。

（5）壮苗与生根培养　刚形成的芽苗往往比较弱小，多数无根，此时可降低细胞分裂素浓度或不加细胞分裂素，提高生长素浓度，促进小苗生根，提高其健壮度。

（6）炼苗移栽　选择生长健壮的生根苗进行室外炼苗，待苗适应外部环境后，再移栽到疏松透气的基质中，注意保温、保湿、遮阴，防止病虫危害。当组培苗完全成活并生长到一定大小后，即可移向大田用于生产。

2. 试管培养所需仪器设备及用具

植物组织培养是在无菌条件下将离体植物的一部分培养在人工培养基上，给予适当的条件进行培养。植物组织培养实验室与其他实验室的主要区别是要求无菌操作，以避免微生物及其他有害因素的影响。植物组织培养必须在无菌的条件下才能成功，这就需要一定的条件：要有无菌操作、无菌培养的空间；要制备无菌培养基；培养室要有可控温度、湿度、光照及通气的设备，使试管苗能很好地生长、发育和繁殖。

（1）准备室　准备室应由洗涤间、培养基配制间和消毒间组成。洗涤间的清洗区主要用于玻璃器皿和用具的洗涤、干燥和贮存，培养材料的预处理与清洗等，应备有各种类型的毛刷、水槽、水源、工作台、晾干架、周转筐等。培养基配制间应配置天平、磁力搅拌器、酸度计、电磁炉、培养基灌装机、冰箱等仪器设备。消毒间用于培养基、器皿、接种工具和其他物品的消毒灭菌，应配置高压灭菌锅。

（2）接种室　接种室最好能与外界隔离，不能穿行或受其他干扰。接种室应分更衣间、缓冲间及操作间三部分。更衣间供更换衣服、鞋子及穿戴帽子和口罩。缓冲间位于更衣间与操作间之间，目的是防止带菌空气直接进入接种室和工作人员进出接种室时带进杂菌。操作间则用于植物材料的接种等无菌操作，其大小要适当，且其顶部不宜过高，以保证紫外线空气消毒的效果，要求密闭、干爽安静、清洁明亮，墙面光滑平整，地面平坦无缝，便于清洗和灭菌；门窗密闭性要好，适当位置吊装紫外灯，安置空调机，实现人工控温，这样可以紧闭门窗，减少与外界空气对流；应配置超级工作台、接种器具消毒器、酒精灯、广口瓶、三角瓶、接种工具等。

无菌操作间通常由两间房连在一起组成，一间为接种间，另一间为缓冲间。两间用板壁与拉门隔开，为了使房间光线充足，看得清里面的情况，通常无菌室的周围墙壁上半部均用玻璃窗结构。

（3）培养室　培养室的设计不宜过大，最好隔成几间，要求以充分利用空间和节省能源为原则，能够控制光照和温度；保湿、隔热效果好；四壁洁白，清洁明亮。培养架要求使用方便、节能、充分利用空间和安全可靠，一般设6层，高度2m，最下一层距离地面0.2m，最上一层高1.7m，层间距为30cm，宽60cm，长为130cm的倍数，每个培养架安装2～3盏日光灯。架材最好用带孔的新型角钢条，可使搁板上下随机移动。每个房间装有大功率空调机1～2台，使得盛夏全部灯光开放时屋内温度能降至25℃以下。现在许多培养室采用玻璃温室式，春、夏、秋3个季节的晴天不加灯光，只需降温即可，仅阴雨天加光，冬季早晚补光、加温。

（4）炼苗温室　试管苗在培养室内生长时，首先确保相对湿度为100%，其次是无菌，第三是营养与激素供应，第四是适宜的光照和温度。试管苗非常幼嫩，又处于异养条件下，所以不能直接移入大田，必须由温室过渡，而且要有较好的温室条件，即炼苗温室或称移栽温室，温室的面积应该是培养室面积的50～100倍。为了保证移栽成活率，炼苗温室必须配有温湿度控制、光照控制等环境控制设备。

二、穴盘育苗

穴盘育苗是以不同规格的塑料穴盘为育苗容器，用草木灰、蛭石、珍珠岩等轻型基质材料为基质，通过采用机械化自动精量播种生产线完成装填、压穴、播种、覆土、镇压和浇水等系列作业，然后在催芽室和温室等设施内进行有效的管理，达到一次培育成苗的现代化育苗技术。

美国在20世纪60年代最先研究开发了穴盘育苗技术。20世纪80年代，穴盘育苗技术在欧、美、日等国家和地区得到了普及推广，成为许多国家专业化生产商品苗的主要方式。我国于1985年引进穴盘育苗技术。目前，工厂化穴盘育苗已成为我国园艺作物育苗的重要形式。

1. 穴盘育苗的特点

（1）独立一次成苗，减少了分苗、移栽工序对幼苗根系的损伤，便于种苗长距离供应与销售。

（2）采用人工混配的轻型基质，具有适宜幼苗根系发育的物理特性、化学特性、生物学特性，有利于幼苗整齐、健壮生长。

（3）适于机械化操作。针对标准规格的穴盘，国际上已开发出了基质填装、播种流水线作业机械、移栽机械、嫁接机械等，极大地提高了生产效率。

（4）节约用种量，降低能耗，提高育苗质量。按照标准化的穴盘育苗工艺流程，幼苗成苗率比传统的土壤平畦育苗提高20%～50%。每平方米苗床育苗量可达300～600株，提高了设施利用率，降低了单位育苗量的能量消耗。幼苗定植后缓苗期变短，利于早熟丰产。

（5）要求大量的资金作保障，包括建设育苗设施、操作车间、催芽室，购置穴盘、作业机械、运销车辆、人工基质，配置苗床、环境调控设备等。

（6）要求有较高的技术储备，包括种子处理技术、催芽技术、苗期发育调控技术、炼苗技术、防灾减灾技术、商品苗营销技术等。

（7）要求有优质的农资供应，包括种子、基质材料、优质全水溶性肥料、精准作业设备等。

2. 穴盘育苗的设施和设备

穴盘育苗的设施可根据育苗要求、目的和条件综合考虑。穴盘育苗基本设施由育苗温室或大棚、穴盘、喷淋水系统、温控系统、基质粉碎机、催芽调控系统和出苗运输系统组成。

（1）温室　由于穴盘育苗对光、温、水等环境要求较高，一般宜选用中高档的玻璃或双层薄膜温室，并要求内部有加温、降温、遮阴、增湿等配套设备以及移动式苗床等。

（2）育苗穴盘　穴盘是工厂化育苗的必备容器，是按照一定规格制成的带有很多小型钵状穴的塑料盘。育苗穴盘根据用途和蔬菜种类的不同其规格不尽相同，用于机械化播种的穴盘规格一般是按自动精播生产线的规格要求制作，多为30cm×60cm，小穴深度也各异，3～10cm不等。在形状上有方锥形穴盘、圆锥形穴盘、可分离式穴盘等；在制作材料上有纸格穴盘、聚乙烯穴盘、聚苯乙烯穴盘等。根据孔穴的数目，穴盘可分为32孔、40孔、50孔、72孔、128孔、200孔、288孔、392孔等不同规格。其中72孔、128孔、288孔穴盘较为常用。即使孔穴的数目相同，其大小和容积却未必一样。依据育苗用途和作物种类，可选择不同规格的穴盘，一次成苗或培育小苗供移苗用。

（3）自动精量播种生产线装置　穴盘自动精量播种生产线装置由穴盘摆放机、送料及基质装盘机、压穴及精量播种机、覆土机和喷淋机等五大部分组成，这五大部分连在一起形成自动生产线。拆开后每一部分又可独立作业。精量播种机有真空吸入式和齿轮转动式，后者要求用丸粒化种子。

（4）恒温催芽室　恒温催芽室是一种能自动控制温度的育苗催芽设施。利用恒温催芽室催芽，温度易于调节，催芽数量大，出芽整齐一致。标准的恒温催芽室具有良好的隔热保温性能。内设加温装置和摆放育苗穴盘的层架。

（5）喷（淋）水系统　工厂化育苗温室内的喷水系统一般采用行走式喷淋装置。既可喷水，又可喷洒农药。行走式喷淋系统或人工喷洒方式，在幼苗较小时，喷入每穴基质中的水量比较均匀，但到幼苗长到一定大小、叶片面积比较大时，从上面喷水往往造成穴间水分分布不均。此时可采用底面供水方式，底面供水方式在摆放育苗盘时应事先做好苗床，即将地面整平压实，床内四周打堰，两端要有一定的坡度，便于流水。整好的床面铺上塑料薄膜，将穴盘成列摆放在上面。由床面浇水，水分通过穴盘底部的孔吸入到基质中。

（6）运输系统　运苗车可以采用多层结构，根据成苗的高度来确定放置架每层的高度。育苗层架的高度和宽度要与建造的催芽室相匹配，同时根据育苗穴盘的大小来确定。一般来说，育苗层架的层间距10～15cm，最下层离开地面20cm，下部装置方向轮，以便推运。

3. 穴盘育苗的技术要点

（1）种子选择　工厂化育苗每穴播1粒种子，因此种子发芽率应大于90%。籽粒饱满，发芽整齐。特别是培育甜椒、番茄等果菜类幼苗，应选用抗病、高产的优良品种。

（2）育苗穴盘的选择　根据育苗种类来选择不同规格的穴盘。孔径小的穴盘适宜培育叶面积小、苗龄短的幼苗，较大孔径的穴盘适宜培育叶面积大，苗龄长的幼苗。蔬菜适宜穴盘规格及种苗大小如表9-1所示。

表9-1　不同蔬菜种类的适宜穴盘规格及种苗大小

（李式军，2002）

栽培季节	种类	穴盘规格/孔	种苗大小
春季	茄子、番茄	72	6～7真叶
	辣椒	128	7～8真叶
	黄瓜	72	3～4真叶
	青花菜、甘蓝	392	2叶1心
	青花菜、甘蓝	128	5～6真叶
	青花菜、甘蓝	72	6～7真叶

续表

栽培季节	种类	穴盘规格 / 孔	种苗大小
秋季	芹菜	200	5～6 真叶
	青花菜、甘蓝	128	4～5 真叶
	莴苣	128	4～5 真叶
	黄瓜	128	2 叶 1 心
	茄子、番茄	128	4～5 真叶

（3）育苗基质的选择　育苗基质应具有优良的理化特性。要求有机质含量高，具有一定粒径和交联性，持水量大，通气孔隙度和持水孔隙度比值、pH 和 EC 值适当，不含病原菌和虫卵；保肥能力强，能供应根系发育所需养分，并避免养分流失；保水能力好，避免根系水分快速蒸发干燥；透气性佳，使根部呼出的二氧化碳容易与大气中的氧气交换，避免或减少根部缺氧；不易分解，利于根系穿透，能支撑植物。国际上通常采用草木灰、蛭石、珍珠岩复配，并添加肥料、植物促生菌剂等。育苗基质由专业工厂生产或自行配制，主要原料是草木灰和蛭石，各地依据就地取材原则，尽量选用资源丰富、价格低廉的轻基质，一般 2～3 种即可。

（4）营养液配方与管理　营养液配方取决于基质本身的成分。采用草木灰、有机肥和复合肥合成的专用基质，以浇水为主，适当补充大量元素即可；采用草木灰、蛭石各半的通用育苗基质，则需要严格的营养液配方和肥料用量。

营养液配方一般以大量元素为主，微量元素多由基质提供。氮素肥料以酰胺态氮和铵态氮占 40%～50%，硝态氮占 50%～60%，氮、磷、钾比例 1 ∶ 1 ∶ 1 为宜，pH5.5～7.0。磷的浓度稍高有利于培育壮苗。我国穴盘育苗常用营养液配方见表 9-2。

表 9-2　几种常用育苗营养液配方

（李式军，2002）

肥料种类	配方 1	配方 2	配方 3	配方 4
$Ca(NO_3)_2 \cdot 4H_2O$	500	450	—	—
$CO(NH_2)_2$	250	—	—	340
NH_4NO_3	—	250	200	—
$NH_4H_2PO_4$	500	—	—	—
KNO_3	500	400	200	—
KH_2PO_4	100	—	—	465
$Ca(H_2PO_4)_2$	—	250	150	—
$MgSO_4 \cdot 7H_2O$	500	250	—	—

注：表中数据系每立方米水中加入肥料的量（g）。配方 1～3 为无土轻基质育苗配方，根据不同作物种类及不同生育期，稀释或增加浓度使用，必要时可加入微量元素螯合铁 25g/m^3 及硼酸 20g/m^3；配方 4 适用于含培养土的基质育苗。

营养液浓度视情况而定，经常灌水结合施用液肥时，氮素浓度 40～60mg/L 就已足够（其他元素类推）。若基质中混有有机肥，自真叶展开后开始喷淋，每日 1～3 次，因气候和幼苗长势而异，每次每盘浇灌量 200～250mL。使用无机基质时，自发芽后每日浇灌液肥（氮浓度 40～60mg/L），真叶展开后调整次数和浓度。若每周仅浇灌 2 次液肥，每次每盘浇灌量 500～750mL 为宜，而且氮素浓度要提高到 130mg/L。随着植株长大，营养液浓度逐渐提高，为防止盐分积累，一般每浇 3 ～ 4d（夏季 2 ～ 3d）营养液后，浇 1 次清水。

（5）环境控制与幼苗管理

① 温度管理：温度过高，幼苗生长过快，容易形成徒长苗，造成幼苗的生理活性降低，尤其是穴盘育苗根系生长的营养面积小，徒长苗易引起根系早衰，活力下降；温度过低，幼苗生长发育迟缓，形成弱苗或僵苗。一般白天温度保持在 26℃左右，夜间 15℃左右，保持 8 ～ 11℃的昼夜温差，即可保证生长的温度条件，有利于幼苗的生长发育。

② 光照管理：冬季育苗温室应尽量采用提高光照的设施，如应用高透光膜、及时清洁棚膜、张挂反光膜等，充分保证苗床光照条件；夏秋季节育苗，根据温度、光照条件在温室铺设遮阳网，以防幼苗徒长和强光灼伤幼苗。

③ 水分管理：种子萌芽期对水分及氧气需求较高；子叶及茎伸长期（展根期）水分供给稍减；真叶生长期供水应随苗株成长而增加；炼苗期限制给水以健壮植株。在实际育苗供水方面还应注意下列几点：阴雨天不宜浇水；浇水时间以午前为主，下午 3 点后绝不可灌水；穴盘边缘苗应补水。

④ 病虫害防治：预防为主，综合防治。以棚膜、防虫网进行隔离保护，使穴盘苗不淋雨、不被迁移性害虫为害，减轻病虫害发生，生产中亦应进行 1 ～ 2 次的药剂喷施防治。幼苗耐药性较差，要选用不易产生药害的高效农药，且用量要适当。

⑤ 补苗：工厂化穴盘育苗播种时一穴一粒，易出现缺苗。在 1 片真叶展开时应及时补齐。并浇缓苗水。

⑥ 定植前炼苗：炼苗能增强秧苗的抗逆性，尽快适应田间环境条件，所以出苗前要对幼苗采取降温、通风等措施。一般在定植前 7d 左右要逐渐降低苗床温度，先是白天由少到多打开门窗，逐渐过渡到夜间不加薄膜，让秧苗完全处于田间环境。

三、容器育苗

容器育苗是指将种子直接播入装有固体基质的容器内，培育成半成苗或成龄苗的方法。容器育苗便于机械化生产和秧苗运输、保护秧苗根系，且容器成本低廉，经济效益较好。

1. 容器育苗的特点

（1）容器内有较适合的温度、湿度，土壤肥沃且经过消毒处理，因而较裸根苗发芽快，出土早，苗木生长健壮。

（2）容器苗栽植时是连苗带土球一起移栽到造林地上，无需进行切根、假植和包装等作业，最大限度地减少根系受到的损伤和水分散失，提高栽植后的成活率。

（3）容器苗栽植后无缓苗期，比裸根苗生长快，因而能够较早地达到郁闭状态。

（4）容器苗栽植不受季节限制，延长了栽植时间，且对栽植技术要求不高。

2. 容器育苗的技术流程及设备

育苗钵育苗按照制钵的材料，分为塑料钵、营养钵、纸钵等不同类型。钵、盘育苗和营养土块育苗的技术流程如图 9-1、图 9-2 所示。

钵、盘育苗的主要设备有：种子处理、包衣车间；基质混合和消毒设备；播种车间、自动送钵（盘）机、基质装钵（盘）；营养土块制作车间；自动控温、控湿装置；全自动式智能嫁接机、促进愈合装置（光、温、湿自动调控）。

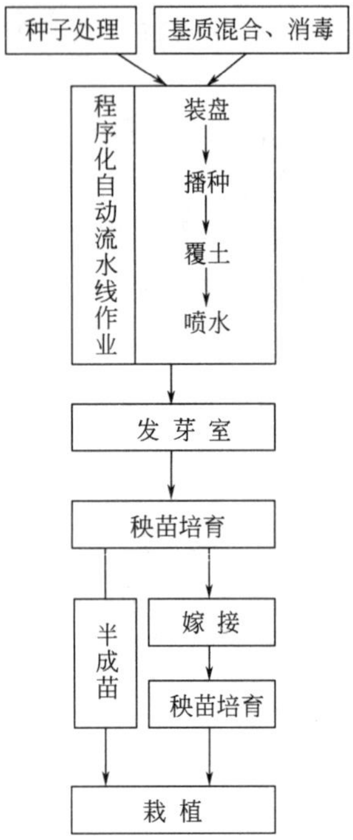

种子处理
基质混合、消毒
程序化自动流水线作业
装盘
播种
覆土
喷水
发 芽 室
秧苗培育
半成苗
嫁 接
秧苗培育
栽 植

图 9-1 钵、盘育苗的工艺流程作业图

种子处理
基质混合、消毒
营养土块制成
播种、覆土
发芽、出苗
秧苗培育
栽 植

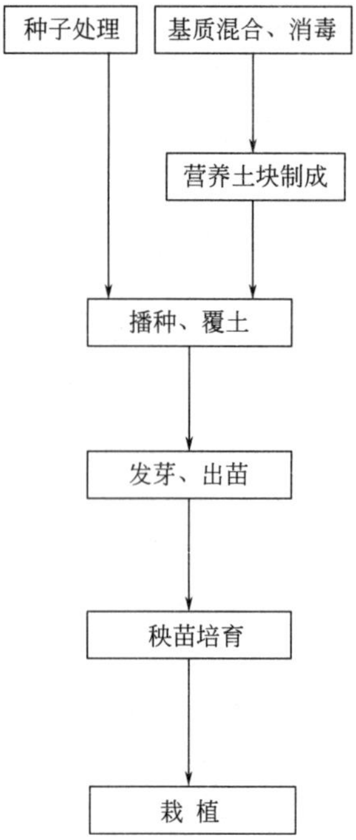

图 9-2 营养土块育苗的工艺流程作业图

（王秀峰，2000）

3. 容器育苗技术要点

（1）容器育苗的浇水次数与浇水量远大于常规育苗，一般宜掌握“控温不控水”的原则，即主要以控制温度来调节秧苗生长。每次浇水时要浇透，以减少浇水次数。定植前炼苗时，要注意适当控制浇水，炼苗期不宜太长，当幼苗白天出现萎蔫时则需浇水。

（2）利用营养土块育苗，前期土坨之间的缝隙要洒土弥合，以利保墒、护根。育苗期间搬坨、倒坨后要适当提高育苗场所内温度，以利于根系再生长。

（3）合理搭配使用不同的育苗容器，以提高容器的利用率，降低育苗成本。如用育苗盘培育小苗，然后分苗于营养土块或塑料钵内培育成苗。

（4）塑料育苗钵、育苗盘用后要及时清洗干净，晾干后保存，一般可用 3 ～ 5 年。如果多年连续使用，再次使用前必须消毒，可用浓度为 1% 的漂白粉溶液浸泡 8 ～ 12h，也可用 0.5% 的福尔马林溶液浸泡 30min 后取出，用塑料薄膜密封 5 ～ 7d 后揭去薄膜待用。

四、岩棉育苗

岩棉是无土栽培中大量使用的基质，主要应用在蔬菜种植和育苗生产中。由于其本身是一种化学惰性基质，质轻、多孔，对化学施肥影响小，不产生任何反应，并且作物根部气相比例高，疏水性强，是水培系统中一种良好的基质。我国 20 世纪 80 年代引进，使用效果良好，受到园艺界的青睐。适于岩棉育苗的作物种类较广泛，国外应用成功的有番茄、黄瓜、茄子、甜椒、甜瓜、香石竹、玫瑰、兰花以及苗木扦插等。

岩棉育苗将种子直接播在岩棉塞或岩棉块中（注意工业岩棉不能用），播前将岩棉塞（块）用营养液浇透。播后盖一层蛭石，开始可密一些，分苗时排稀。

用岩棉块育苗时最好直播。根据蔬菜种类确定岩棉育苗块的形状和大小。一般有以下几种规格供选：3cm×3cm×3cm、4cm×4cm×4cm、5cm×5cm×5cm、7.5cm×7.5cm×7.5cm、10cm×10cm×5cm。也可自行将100cm×50cm的岩棉毡切成育苗块。岩棉块要用清水浸泡24h后方可使用。

1. 岩棉育苗的优点

（1）岩棉具有良好的缓冲性能，可以为秧苗根系创造一个稳定的生长环境，受外界影响较小，便于规范化育苗。

（2）岩棉育苗配以滴灌装置，能很好地解决水分、养分和氧气的平衡供应问题。

（3）岩棉质地均匀，栽培床中不同位置的营养液和氧气的供应状况相近，不会造成植株间的太大差异，利于秧苗整齐。

（4）岩棉育苗装置简易，不受地面平整与否等条件的限制。

（5）岩棉本身不传播病、虫、草害，可以减少土传病害的发生。

（6）岩棉经过消毒后可以连续使用，降低育苗成本，增加经济效益。

（7）营养液的供应次数可以大大减少，不受停电、停水的限制，节省水、电。

2. 岩棉育苗的方法

（1）准备工作　根据作物种类来确定岩棉块的形状和大小。如果使用大块的岩棉块可以采取“钵中钵”育苗方法，即在较大的岩棉块中部的小方洞中嵌入小岩棉块，使用时首先在小岩棉块中育苗，等小苗长到一定阶段把小岩棉块放入大岩棉块中，让小苗继续长大。大岩棉块除了上下两个面外，四周用黑色或乳白色不透光的塑料薄膜包裹，以防止水分蒸发、四周积盐和滋生藻类。育苗时，首先选择适宜大小的育苗箱或育苗床，在底部铺一层塑料薄膜，防止营养液渗漏，然后将岩棉块平放其中，用清水浸泡24h后方可使用。

（2）播种　播种前先在小岩棉块面上割一小缝或用镊子在岩棉块上刺一小洞，嵌入已催芽的种子，每块1～2粒，播种宜浅不宜深，然后将岩棉块密集置于育苗箱或育苗床中。

（3）育苗管理　育苗床上盖膜遮阳保温保湿，温度控制在25℃左右，前期应避免阳光直射。为保持岩棉块湿润，可用低浓度营养液浇湿。出苗后，育苗箱或育苗床底部维持0.5cm厚度以下的液层，靠底部毛细管作用供水、供肥；幼苗第一片真叶出现时，将小岩棉块移入大育苗块中，然后排在一起，并随着幼苗的长大逐渐拉开间距。避免互相遮光，移入大育苗块后，营养液深度可维持在1cm左右。

（4）出苗　待真叶长出2～3片时，可将苗连岩棉块一起取出移栽于土壤中。

3. 岩棉育苗的技术关键

（1）作物种类　适于岩棉育苗的作物种类较为广泛，主要用于茄果类、瓜类、豆类、叶菜类蔬菜的播种育苗。

（2）岩棉的选择　要选用亲水性好、理化性能稳定、无毒的农用岩棉。使用前最好先用清水浸泡24h以上。

（3）防止苗床中营养液局部聚集　由于岩棉质地不匀、栽培床面不平、供液量过大等原因，使育苗床局部位置聚集过多营养液，会造成通气不良、碱性物质积累和作物根腐病的发生。因此，要及时排除育苗床内过多的营养液。

（4）水质的选择　岩棉育苗对水质的要求较高，水中钠和氯的含量最好小于1.5mmol/L，镁、锌、钙、铁的含量亦不能太高。

（5）选用适宜的营养液　由于岩棉育苗作物根系供氧充足，对氮、磷、钾的吸收能力增强，容易造成过多吸收，同时引起钙、镁过剩。因此，必须选择适宜的营养液配方，营养液pH应控制在5.0～6.0。

五、扦插育苗

生产案例：为什么扦插到营养袋葡萄插条没能成活呢？

扦插育苗是切去植物的一部分营养器官（如根、茎、叶等），插入基质中使其生根萌芽抽枝，形成完整植株的方法。优点是能保持植物的优良性状，成苗速度快，开花结果早，育苗成本低，可缩短育苗周期。扦插生根的原理是植物细胞具有全能性和植株再生能力。枝条扦插后之所以能生根，是由于枝条内形成层和维管束组织细胞恢复分裂能力，形成根原始体，而后发育生长出不定根并形成根系。根插则是在根的皮层细胞薄壁组织中生成不定芽，而后发育成茎叶。决定扦插育苗成功与否的关键主要有以下几点。

1. 扦插时间

扦插育苗一年四季都可进行，一般在早春和夏末，此时的自然环境较好，而且植株正处于分裂旺盛期，有利于扦插生根成活。

2. 插穗的选择

插穗本身条件决定着扦插后能否生根，应选择易生根且遗传变异小的部位作为繁殖材料。木质化程度低的植物如番茄、秋海棠等，可剪取有节间的带叶茎段作插穗；木质化程度高的植物可以用硬枝或嫩枝作插穗，还有些植物可以用根作插穗诱导产生不定芽和不定根。

3. 扦插方法

通常依据选取植物器官的类型可分为叶插、枝插和根插。

（1）叶插　剪取植物的叶片或叶柄作插穗，扦插后发根成苗的方法即为叶插，主要适用于能自叶上发生不定芽及不定根的园艺植物。适合叶插法的植物应具有粗壮的叶柄、叶脉或肥厚的叶片，如落地生根、石莲花、景天树、虎皮兰等。

（2）枝插　枝插又可分为绿枝扦插和硬枝扦插。绿枝扦插是指在生长期用半木质化的新梢进行带叶扦插。在无花果、葡萄、柑橘及番茄等育苗中均可应用。选取当年生的健壮、充实、带叶半木质化枝条作插穗。插穗长度10～15cm，上部保留1～2片叶，以利于光合作用，基部去掉部分叶片，以减少蒸发。插入基质的深度为插穗长的1/3～1/2。硬枝扦插多用于果树，如石榴、葡萄、无花果等。选1～2年生健壮枝条作插穗，入冬前沙藏于窖里。春季扦插或在温室内提前扦插。插穗应选取枝条中段、芽饱满处，长度10～15cm，插穗顶端在芽上1～2cm处平剪，下端在节上斜剪成马耳形。顶芽与地面相平。

（3）根插　利用植物根上能形成不定芽的能力进行扦插育苗的方法。常用于易生芽不易生根的植物，如枣、柿、李、核桃等。根插可以利用苗木出圃剪下的根段，将其粗者剪成10cm左右长、细者剪成3～5cm长的插穗，斜插于苗床中，上部覆盖3～5cm厚细沙，保持基质温度和湿度，促进其形成不定芽。根插时注意不能倒插，否则不利于成活。

用这种方法繁殖的苗木生理年龄小，达到开花阶段需要的培养时间长。

4. 扦插基质

扦插基质是用来固定插穗的材料，要求通气、保水、排水性良好，且无病原菌感染。常用的有河沙、蛭石、珍珠岩、腐殖土、泥炭、炉渣、锯末等。这些材料可以单一使用，也可以按照不同比例混合配制使用。复合基质以沙子：炉渣比例为1∶1、蛭石：珍珠岩比例为1∶1、泥炭：珍珠岩比例为1∶1、泥炭：蛭石比例为1∶1、泥炭：沙子比例为1∶1等作为扦插基质效果较好。实际生产中，不同作物应选择各自适宜的扦插基质。

5. 影响扦插生根的环境因素

（1）光照　光对根系的发生有抑制作用，因此硬枝扦插生根可以完全遮光进行。绿枝扦插可以保证叶片有一定的光合能力，能为生根提供营养激素物质，适宜的光照可以促进插穗生根，但强烈的光照则会增加蒸腾，导致插穗体内水分不平衡，导致插穗枯萎或灼伤。因此，在光照过强时应适当遮阴，以利于提高插穗的成活率。

（2）温度　不同作物要求的扦插生根温度不同，一般白天气温达到21～25℃，夜间约15℃即可满足扦插生根要求。气温高于35℃时最好不要扦插。基质温度达15～20℃或高于气温3～5℃可促进根的发生，所以扦插成活的关键在于采取措施提高基质温度，使插条先生根后发芽。可以在扦插床或扦插箱底部设加温装置来提高基质温度。

（3）湿度　基质和空气的湿度对扦插生根影响很大。一般说来空气湿度越大越好，高湿度可以减少插穗和叶片的蒸腾散失，尤其是绿枝扦插。有些花卉可直接插入水中生根，如夹竹桃、橡皮树、月季等；有些则必须在相对湿度80%以上、通气良好的基质中才能生根，如杜鹃花、一品红、葡萄等。通常，扦插后要浇足水，最好采用喷雾法。然后在扦插床上覆盖塑料薄膜。一周内应保持较高的空气湿度，尤其对嫩枝扦插，以80%～90%为宜，生根后逐渐降低到60%左右。基质湿度一般维持在最大持水量的60%～80%为宜。

（4）氧气　基质中的氧气是插穗生根时进行强烈呼吸作用所必需的条件。扦插后，插穗生根需要不断地从新鲜空气中吸取足够的氧气进行呼吸作用，所以，扦插基质必须通气良好。如果通气不良或水分过多，插穗将会腐烂致死。插条生根率与基质中的含氧量成正比。多数植物插条生根需要保持15%以上的氧气含量。理想的扦插基质要求既能保湿，又通气良好。

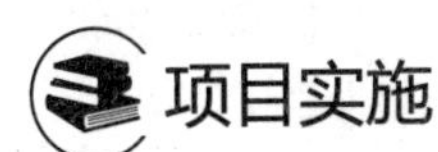

项目实施

任务9-1　调查园艺植物工厂化育苗方式

1. 布置任务

任课教师组织学生对校内外工厂化育苗基地进行参观，学生分组调查所参观的基地采取的工厂化育苗方式，并完成调查表的填写。

2. 分组讨论

学生以组为单位设计调查提纲，调查园艺植物工厂化育苗（包括企业规模、工厂化育苗方式、育苗植物种类等）。

3. 参观

（1）任课教师组织学生到就近的校内外工厂化育苗基地进行参观，学生分组调查。

（2）学生撰写调查报告。

4. 讨论交流

（1）调查任务完成后，组织各组学生进行现场交流，对不同工厂化育苗方式的特点及参观中所发现的问题进行讨论，并对问题提出解决的建议和措施。

（2）教师根据小组讨论的结果进行答疑，点评。

（3）学生修订调查报告，并及时提交。

问题探究

调查工厂化育苗基地，查看所采用的工厂化育苗方式的特点、存在问题和不足，并分析原因，查找解决问题的办法。

拓展学习

一、花椰菜穴盘育苗

花椰菜属十字花科，是甘蓝的一个变种，花椰菜喜冷凉，属半耐寒性蔬菜，近年来各地区多有种植。种子在 7 ～ 29℃范围都能萌发，适宜的萌发温度为 20 ～ 24℃，幼苗期生长适温为 8 ～ 24℃。花椰菜适于在肥沃、疏松、保水保肥力强、pH 中性偏酸的基质中生长。

花椰菜育 2 叶 1 心子苗选用 288 孔苗盘，育 5 片叶左右苗选用 128 孔苗盘。采用美国进口的 288 孔苗盘每 1000 盘备用基质 2.76m^3，采用韩国进口的 288 孔苗盘每 1000 盘备用基质 2.92m^3；采用美国进口的 128 孔苗盘每 1000 盘备用基质 3.65m^3，采用韩国进口的 128 孔苗盘每 1000 盘备用基质 4.57m^3。配制基质可用草木灰：蛭石 2 ∶ 1，或草木灰：蛭石：废菇料 1 ∶ 1 ∶ 1 配方。配制基质时每立方米加入 15 ∶ 15 ∶ 15 氮磷钾三元复合肥 3.0 ～ 3.2kg，或每立方米基质加入 1.5kg 尿素和 0.8kg 磷酸二氢钾，或 2.5kg 磷酸二铵，肥料与基质混拌均匀后备用。

花椰菜的品种选择对季节要求严格，春季栽培品种不能用于秋季栽培。穴盘育苗建议春季选用瑞士雪球、法国菜花等品种。春季育苗播种期在 1 月上旬，秋季育苗在 6 月下旬。播前检测种子发芽率，种子发芽率应大于 90% 以上。播种深度以 0.5 ～ 1.0cm 为宜。播种后覆盖蛭石。播种覆盖作业完毕后将育苗盘喷透水（水从穴盘底孔滴出），使基质最大持水量达到 200% 以上。

春季播种后，将苗盘码放进催芽室，催芽室白天 20 ～ 25℃，夜间 18 ～ 20℃放置 2 ～ 3d，当苗盘中 60% 左右种子种芽伸出，少量拱出表层时，即可将苗盘摆放进育苗温室。进入温室后日温掌握在 18 ～ 22℃，夜温 10 ～ 12℃为宜。苗期子叶展开至 2 叶 1 心，水分含量为最大持水量的 70% ～ 75%。一次成苗的需在第一片真叶展开时，抓紧将缺苗孔补齐。用 128 孔育苗盘育苗，大多先播在 288 孔苗盘内，当小苗长至 1 ～ 2 片真叶时，移至 128 孔苗盘内，这样可提高前期温室的有效利用，减少能耗。苗期 3 叶 1 心后，结合喷水进行 2 ～ 3 次叶面喷肥。从 3 叶 1 心至商品苗销售，水分含量应保持在 55% ～ 60%。

秋季播种后，直接放入育苗温室或大棚，并且需要遮阴设备，降低室内温度。夏季播种后，可将苗盘直接放入温室或大棚中，有条件的地方应在中午阳光充足时扣上遮阳网，降低室内温度。

花椰菜主要病害是灰霉病、黑胫病、黑根病。灰霉病防治方法施用10%速克灵烟雾剂；也可以用50%速克灵可湿性粉剂2000倍液；或50%扑海因可湿性粉剂1000～1500倍液；50%农利灵可湿性粉剂1000～1500倍液；每周喷施一次，以上药剂可交替使用，以防止抗药性。黑胫病苗期发病时可选用70%百菌清可湿性粉剂500～600倍液；60%多•福可湿性粉剂600倍液；或40%多•硫悬浮剂500～600倍液；也可以喷施70%代森锰锌400～500倍液，以上药剂可交替使用，每隔5～6d喷一次，结合育苗温室地面的喷施效果更佳。黑根病苗期发病初期可选用70%百菌清可湿性粉剂500～600倍液；60%多•福可湿性粉剂500倍液喷施。

主要虫害是蚜虫、小菜蛾、菜青虫、斑潜蝇。蚜虫防治方法：喷施40%的乐果乳剂1000倍液、功夫（氟氯氰菊酯）2000倍液、好年冬（丁硫克百威）2000倍液、虫螨克1500倍液。小菜蛾、菜青虫可选用功夫（氯氟氰菊酯）2.5%乳油5000倍液、天王星（联苯菊酯）10%乳油10000倍液、好年冬2000倍液、绿浪（烟百素，属植物源农药）1500倍。斑潜蝇防治可选用好年冬2000倍液、虫螨克1500倍液。

当株高15cm左右，茎粗3mm左右，达5～6片真叶时销售，春季需50～60d苗龄，秋季需30～40d苗龄。这时，根系将基质紧紧缠绕，当苗子从穴盘拔起时也不会出现散坨现象，用户取苗时，可将苗一排排，一层层倒放在纸箱或筐里。取苗前浇一次透水，穴盘苗可远距离运输。早春季节，穴盘苗的远距离运输要防止幼苗受寒，要有保温措施；夏天要注意降温保湿，防止萎蔫。对于自用苗，近距离定植的可直接将苗盘带苗一起运到地里，但要注意防止苗盘的损伤，可把苗盘竖起，一手提一盘（幼苗不会掉出来），也可双手托住苗盘，避免苗盘打折断裂。穴盘苗定植成活率达100%。

二、西红柿岩棉育苗

1. 岩棉使用前的准备

岩棉育苗分为两个过程，首先使用育苗穴盘播种，出苗8～10d后移植到育苗块中，最后再将育苗块定植到岩棉生长条上，就完成了整个育苗过程。育苗穴盘和育苗块在使用之前都必须在酸性营养液中完全浸泡24h，将其pH大小调整过来。最好做一个浸泡池，使得整张育苗穴盘（640mm×420mm×35mm）和育苗块（100mm×100mm×65mm）都能全部浸泡其中。浸泡池内的营养液的配方应视不同的作物而定，EC值在1.5～2.2ms，pH在5.2～5.4。

2. 育苗过程

选一定大小的育苗箱或育苗床，后者在床底铺一层薄膜，以防营养液渗漏。将浇透的岩棉育苗盘放置在苗床的一端。种子浸泡并经适当处理后开始播种，将一粒种子放入育苗盘单个育苗塞的孔里，然后在上面覆盖一层薄薄的蛭石（约2mm，注意：不能覆盖土壤）。在育苗盘上覆盖一层薄膜，直到种子萌发并长出幼苗。幼苗长出后，立即揭开塑料薄膜，并将昼夜温度保持在22℃以上。出苗以后可以开始使用EC值2.0ms的完全营养液进行施肥。

3. 移植

移植是指将出苗后12～14d的西红柿苗从育苗穴盘的育苗塞移入岩棉生长块的过程。将岩棉块摆放在苗床空余的部位，提前1d用EC值4.0ms、pH 5.0～5.5的完全营养液将岩棉块彻底浸湿。将育苗盘里的植株移植到岩棉生长块内。移植之前必须确保根系生长良好，底部能看见白色的根须。移植时可以将苗放置育苗块的眼内，使其根部产生“U”形，这样可以产生更多的根系，增加植株的吸水量。西红柿播种 12 ～ 14d 后，育苗塞可以开始移植，移植前育苗塞的 EC 值应在 2.5 ～ 2.7ms。移植后温度保持在 20℃以上，用 pH 5.5 ～ 6.0、EC 值 2.5 ～ 3.0ms 的完全营养液进行灌溉。在整个生长季节，检测岩棉生长块内的 EC 值和 pH 值（注意：营养液的温度不能低于 18 ～ 20℃ ）。

4. 拉开间距

育苗过程中，在营养液和温度管理的同时，还要不断拉开岩棉块间距，防止窜苗。西红柿每平方米放置 16～25 块岩棉生长块，在低温或高温季节移苗成活率受到一定影响，因此，也可以采用岩棉块直播的育苗方式。

5. 定植

定植是指将岩棉块移到岩棉生长条上的过程。夏季，播种 24 ～ 28d 后，西红柿苗可以开始定植。冬季，光照弱，播种 35d 后，可以开始定植。每两个星期定期对营养液进行取样，并进行实验分析。

复习思考题

1. 什么是工厂化育苗技术？
2. 生产上常用的工厂化育苗方式有哪些？
3. 试管育苗一般包括哪几个步骤？
4. 穴盘育苗有哪些优缺点？
5. 容器育苗和岩棉育苗技术要点是什么？
6. 影响扦插生根的环境因素有哪些？

项目二十七 工厂化育苗工艺流程

学习目标

知识目标

1. 熟悉工厂化育苗的生产技术流程。
2. 掌握常见园艺植物育苗的基质选择与配制的方法。
3. 掌握工厂化育苗的苗期管理方法。

能力目标

1. 能够配制常见园艺植物的育苗基质。
2. 能够制定工厂化育苗的生产技术流程。

思政与素质目标

通过实践苗木繁育研究新方法和手段，学习科研人员积极探索、攻克难题、刻苦钻研、勇于创新的精神，增强“学农爱农”自信心、“强农兴农”责任感。

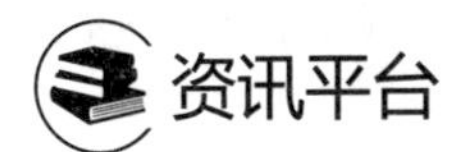

资讯平台

工厂化育苗工艺是用轻基质无土育苗或穴盘育苗，在一定容器内用基质和营养液，迅速大量培育各类作物种苗的现代化育苗方法。工厂化育苗的成败在很大程度上取决于整个流水线能否在高效益、高生产效率下始终如一地进行工作。工厂化育苗工艺流程应该是根据苗圃的生产率，以最少的劳力保证每一个育苗孔育成一株健壮的苗木。整个工艺流程的流水线的操作必须符合苗木要求的生物学条件和一定的经济条件。流水线作业的各个环节都应满足生产上的技术要求。如每一个育苗孔填的培养基质应该均匀一致，厚度要适宜，以利于苗根发育；种子应播在适当的位置，覆土厚度一致等。

育苗工厂将种苗培育和储运的全过程变成一个工业化的生产和管理过程：采用专一的育苗基质配方；用于育苗的种子需要经过特殊的种子处理技术，使之出苗整齐一致；精量播种机将不同质量、不同形状的种子一穴一粒播入穴盘；精准完成基质搅拌、装盘、压穴、播种、覆盖、浇水六道工艺流程；催芽室精确控制温度、湿度和气体交换条件；提供种子萌发的最佳条件；种子萌发后及时进入育苗温室，在人工控制环境中，通过温度、湿度、CO_2、灌溉和施肥等调控措施使幼苗茁壮成长，炼苗、包装后进入种苗储运阶段。

1. 准备阶段

种子处理过程（选种、清毒、丸粒化）、基质处理过程（基质配方的选择、碎筛、加入有机肥、混合、消毒）、穴盘清洗消毒待用。

2. 播种阶段

基质搅拌、装盘、打孔、播种、覆盖、浇水；放入种苗运输车。

3. 催芽阶段

根据不同种类种子萌发要求，设定昼夜温度、湿度和新风回风时间，在60%的种子萌发时送出催芽室。

4. 苗期管理阶段

控制好苗床温度和温室温度，采用基质施肥或营养液补充施肥。

5. 炼苗阶段

降低夜间温度，降低基质含水量，适当使用防病农药。当种子和基质达到商品化要求时，种子处理和基质准备步骤即可省去。

项目实施

任务9-2　调查一种园艺植物工厂化育苗工艺流程

1. 布置任务

通过参观园艺植物工厂化育苗企业，学生分组调查工厂化育苗工艺流程有哪些技术环节，并完成调查表的填写。

2. 分组讨论

学生以组为单位设计调查提纲，调查工厂化育苗工艺流程（包括准备阶段、播种阶段、催芽阶段、苗期管理阶段、炼苗阶段等）。

3. 参观

（1）任课教师组织学生到园艺植物工厂化育苗企业参观，学生分组调查。

（2）学生撰写调查报告。

4. 讨论交流

（1）调查任务完成后，组织各组学生进行现场交流，分享参观体会，对工厂化育苗工艺流程的操作环节设置问题以及参观过程中发现的一些问题进行交流。

（2）教师答疑，点评。

（3）学生利用课余时间修订调查报告，并及时提交。

问题探究

调查不同园艺植物的工厂化育苗的工艺流程，看看它们之间的不同点与共同点。调查一种园艺植物工厂化育苗可能存在的问题，并分析原因，查找解决问题的办法。

拓展学习

工厂化育苗容器的准备

1. 育苗容器的种类

（1）穴盘　无论是花卉还是蔬菜，穴盘育苗都是现代园艺最根本的一项变革，为快捷和大批量生产提供了保证。穴盘已经成为工厂化育苗生产工艺中的一个重要器具。

制造穴盘的材料一般有聚苯泡沫、聚苯乙烯、聚氯乙烯和聚丙烯等。制造方法有吹塑的，也有注塑的。一般的蔬菜和观赏类植物育苗穴盘用聚苯乙烯材料制成。

国内厂家生产的标准穴盘的尺寸为 540mm×270mm，因穴孔直径大小不同，孔穴数在 18 ～ 800。常见的有 50 孔（图 9-3）、72 孔、84 孔、128 孔、200 孔、288 孔等规格。孔数越多，穴孔越小，即每株幼苗所拥有的营养面积越小。一般育中型、大型苗，如黄瓜，多用 50 孔；育中型、小型幼苗，如矮牵牛等花卉，以 72 ～ 288 孔的穴盘较为经济。

图 9-3　50 孔育苗穴盘

育苗穴盘的穴孔形状主要有方形和圆形，方形穴孔所含基质一般要比圆形穴孔多 30% 左右，水分分布亦较均匀，种苗根系发育更加充分。

穴孔越小，穴盘苗对基质中的温度、养分、氧气等变化越敏感。通常穴盘孔越深，越有利于穴孔中的基质透水，基质中的空气越多，越有利于根系的生长。有些穴盘在穴孔间还有通风孔，这样空气可在植株之间产生流动，减小植株叶片下的空气湿度，进而可减小病害的发生。

穴盘颜色影响植株根部温度，黑色穴盘吸热，在冬春季节育苗有利于幼苗根区升温；灰色或白色穴盘，会反射光照，可避免根部温度过高。市场上还会见到透明穴盘，这种穴盘质量一般较差，且不利于根系生长。

穴盘根据质量不同一般可以使用 1 ～ 3 年；厚度薄、质地脆的大多使用 1 年，厚度大、韧性强的可使用 2 ～ 3 年。聚苯乙烯泡沫穴盘，有穴孔，但底部是平板状的，这种穴盘可以为根系创造一个较为稳定的温度条件，利于根系生长，且使用年限较长；其缺点是不可叠放，存放时占用了大量空间。

穴盘再次使用时必须消毒，将穴盘上的残留基质清除干净后，放在消毒剂中浸泡 15 ～ 20min 后，可再次使用。消毒剂不要用漂白剂，因为某些塑料会吸收氯，而氯与聚苯乙烯作用产生有毒物质，影响幼苗生长。现在，育苗企业更愿意使用一次性的穴盘，对于企业来说，使用一次性的穴盘并不会过多地增加企业成本，因为旧穴盘的回收与消毒均会耗费较多的人工，而一次性穴盘就可省去这些过程，且实际生产效果表明，新穴盘会让幼苗生长得更好。

（2）营养钵　营养钵又称作育苗钵、育苗杯、育秧盆、营养杯，其质地多为聚乙烯塑料制作，纸杯大小的多用于育种、育苗，花盆大小的多用于温室种植。黑色塑料营养钵具有白天吸热、夜晚保温护根和保肥作用，干旱时节具有保水作用；用营养钵育种、育苗便于集中培育和移栽，显著提高经济效益，广泛用于花卉、蔬菜、瓜果等农业种植。使用营养钵其实是相对于苗圃地育苗而出现的一种容器育苗方法。营养钵的规格为上口直径 8 ～ 14cm，钵高为 8 ～ 14cm，下口直径 6 ～ 12cm，底部有一个或多个渗水孔利于排水。育苗用的塑料钵具有两种类型：硬质塑料钵和软质塑料钵，容积为 200 ～ 800mL，主要作为大株型果菜的育苗，如果用硬质塑料做成的塑料钵，则在底部和侧面做成孔穴状，钵中盛装小石砾或其他基质，容积为 200 ～ 600mL。塑料钵在现代育苗中仍有较多应用，可以容纳较多的育苗基质，因此较大的营养钵育苗的苗龄可以延长，但是消耗也较大。

（3）聚氨酯泡沫育苗块　将聚氨酯育苗块平铺在不漏水的育苗盘上，每一块育苗块又分切为仅底部相连的小方块，每一小方块上部的中间有一“X”形的切缝。将种子逐个放入每一个小方块的切缝中，然后在育苗盘中加入营养液，直至浸透育苗块后育苗盘内保持有 0.5 ～ 1cm 厚的营养液层为止。待出苗之后，可将每一育苗小块从整个育苗块中掰下来，然后定植到水培或基质培的种植槽中。

（4）基菲（Jiffy）育苗块　这是由挪威最早生产的一种由 30% 纸浆、70% 泥炭和混入一些肥料及胶黏剂压缩成圆饼状的育苗小块，外面包以有弹性的尼龙网，直径约 4.5mm，厚约 7mm。育苗时把它放在不漏水的育苗盘中，然后在育苗块中插入种子，浇水使其膨胀，每一块育苗块可膨胀至约 4cm 厚。这种育苗方法很简单，但只适用于瓜果类作物育苗，如叶菜类的育苗则不够经济。

（5）蜂窝育苗筒袋　有一些蜂窝袋是无底的，称为蜂窝育苗筒，放入蜂窝筒的营养土直接与土壤接触，幼苗长势好，但移苗时易伤根。一般纸质蜂窝状育苗筒采用优质农用牛皮纸原料制成，袋与袋之间采用环保水溶性胶水粘连，无色、无毒、无气味。在育苗中蜂窝状育苗纸筒遇水后袋与袋之间的胶水就会失去黏性，从而变成一个个育苗纸筒，移栽和定植的时候可直接连同纸筒一起种到土里，成活率高且省去了脱袋工序。塑料的蜂窝育苗袋一般由优质聚乙烯原料制作，可折叠。一般育苗时，先做苗床，苗床做好后用药剂喷洒床面，再将蜂窝营养袋铺在床面上，用竹筷先固定好一端，再拉展固定好两侧，固定好后再装土，动作要轻，装满土后轻轻刮平，再将竹筷拔出，之后在袋内进行播种育苗。

（6）无纺布育苗袋　无纺布育苗袋彻底解决了塑料营养钵育苗中幼苗根系因无法穿透容器壁而形成窝根、歪根、稀根、腐根等问题带来的各种不良后果。另外，制作无纺布袋的材料一般可降解，苗木移栽时不需要脱掉容器不需要缓苗，可显著提高成活率。

（7）育苗盘　目前在生产中有部分农民使用没有分隔的塑料育苗盘，多数为聚乙烯塑料制成，规格、大小都不同，常见的规格为540mm×280mm。育苗盘可用于培育子苗，然后再进行分苗；也多用于培育使用插接法的嫁接育苗用接穗。盘底有孔，防止积水沤根。

2. 育苗容器的选择

根据不同作物种类和培育种苗大小，以及不同的育苗方式，选择不同规格的育苗容器。如采用营养钵育苗，一般培育黄瓜、南瓜等幼苗叶片较大的蔬菜作物，多用8cm×8cm以上的营养钵，有利于培育大苗；如采用穴盘育苗，育苗时应选择穴孔直径较大的穴盘，一般选用50孔穴盘；对于矮牵牛、仙客来等幼苗较小的，可选择128孔穴盘，也可采用育苗平盘，等长大后，再移栽到大穴孔育苗盘中培育壮苗。

复习思考题

1. 工厂化育苗的基质应该有哪些特性？
2. 工厂化育苗的基质如何配制和消毒？
3. 工厂化育苗的技术流程是什么？
4. 工厂化育苗的管理要点有哪些？

项目二十八　工厂化育苗设施

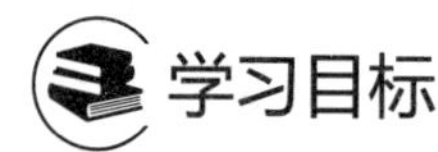

学习目标

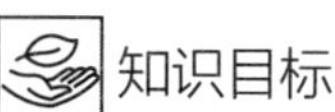

知识目标

1. 熟悉工厂化育苗设施的特点。
2. 掌握工厂化育苗设施的应用方法。

能力目标

1. 能熟练应用育苗设施设备。
2. 能够合理地配置各种育苗设施。

思政与素质目标

通过实践苗木繁育研究新方法和手段，学习科研人员积极探索、攻克难题、刻苦钻研、勇于创新的精神，增强“学农爱农”自信心、“强农兴农”责任感。

资讯平台

一、育苗温室

种苗生长发育的绝大多数时间是在育苗温室里度过的，种子完成催芽后，即转入育苗温室中，直至炼苗、起苗、包装后进入种苗运输环节。因此，育苗温室是幼苗绿化、生长发育和炼苗的主要场所，是工厂化育苗的主要生产车间，育苗温室应满足种苗生长发育所需要的温度、湿度、光照、水、肥等条件。

育苗温室设施设备的配置高于普通栽培温室，除了配置通风、帘幕、降温、加温等系统外，还应装备苗床、补光、水肥灌溉、自动控制系统等特殊设备，保证种苗的高效生产。

用于种苗工厂化生产的育苗温室有日光温室和玻璃温室等类型，它们的结构框架，通风、加温、降温、遮阴、补光、灌溉和自动控制等设施设备配置与栽培温室基本相同。

1. 日光温室

日光温室是我国特有的保护设施，是我国北方地区适用于育苗和栽培的主要温室类型。日光温室大多以塑料薄膜为采光覆盖材料，以太阳辐射为热源，达到最大限度采光；采用加厚的墙体和后坡以及保温御寒设备，达到充分利用光热资源、最低限度地散热、减弱不利气象因子影响的目的（图 9-4）。

图 9-4　北方日光温室外观

日光温室从其结构和外形上有以下类型：短后坡高后墙日光温室、琴弦式日光温室、钢竹混合结构日光温室和全钢架无支柱日光温室。这几种类型的日光温室可以充分利用光能资源，并提高土地利用率。日光温室由后墙、后屋面、前屋面和保温覆盖物四部分构成。具有以下特点：①具有良好的采光屋面，能最大限度地透过阳光；②保温和蓄热能力强，能够在温室密闭的条件下，最大限度地减少温室散热，温室效应显著；③温室的长、宽、脊高和后墙高、前坡屋面和后坡屋面等规格尺寸及温室规模适当；④温室的结构抗风压、雪载能力强，温室骨架既坚固耐用，又尽量减少其阴影遮光；⑤具备通风换气、排湿降温等环境调控功能，整体结构有利于作物生长和人工作业；⑥部分日光温室土地利用率不够充分，应尽量节省非生产部分的占地面积。

2. 现代温室

现代温室又称全光温室、智能温室，是园艺设施中的高级类型，可不受灾害性天气和不良环境条件的影响，全天候周年进行生产。20 世纪 80 年代后，我国陆续从荷兰、美国、以色列、法国、日本、韩国等国家引进现代化温室及技术，开始了温室产业的国产化进程。全光温室除铝合金或镀锌钢材的结构骨架外，所有屋面与墙体都为透明材料，如玻璃、塑料薄膜或塑料板材。现代温室按屋面特点主要分为屋脊型连接屋面温室和拱圆型连接屋面温室两

类。屋脊型连接屋面温室主要以玻璃作为透明覆盖材料，其代表为荷兰的芬洛型温室，这种温室大多数分布在欧洲，其中荷兰面积最大。拱圆型连接屋面温室主要以塑料薄膜为透明覆盖材料，这种温室在法国、以色列、美国、西班牙、韩国等国家广泛应用。我国目前自行设计建造的现代温室也为屋脊型连接屋面温室和拱圆型连接屋面温室两种类型（图 9-5，图 9-6）。

图 9-5 屋脊型连接屋面温室

图 9-6 拱圆型连接屋面温室

（1）框架结构

① 基础：框架结构的组成首先是基础，它将风荷载、雪载、作物吊重、构件自重等安全地传递到地基。基础由预埋件和混凝土浇注而成，塑料薄膜温室基础比较简单，玻璃温室较复杂，且必须浇筑边墙和端墙的地固梁。

② 骨架：荷兰温室骨架一类是柱、梁或拱架都用矩形钢管、槽钢等制成，经过热浸镀锌锈蚀处理，具有很好的防锈能力；另一类是门窗、屋顶等为铝合金型材，经抗氧化处理，轻便美观、不生锈、密闭性好，且推拉开启省力。

③ 排水槽：又叫“天沟”，它的作用是将单栋温室连接成连栋温室，同时又起到收集和排放雨（雪）水的作用。一般要求在保证结构强度和排水顺畅的前提下，排水槽结构形状对光照的影响尽可能小，且在排水能力一定的情况下，每一种结构形式的排水槽都对应着一个最大的长度，这一参数也为温室的整体布局提供了设计依据。

（2）覆盖材料　屋脊型连栋温室的覆盖材料主要为平板玻璃（西欧、北欧、东欧多用），塑料板材（美国、加拿大多用）和塑料薄膜（亚洲、西班牙等多用）。寒冷地区、光照条件差的地区，玻璃仍是较常用的覆盖材料，保温透光好，但其价格高，且易损坏，维修不方便。玻璃质量大，要求温室框架材料强度高，也增加投资。塑料薄膜价格低廉，易于安装，质地轻，但不适于屋脊型温室，且易污染、老化，透光率差，故屋脊型连接屋面温室少用。近年来开发的硬质塑料板材既坚固耐用又不易污染，是理想的覆盖材料，但价格较贵。

二、播种车间

播种车间是进行播种操作的主要场所。通常也作为成品种苗包装、运输的场所。播种车间一般由播种设备、催芽室、种苗温度控制室等组成，很多育苗工厂将温室的灌溉设备和储水罐也安排在播种车间内。

精量播种生产线装置的主要设备都安排在这个车间，混合、消毒好的基质运输到此进行装盘。此外，还要存放一定数量的穴盘、育苗架，对播种好的穴盘进行喷淋等。因此，要求车间有一定的空间安装机械，有水源便于喷水，有较宽的通道便于运输穴盘和育苗架，同时车间要有良好的通风结构，便于水汽的扩散。

三、催芽室

图 9-7　催芽室的内部结构

催芽室的大小应根据育苗生产规模而定，可以新建专用的催芽室，也可用旧房改造而成。此外为了节省生产成本可以考虑将催芽室一分为二，苗数量多时两个同时启用，苗数量少时只用其中一个。

催芽室是为种子催芽而建，因此必须具备相应的功能，即自动调节温度、有相应的光照设备和喷雾装置，保证种子发芽对温度、湿度和光照的需求。

恒温催芽室是一种能自动控制温度的育苗催芽设施。利用恒温催芽室催芽，温度易于调节，催芽数量大，出芽整齐一致。标准的恒温催芽室是具有良好隔热、保温性能的箱体，内设加温装置和摆放育苗穴盘的层架。催芽室的内部结构见图 9-7。

四、控制室

工厂化育苗过程中对温室环境的温度、光照、空气湿度、水分、营养液灌溉实行有效的监控和调节，是保证种苗质量的关键。育苗温室的环境控制由传感器、计算机、电源、配电柜和监测控制软件等组成。对加温、保温、降温、排湿、补光和微灌系统实施准确而有效的控制。控制室一般具有育苗环境控制和决策、数据采集处理、图像分析与处理等功能。

项目实施

任务 9-3　调查园艺植物工厂化育苗设施

1. 布置任务

通过参观走访园艺植物工厂化育苗企业，学生分组调查企业所用的工厂化育苗设施有哪些，并完成调查表的填写。

2. 分组讨论

学生以组为单位设计调查提纲，调查工厂化育苗设施（包括温室类型、播种车间、催芽室、控制室等），并完成调查表的填写。

3. 参观

（1）任课教师组织学生到园艺植物工厂化育苗企业参观，学生分组调查。

（2）学生撰写调查报告。

4. 讨论交流

（1）调查任务完成后，组织各组学生进行现场交流，对工厂化育苗温室与园艺植物生产温室在设施上的异同点、其他工厂化育苗设施的设计使用及发现的问题进行讨论，并探讨解决问题的方法与措施。

（2）教师答疑，点评。

（3）学生修订调查表，并及时提交。

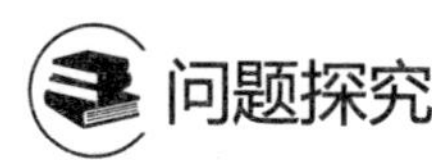

问题探究

调查不同园艺植物的工厂化育苗的设施，看看它们之间的差别。分析各育苗工厂为什么采用不同的设施，各有什么优缺点?

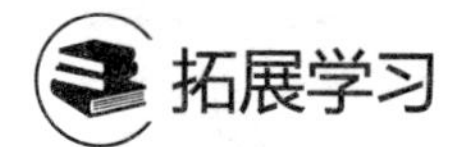

拓展学习

连栋温室类型及应用

连栋温室由2个或2个以上独立单间温室，用科学的手段、合理的设计、优秀的材料将原有的独立单间模式温室连起来的单跨温室，其结构主要由基础、骨架及排水槽组成。与传统温室相比，以连栋形式存在的温室可利用空间多，土地利用面积远大于传统温室。日常管理上更统一、操作更科学、节约时间、提高效率。

1. 连栋温室的类型

连栋温室按屋面特点主要分为屋脊型、拱圆型、锯齿型三类。

（1）屋脊型　屋脊型连接屋面温室主要以玻璃作为透明覆盖材料，以荷兰温室最为典型，骨架由钢架和铝合金构成，经过热浸镀锌防锈蚀处理，具有很好的防锈能力；另一类是门窗、屋顶等为铝合金轻型钢材，经抗氧化处理，轻便美观、不生锈、密封性好，且推拉开启省力，透明覆盖材料为4mm厚平板玻璃。由于玻璃的自重较重，对温室的基础和框架结构提出了较高的要求，另外，玻璃温室的造价成本较高。

（2）拱圆型　拱圆型连接屋面温室主要以塑料薄膜为透明覆盖材料，这种温室在法国、以色列、美国、西班牙、韩国等国家广泛应用。这种温室的透明覆盖材料采用塑料薄膜，因其自重较轻，所以在降雪较少或不降雪的地区，可大量减少结构安装件的数量。

（3）锯齿型　有一种温室屋面形如锯齿，叫锯齿型温室。这种温室的优势之处是材料可以使用塑料，且通风降温较快。

2. 连栋温室的应用

大型连栋式塑料温室是近十几年出现并得到迅速发展的一种温室形式。最明显的优势在于集约化和可调控性，基本能够做到不受外界环境剧烈变化的影响而进行种苗生产。连栋大棚土地利用率高，棚内温度分布比较均匀且变化比较平缓，地温差距不大，棚边低温带所占比例小；棚内可进行小型机械化作业，便于规模化管理。但是，现代化连栋温室一次性投资大，生产成本高，对技术的要求较高。一般在周年气温较高的南方地区，连栋温室应用较多；在北方地区，连栋大棚通风和清除雨雪困难，建造和维修难度大，在遭遇暴风雪和冰冻的地方，冬春季加温成本高。再者立柱多，虽然抗风压能力强，但遮阴严重，棚内光照不如单栋大棚。棚体过大，棚内空气流动不畅，湿度大，病害蔓延快。所以建造和使用时一定要谨慎。

复习思考题

1. 节能型日光温室主要由哪几部分构成?
2. 连栋温室的类型有哪些?
3. 催芽室的主要构成部分是什么? 使用中应注意哪些问题?

项目二十九　工厂化育苗设备

学习目标

知识目标

1. 熟悉工厂化育苗相关设备的特点。
2. 掌握各种工厂化育苗设备的应用方法。

能力目标

1. 能够熟练使用育苗设备。
2. 能够合理地配置各种育苗设备。

思政与素质目标

通过实践苗木繁育研究新方法和手段，学习科研人员积极探索、攻克难题、刻苦钻研、勇于创新的精神，增强“学农爱农”自信心、“强农兴农”责任感。

资讯平台

育苗温室的设施设备决定了工厂化育苗环境控制的能力和种苗质量，包括育苗温室环境控制系统和育苗生产设备两大部分。育苗温室环境控制系统为种苗培育提供适宜的生长环境，由加温系统、降温系统、遮阴保温系统、二氧化碳补充系统、补光系统和计算机控制与管理系统等组成。

育苗生产设备主要指种苗工厂化生产所必需的生产设备，包括种子处理设备、精量播种设备、基质消毒设备、灌溉和施肥设备以及种苗储运设备等。

一、育苗温室环境控制系统

1. 加温系统

温室人工加温的原理是由人工产生热源，并让热源加热某种介质，然后再由此介质借助一些装置将热能均匀地分配到温室的各个地方。温室中加温系统对热能的分配是一个热量传递的过程，包括热量传递的三种基本方式：导热、对流与辐射。因此，加温系统应包括热源、传热介质、传热系统三部分。

（1）热源　热源是一种热发生装置，将化学能或电能变成热能。温室中常用的热源有锅炉及电热器。按照所用的燃料来分，锅炉有煤锅炉和油锅炉两种。油锅炉污染小，但锅炉运行成本较高。锅炉兼有能量转换和热量传递两种功能。锅炉将燃料中的化学能变为热能，然后加热它周围的介质——水，将热量传递给水。按照介质受热后的状态，锅炉又分为常压锅炉及高压锅炉两种。常压锅炉向系统供给热水，而高压锅炉向系统供给水蒸气。蒸汽供热不需要加压装置（如水泵），但用蒸汽通过管道加热，温室升温快、降温也快，室内温度变化大，加上高压锅炉在运行时要特别注意安全问题，所以在温室中多用常压锅炉。

（2）传热介质　温室中使用的传热介质有水和空气。它们作为热源直接加热的介质或作为换热器中的传热介质。

（3）传热系统　传热系统将传热介质输送到温室的各个部分，以均匀分配热量。包括传输管道和换热器两部分。由于加温系统不同，它们具有不同的结构，常用的管道及换热器将在具体的加温系统中介绍。

温室加温是采用换热器的工作原理，即使热量从热流体（传热介质）传递到冷流体。为使传热介质流动，在加温系统中需要加压设备。加温系统中的加压装置有水泵和风机两种。

生产上使用的加温系统有多种，如燃油热风炉、温室电加热设备（图 9-8）、地源热泵加热系统（图 9-9）等。不同加温方式所用的装置不同，其加温效果、可控制性能、维修管理以及设备、运行费用等都有很大差异。目前在育苗温室内采用燃油热风炉加温的较多，利用燃油热水管道加温，运行安全性好。我国冬季的多数地区温度低于 0℃，种苗生产温室内的平均气温应控制在白天不低于 20℃，夜间最低气温不低于 15℃。但是在实际生产中，很多种苗厂的最低气温控制在 12℃左右，以取得加热支出和种苗质量、价格上的平衡。

图 9-8　温室电加热设备

图 9-9　地源热泵加热系统中铺设的地热管

根据育苗温室的面积和园艺作物种苗的加温要求配置加温设备，不同采暖及配热方式见表 9-3 和表 9-4。

表 9-3　各种取暖方式和特点
（张福墁，2001）

采暖方式	方式要点	采暖效果	控制性能	维修管理	设备费用	其他	适用对象
热风采暖	直接加热空气	停机后缺少保温性，温度不稳定	预热时间短，升温快	因不用水，容易操作	比热水采暖便宜	不用配管和散热器，作业性好。燃烧空气由室内补充时，必须通风换气	各种塑料棚
热水采暖	用 60～80℃热水循环，或用热水与空气热交换，将热风吹入室内	因所用温度低，加热缓和，余热多，停机后保温性好	预热时间长，可根据负载的变动改变温度	对锅炉的要求比蒸汽的低，水质处理较容易	需用配管和散热器，成本较高	在寒冷地区管道怕冻，必须充分保护	大型温室

续表

采暖方式	方式要点	采暖效果	控制性能	维修管理	设备费用	其他	适用对象
热气采暖	用100～110℃蒸汽采暖，可转换成热气和热风采暖	余热少，停机后缺少保温性	预热时间短，自动控制稍难	对锅炉要求高，水质处理不严格时，输水管易被腐蚀	比热水采暖贵	可作土壤消毒，散热管较难，配置适当，容易产生局部高温	大型温室群，在高差大的地形上建造的温室
电热采暖	用电热温床线和电暖风加热采暖器	停机后缺少保温性	预热时间短，自动控制稍难	使用方便、容易	设备费用低	耗电多、生产用不经济	小型温室、育苗温室，地中加热辅助采暖
辐射采暖	用液化石油气红外燃烧取暖炉	停机后缺少保温性，可升高植物体温	预热时间短，控制容易	使用方便、容易	设备费用低	耗气大，大量用不经济，有二氧化碳施肥效果	临时辅助采暖
火炉采暖	用地炉或铁炉、烧煤用囱散热取暖	封火时仍有一定保温性，有辐射加热效果	预热时间长，烧火费劳力，不易控制	较容易维护，但操作费工	设备费用低	注意通风，防止煤气中毒	土温室、大棚短期加温

表 9-4 各种配热方式和特点

（张福墁，2001）

配热方式	方式要点	采暖方式	气温分布	作业性能	其他
上部吹出	从热风机上部吹出热风	热风采暖	水平分布均一，但垂直梯度大，上部形成高温区	良好	由于上部高温，热损失增大
下部吹出	从热风机下部吹出热风	热风采暖	垂直分部均一，但水平分布不均一	良好	—
地上管道	在垄间和通道外设塑料管道吹出热风	热风采暖（或热水蒸气交换成热风）	可通过管道的根数、长度、位置自由地调节温度分布	必须注意保护管道	通常用末端开放型的管道
头上管道	一般在2m以上高度设塑料管吹出热风	热风采暖	—	良好	管道末端封闭，在下侧开小口，向下方吹出热风较好
垄间配管	在垄间和试验台下底面上10～30cm高处配管道	热水采暖、蒸汽采暖	若散热管配置不当，会产生固定的不均匀	较难	兼有提高低温效果
周围叠置配管	在温室四周下面集中配置几根管道	热水采暖、蒸汽采暖	离管道10m以内距离处，水平、垂直温度分布都比较均匀	良好	由于管道层叠，散热效率下降，配管数增加。因高温空气沿覆盖面上升，热损失变大
头顶上配管	在头顶上（一般2m以上高处）配置管道	热水采暖、蒸汽采暖	管道上部形成高温，下部形成低温	良好	为消除上部高温，必须用周围配管和垄间配管组成，热损失最大，有辐射加温作用

2. 降温系统

作物只有在适宜的温度条件下才能正常生长和发育。当温度超过一定范围后，它们就会受到伤害。当育苗设施内温度过高，用自然通风不能满足作物需求时，就需依靠降温设备进行人工降温。一般常用的人工降温方法有湿帘降温、遮光降温、蒸发冷却和强制通风等。这就需要育苗温室内配置有湿帘、遮阳网、高压喷头、风机等降温设备。

（1）温室降温的方式

① 通风：通风不仅可以降温，也可以调节温室内的湿度和二氧化碳含量。温室内主要采用两种通风方式。

a. 自然通风：打开温室顶部的天窗或侧面的窗子，让室外较冷的空气与室内的热空气进行自然对流换热称为自然通风。室内和室外的温差愈大，则自然对流的作用愈强。

b. 强制通风：为了减少降温所需的时间或当室内外温差不大时，提高降温效果，就要借助风扇等设备进行强制通风（图 9-10）。常用的强制通风系统有：进气风扇和排气风扇；进气风扇和由温度调节器控制的排气百叶窗；百叶窗、进气风扇和多孔聚乙烯薄膜引风管。

② 遮阴：在炎热的夏季，当用通风办法还不能保持作物生长的理想温度时，遮阴是挡住阳光辐射降低温室温度的有效方法。常用的遮阴手段有：在屋顶喷遮阴材料、使用帘幕或绿色半透明塑料薄膜等。

③ 水蒸发降温：当采用通风和遮阴尚不能达到降温要求时，利用水蒸发时吸热的原理降温，是生产中常采用的方法。常用的水蒸发降温系统有：a. 风扇和湿墙；b. 室内喷雾；c. 屋顶喷水。

（2）温室降温的方法

① 遮光隔热法：在夏天，太阳的热辐射是造成温室高温的重要原因，通常采用不同透光率的遮阳网进行遮光（图 9-11），生产上也有采用竹帘、芦帘或布帘遮光，以减少太阳传给温室的辐射热量。避光隔热法通常与通风换气法配合使用。

图 9-10　降温风扇和外遮阴设施

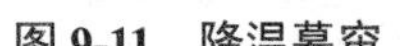

图 9-11　降温幕帘

② 喷水冷却法：在温室外部的屋脊上设置喷水管喷水。这种方法主要是在外表面形成低温隔热层，防止外界热量传入温室，并起到遮光减少太阳热辐射的作用。室内热量经对流和导热的传热方式进行散热，由于内外温差小，散热较差，需要较大的喷水量才能达到较好的降温效果，所以能量消耗较多，不经济。

③ 喷雾冷却法：在室内顶部空间架设管道和布设小孔口喷嘴喷雾（图 9-12），一部分雾滴在空间吸热蒸发，多数降落在作物的叶面上，吸收作物的潜热后蒸发。这种方法主要是直接降低作物的体温，其次降低室内气温。比室外喷水冷却法的用水量少，减少能量消耗，而且可以使室内保持必需的湿度。

图 9-12　雾化喷头

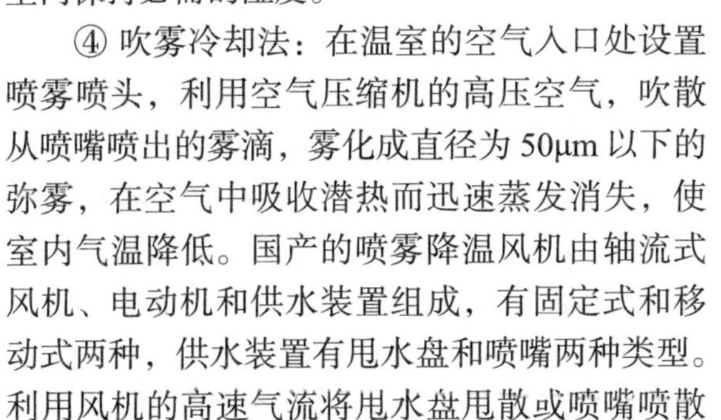

④ 吹雾冷却法：在温室的空气入口处设置喷雾喷头，利用空气压缩机的高压空气，吹散从喷嘴喷出的雾滴，雾化成直径为 50μm 以下的弥雾，在空气中吸收潜热而迅速蒸发消失，使室内气温降低。国产的喷雾降温风机由轴流式风机、电动机和供水装置组成，有固定式和移动式两种，供水装置有甩水盘和喷嘴两种类型。利用风机的高速气流将甩水盘甩散或喷嘴喷散的水滴吹散雾化成直径为 150μm 以下的弥雾。其结构简单，对供水压力要求不高，可直接利用自来水，安装和使用都很方便。

⑤ 冷气降温法：在温室的一端设置热交换器，将外界进入的空气冷却成冷气进入温室进行降温，室内的热空气从温室的另一端由排风扇排出。国内有些科学实验的小温室采用压缩式冷冻机向室内输送冷气进行降温。

3. 保温系统

育苗温室需要达到种苗生育适宜的温度，且经常需要维持在一定水平，因此育苗温室配备一些保温设施是十分必要的。保温主要是在不加温的情况下，夜间利用地表辐射增加设施内空气的热量，同时减少各种热量损失，热量失散是贯流放热和换气放热。常见的保温措施有：减少向设施内表面的对流传热和辐射传热；减少覆盖材料自身的热传导散热；减少设施外表面向大气的对流传热和辐射传热；减少覆盖面的漏风而引起的换气传热。具体方法是：采用多层覆盖，如安装活动保温幕、双层充气膜或双层聚乙烯板、草苫、保温被等；选用隔热性能好的覆盖材料；增加设施的气密性，减少缝隙放热等。

4. 二氧化碳补充系统

二氧化碳是植物的粮食，是光合作用最重要的原料与参与者，在相对密闭的育苗设施内，种苗光合作用会消耗大量的 CO_2，白天室内 CO_2 浓度会低于外界，出现 CO_2 亏缺、种苗“饥饿”现象，因此工厂化育苗设施内需配备 CO_2 补充系统。目前用得较多的有燃烧法产生 CO_2、化学反应法生成 CO_2 和直接施用液态 CO_2 等。一般育苗温室适宜的 CO_2 浓度为 400 ～ 600μL/L，可安装 CO_2 传感器对其浓度进行监测。

5. 补光系统

温室由于覆盖物的影响，自然光照条件比露地差，普通玻璃的透光率一般为 90%，塑料膜的透光率一般为 85% ～ 90%。工厂化育苗在冬春季节经常会遇到阴雨天气，自然光照较弱，日照时间短，满足不了幼苗对光照的需求，因此育苗温室一般需要配置人工补光系统，在有效日照时数小于 4.5h/d 时就需启动人工补光。

蔬菜、花卉等种苗补光的目的：一是人工补充光照，用以满足作物光周期的需要。当黑夜过长而影响作物生育时，应补充光照；为了抑制或促进花芽分化，调节开花期，也需要补充光照，这种补充光照要求的光照强度较低，称为低强度补光。二是作为光合作用的能源。补充自然光的不足，多数用于种苗培育阶段。

不同的光源，其生理辐射特性不同。辐射光谱中，被植物叶子吸收光能进行光合作用的部分，称为生理辐射。植物吸收光能进行光合作用的光波长为 0.3 ～ 0.7μm，植物吸收的光能占生理辐射光能的 60% ～ 65%。其中主要是红、橙光部分（0.6 ～ 0.7μm），吸收的光能占生理辐射光能的 55% 左右，其次是蓝、紫光部分（0.4 ～ 0.5μm），吸收的光能占生理辐射光能的 8% 左右；绿、黄光部分（0.5 ～ 0.6μm）吸收的光能很少。因此，选用人工光源时，既要考虑其光照强度，也要考虑其生理辐射特性。目前，温室常用的人工光源均为电光源，如碘钨灯、荧光灯、金属卤灯、高压钠灯、高压气体放电灯等（图 9-13，图 9-14）。随着二极管技术及激光技术的发展，开始采用 LED（二极管）作为补光光源。二极管是冷光源，在栽培时可贴近植物叶片表面进行补光，效率更高，不发热，不改变环境，也不会烧伤叶片。

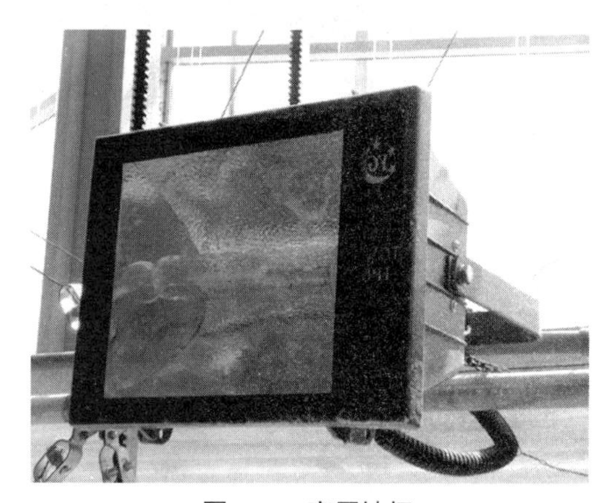

图 9-13　高压钠灯

图 9-14　高压气体放电灯

6. 计算机控制与管理系统

现代工厂化育苗生产与管理是一个复杂的体系，各个子系统间的运作与协调、环境的控制与管理，依靠一般的生产管理人员有时很难做出准确的综合判断，这就需要借助计算机系统来实现复杂的控制和优化的管理目标。

图 9-15　自动控制系统

（1）育苗温室环境的计算机控制　种苗的培育是植物生产的关键环节，在育苗过程中，计算机可以进行复杂的环境控制、各种数据的采集与分析处理等工作。种苗温室计算机控制系统通过各项设施的有效运作，给种苗培育创造一个适宜的环境条件，以降低外界环境的不利影响（图 9-15）。育苗温室的计算机控制系统是信息技术、计算机技术、生物技术、自动化技术的综合应用。

通过网络信息技术，构建种苗温室计算机远程监控系统，可以满足异地种苗生产的监控和管理需求。控制系统采用现场总线架构，智能节点将检测到的温室环境因子、作物生长状况等参数数字化，并完成相关的控制功能。中央控制室采集需要的数据，通过有线或无线连接到互联网上，使得管理者可在远程对被控对象实现监测、查询、管理及利用网络上的丰富资源，实现温室环境的精准控制。

（2）种苗生产管理和决策支持系统　利用计算机技术辅助穴盘育苗的生产管理已经成为一种趋势，主要做法是为温室提供基于计算机的环境监测和控制系统，以便为种苗生长提供最适宜的环境。目前，这方面的研究深入到了种苗生产专家系统的研制，以便能够根据种苗的生长生理要求自动调整，营造种苗最适宜的生长发育环境。但是，仅仅有以上的计算机辅助生产系统是不够的。穴盘育苗作为一种生产经营，生产者关心的不仅仅是种苗在温室中如何生产，还需要更好的技术手段辅助他们进行种子、原料等生产资料的采购、管理，种苗产品的销售，以及如何快速地适应国内外市场对种苗质量的要求等。

二、生产设备

1. 种子处理设备

种子处理设备是指育苗前根据农艺和机械播种的要求，采用生物、化学、物理和机械的方法处理种子的设备。常用的种子处理设备包括种子拌药机、种子表面处理机械、种子单粒化机械和种子包衣机等，以及用γ射线、高频电流、红外线、紫外线、超声波等物理方法处理种子的设备。广义的种子处理设备还包括种子清选设备和种子干燥设备。

（1）种子拌药机　由种子箱、药粉箱、药液桶和搅拌室等组成，可拌药粉或拌药液。在种子箱和药粉箱内设有搅拌推送器，以防物料架空。在搅拌室内装有螺旋片式或叶片式搅拌器。种子箱内的种子通过活门落入搅拌室，与定量进入搅拌室的药粉或药液混合，拌好的种子由出口排出。

（2）种子表面处理机械　用剥绒机或硫酸清洗设备脱去种子表面的短绒，其中以泡沫酸洗设备的处理效果较好，脱绒净度高，对种子的伤害小。

（3）种子单粒化机械　将种（子）球剥裂、研磨成单粒种子的机械。种子剥裂机常用带斜纹的冷硬铸铁碾辊。其线速度在5m/s以下，刀与铁辊斜纹在入口处的间隙为1～2mm，出口处3～4mm。种球在铁辊与辊筒室内壁之间在挤压和搓离作用下被研磨成大小均匀的单粒种粗制品，经清选机除去空壳及半仁种子，即可用于播种。

（4）种子包衣机　种子包衣机将种子裹上包衣物料后制成大小均匀的球形丸粒，包衣物料由填料、肥料（包括微量元素）、农药及黏结剂组成。常用的种子包衣机有一个倾斜低速旋转的扁圆形不锈钢锅，种子投入锅内后随着锅的旋转而滚动，喷入黏结剂溶液及分层加入粉状包衣物料并均匀附着后，即可获得圆粒包衣种子，使用丸粒种子播种能促进苗齐苗壮。

2. 工厂化育苗系统与种植、移栽装备

工厂化穴盘育苗多采用半自动或全自动播种系统。全自动精量播种生产线由育苗穴盘摆放机、送料及基质装盘机、压穴及精量播种机、覆土机和喷淋机五部分组成。五个部分连在一起是自动生产线，拆开后每一部分又可独立作业。

国外工厂化育苗机械研究起步较早，已经有40多年的发展研制历程，技术比较成熟，研制出的机型多，功能完善，配套设施齐全，自动化程度较高。国外穴盘精量播种机的典型代表有：美国勃兰克莫尔生产的真空式精播机，作业时只完成精量播种一道工序，还需配上填充基质、压实、压坑、刮平和覆盖等工序的机械，才能完成全部工序；美国文图尔公司的

N-450 精量播种机能够完成混合基质、填充穴盘、精量播种、覆盖、喷水等全套工序。除美国之外，以色列、荷兰、韩国等设施农业发展较成熟的国家均有成熟的机型投入使用。我国以前主要靠手工逐穴点播，生产效率低且作业成本高。在不断消化吸收引进技术设备的基础上也积极开展研究适合本土特点的育苗机械，如新疆生产建设兵团研制的全自动气吸式大棚育苗穴盘播种机等，性能、质量、规模都在逐渐成熟中。

成套设备的每一个环节都可以视情况单独使用，下面简单介绍一下。

（1）碎土筛土机　碎土筛土机（图 9-16）主要进行园艺育苗生产，将苗床或制钵用土破碎过筛，是旋转碎土刀与振动筛组合的组合式机具。使用时土壤水分不能过大，不能混有石块等杂物。生产率为 2 ～ 3t/h，配套动力为 2.2kW。

图 9-16　碎土筛土机

图 9-17　土壤肥料搅拌机

（2）土壤肥料搅拌机　土壤肥料搅拌机（图 9-17）是利用搅拌滚筒轴上交错排列的钩形刀的旋转，将土壤和肥料搅拌均匀。生产率为 1.2 ～ 1.5t/h，配套动力为 3kW。

（3）精量播种机　温室中进行营养钵育苗使用单粒精量播种机。精量播种的种子必须经过精选（有的还要包衣整形）使其大小、形状均匀一致，且具有可靠的发芽力。因为蔬菜种子颗粒小，不易精选，包衣整形要增加成本，发芽力又难以预测，所以在工厂化育苗中精量播种技术发展缓慢。

图 9-18 所示的温室用单粒精量播种机由侧架、空心横梁、吸放嘴、种子存放槽和板盘平台等组成。吸放嘴装在空心横梁上，由富有弹性的柔软衬料（塑料、橡胶）制成。空心横梁与真空管道相连，以便将负压传至吸放嘴，两端装在支柱上并可在侧架的导槽中移动，套管支柱内有弹簧，可以伸缩，其上端铰接于侧架，故可前后摆动。工作时，手持操纵杆先使吸放嘴与装有单层种子的存放槽接触，吸取其中的种子。然后使吸放嘴接近育苗钵，并切断负压，种子即由吸放嘴分别落于各个育苗钵中。

图 9-18　温室用单粒精量播种机

（4）基质消毒设备　为防止育苗基质中带有致病微生物或线虫等，最好将基质消毒后再用。育苗基质由专业生产公司将基质消毒后装袋出售。目前一般是自己配制，如果选用新挖出的草木灰或刚刚烧制出炉的蛭石，可以不再消毒，直接混合使用。如果掺有其他有机肥或来源不卫生的基质，则需要消毒后再用。

基质消毒分干热消毒和蒸汽消毒两种。干热消毒是用燃料加热机内空气，利用基质在消毒机进出的过程由热空气加热消毒。蒸汽消毒由蒸汽锅炉产生的蒸汽加热基质进行消毒。基质用量少时，可采用大铁锅上放蒸笼的方式进行基质消毒。

（5）基质搅拌机　育苗基质在被送往送料机、装盘机之前，一般要用搅拌机重新搅拌，一是避免原基质中各成分不均匀；二是防止基质在贮运过程中结块，影响装盘的质量。此时如果基质过于干燥，还应加水进行调节。

（6）灌溉和施肥设备　灌溉和施肥设备是种苗生产的核心设备，通常包括水处理设备、灌溉管道、贮水及供给系统、灌水器（如喷头、滴头）等。工厂化育苗温室或大棚内的喷水系统一般采用行走式喷淋装置（图 9-19），既可喷水，又可喷洒农药。行走式喷淋系统或人工喷洒方式，在幼苗较小时，喷入每穴基质中的水量比较均匀。等到幼苗长到一定程度，叶片比较大时，从上面喷水往往造成穴间水分分散不均匀，因此，亦可采用底面供水方式。底面供水方式在摆放育苗盘时应事先做好苗床，即将地面整平压实，床内四周打堰，两端要有一定的坡度，便于流水。整好的床面上铺上塑料薄膜（有条件者可在摆放穴盘处铺垫上 0.2 ～ 0.4cm 的吸水无纺布），将穴盘成列摆放在上面。由床面浇水，水分通过穴盘底部的孔吸入到基质中。尤其是在寒冷的冬季，由底面供水要比由上面喷淋优越得多。

图 9-19　行走式喷淋系统

三、育苗辅助设备

工厂化育苗辅助设备主要包括苗床、育苗架、穴盘、种苗分离机、嫁接机和运苗车等。

1. 苗床

苗床可分为固定式、移动式（图 9-20）和节能型加温式三种苗床。节能型加温式苗床用镀锌钢管作为育苗床的支架，质轻绝缘的聚苯板塑料泡沫作为苗床的铺设材料，电热线加热，用珍珠岩等材料作为导热介质，用温室内保温、固定式苗床灌溉等设备制作工厂化育苗的苗床设施。在承托材料上铺设珍珠岩等保温和绝热性能好的材料作为填料，在填料中铺设电热加温线，上面再铺设无纺布。电热加温线由独立

图 9-20　可移动式苗床

的组合式控温仪控温。节能型加温苗床具有节能、温度可控性高、可局部控制、操作方便、设备成本低等优点。

2. 育苗架

为了充分利用温室或大棚的空间，广泛采用立体多层育苗架进行立体多层方式育苗。育苗架的类型很多，按育苗盘的配置可以分为立体育苗架和平面育苗架，按育苗盘是否运动可以分为活动式育苗架和固定式育苗架。固定式育苗架因上下互相遮阴和管理不方便逐渐被淘汰，而被活动式育苗架代替。多层活动式育苗架的结构由支柱、支撑板、育苗盘支持架及移动轮等组成，其特点是不但育苗架可以移动，育苗盘支持架也可以水平转动，使育苗盘处于任何位置，保证幼苗得到均匀的光照，管理方便。

3. 穴盘

见“穴盘育苗”部分。

4. 种苗分离机

种苗分离机有两种方式用来固定穴盘：其一是盖式，把盖子放下时，内有许多细杆，这些细杆用于固定穴盘；其二是横杆式，穴盘由侧面放入，由横支撑杆来固定穴盘。

5. 嫁接机

采用嫁接技术可以有效增强种苗的抗病性、抗逆性和肥水吸收性能，尤其对瓜类、茄果类蔬菜，嫁接苗已成为其克服土壤连作障碍的主要手段，如日本100%的西瓜、90%的黄瓜、96%的茄子等都用嫁接栽培。但是传统的人工嫁接会因操作人员掌握的技术要领、熟练程度的不同而难以保证高的嫁接质量和成活率，难以短时间内提供大批量的整齐一致的嫁接种苗。为此，日本、中国、韩国等都相继研制出了自己的“嫁接机器人”（图9-21），虽然具有很广阔的应用前景，但由于各方面技术还有待进一步成熟，目前推广应用还不是很广泛。如日本的嫁接机自动化水平较高，但技术复杂、体积庞大且价格昂贵；韩国的则嫁接效率比较低，自动化程度低，成活率也相对较低；我国的自动嫁接机则需要人工提供砧木、接穗等，劳动强度大，自动化水平低。

图9-21　蔬菜嫁接机

图9-22　运苗车

6. 运苗车

苗车（种苗转移车）包括穴盘转移车（移动式发芽架）和成苗转移车（图9-22）。穴盘转移车将播种完的穴盘运往催芽室，车的高度及宽度根据穴盘的尺寸、催芽室的空间和育苗的数量来确定。成苗转移车采用多层结构，根据商品苗的高度确定放置架的高度，车体可设计成分体组合式，以适合于不同种类园艺作物种苗的搬运和卸载。

项目实施

任务 9-4　调查园艺植物工厂化育苗设备

1. 布置任务

通过对园艺植物工厂化育苗生产企业的参观，学生分组调查工厂化育苗企业所使用的设备有哪些，并完成调查表的填写。

2. 分组讨论

学生以组为单位设计调查提纲，调查工厂化育苗企业所使用的设备（包括育苗温室环境控制系统、生产设备、育苗辅助设备等）。

3. 参观

（1）任课教师组织学生到园艺植物工厂化育苗生产企业参观，学生分组调查。

（2）学生撰写调查报告。

4. 讨论交流

（1）调查任务完成后，组织各组学生进行现场交流，对工厂化育苗中所使用设备的功能、使用效果、发现的问题进行讨论，并探讨所发现问题的解决方法与措施。

（2）教师或企业技术人员答疑，最后教师进行点评。

（3）学生修订调查表，并及时提交。

问题探究

调查不同园艺植物的工厂化育苗的设备，看看它们之间的差别。分析育苗企业所采用不同设备的原因。

拓展学习

电热温床的铺设

1. 场地选择

电热温床在温室内使用时应远离门口、前底角等低温的地方，也要远离容易遮阴的地方，应设置在阳光充足、条件优越的地方。优越的场地条件，可以减少电能的消耗量，降低投资成本，也可以防止因为气温过低而导致温床不能发挥作用。

2. 功率密度的选定

电热温床的功率密度是指每平方米铺设的电热加温线的瓦数，用 W/m^2 表示。该项指标是评价电热温床好坏的一个重要参数，功率密度过大，苗床内电热线的密度大，短时间内就可升温，但需要的电热线多，增加了设备成本，电路通断频繁，容易缩短仪器寿命；功率过小，当环境温度低时，电热线会一直处在加温状态，消耗电量大，达不到设定温度。功率密度的选定还和基础地温、增温幅度有关。基础地温指在铺设电热温床后加温前的5cm土层地温，设定地温指在电热温床通电时应达到的地温，增温值是两者之间的差值。在功率密度一定时，增温值愈高，通电时间愈长，如果在一定时间内要达到设定温度，则要求电热加温线供给足够的热量，这就要增加功率或者提高基础地温以减少增温值。显而易见，增温值愈高，基础地温愈低，功率密度选择应愈大。功率密度的选定在实际中应灵活处理，一般情况下，参考值为地温18～20℃，选择80～100W/m^2，用控温仪可取100～120W/m^2。如果要求在较短时间内达到设定温度，功率密度则应选择高值，如有隔热层功率可降低10%～20%。

3. 电热温床面积的计算

根据已有的电热加温线根数和功率可以算出铺设的面积（即苗床面积）。现在生产上使用的电热线功率分别为1200W、1000W、800W、500W不等，购买时应咨询好商家。计算公式为：

$$电热温床面积=\frac{电热加温线根数\times每根的功率}{选定的功率密度}$$

如有1根800W电热加温线，功率选定100W/m^2，则可以铺设

$$电热温床面积=\frac{1\times800}{100}=8m^2$$

根据苗床面积，可以灵活地设定苗床的宽度和长度，如：

电热温床面积8m^2=2m×4m或电热温床面积8m^2=1.6m×5m。

在实践中宽度不要设置过窄，如设置成1m宽，8m长，这样使边际效应过大，电热温床的四周散热快，降低了电热温床的使用效果。当然也不宜过宽，如设置成2.7m宽，3m长的。

4. 布线间距

选定功率密度后，根据不同型号的电热加温线，可以用计算方法求得布线间距。布线间距计算方法有两种。

第一种方法是先计算布线行数，布线行数一般取近似的偶数，将来导线能在一面，便于连接，然后计算布线间距，公式为：

$$布线行数=\frac{线长-苗床宽度}{苗床长度}$$

如800W线长100m，功率选择100W/m^2，假定苗床长4m，宽度为2m，则

$$布线行数=\frac{100-2}{4}\approx24行$$

$$布线间距=\frac{苗床宽度}{布线行数-电热加温线根数}$$

$$布线间距=\frac{2}{24-1}\approx0.09m，即9cm。$$

第二种方法是先求出每米长的电热加温线的瓦数，再计算布线间距。

$$每米线的瓦数=\frac{电热加温线额定功率}{线长}$$

$$布线间距=\frac{每米线的瓦数}{选定的功率密度}$$

那么对于上例首先计算：

$$每米线的瓦数=\frac{800}{100}=8W/m$$

$$布线间距=\frac{8}{100}=0.08m，即\ 8cm。$$

可以看出两者存在一定的差异，但在实践中，两者差异不大，这是因为购买的加温线长度不可能固定不变，所以间距的计算不可能完全准确，还是应依据实际情况灵活掌握。另外在具体铺设时，布线间距还要进行调整，要适当缩小温床两边的布线间距，增加中间的布线间距，使整个电热温床温度均匀。

5. 布线方法

确定了电热温床的面积、功率、布线间距等参数后，就可进行布线。首先做苗床，床深度应考虑床土厚度、隔热层厚度、覆土厚度等，一般比畦埂低 10 ～ 15cm 即可。做床后铺隔热层，再用土将隔热物盖好，然后用木板刮平。按照布线间距将旧竹棍、架材棍等直接钉入土中作挂线柱，注意此时应该调整好，使中间布线间距适当加大，两边减小。布线时首先将加温线的一头固定住，然后两人在两端拉线，一人在中间往返放线。布线后要逐步拉紧，以免松动绞住。一根线在铺设时不一定正好铺到床的一头，此时将其固定在竹棍上，用导线部分打结，另一根电热加温线的导线也如此打结固定在这个竹棍上，竹棍钉入土中，接着继续布线，注意不许用电热加温线打结，也不可缠绕在竹棍上。

6. 线上覆土

电热加温线铺好后，根据用途不同，上面铺床土的厚度也不同。若是需要多次播种的苗床，电热加温线上的覆土厚度应在 10cm，这样每次起苗时不会动及电热加温线。如用作移植床，育苗盘或营养钵直接摆在电热线上。上面扣小拱棚，夜间可加盖草苫、纸被保温，保温效果更好。

复习思考题

1. 常见的工厂化育苗种子处理设备有哪些？
2. 工厂化育苗温室降温的方式有哪些？
3. 工厂化育苗温室加温的设备有哪些？如何应用？
4. 工厂化育苗过程中常用的基质消毒方法有哪些？

数字资源

模块十 常见园艺苗木繁育技术

学习前导

本模块包括常见果树苗木繁育技术、常见蔬菜苗繁育技术和常见园林花卉苗木繁育技术三个项目，果树苗木繁育技术主要介绍苹果、桃、葡萄、枣、核桃、柿子、板栗、草莓树种繁育的方法；常见蔬菜苗繁育技术主要介绍黄瓜、辣椒、紫背天葵苗繁育的方法；常见园林花卉苗木繁育技术主要介绍鹅掌楸、梅花、山茶花、月季、丁香、金银花苗木繁育的方法。学生通过学习，不仅知道常见园艺苗木育苗的方法，而且巩固了前面所学的育苗技术，各项育苗技术应用到具体树种中，使教学效果达到学以致用的目的。

课程思政案例

《齐民要术》简介

《齐民要术》是中国古代杰出的农学家贾思勰编著而成的，系统地总结了秦汉以来我国黄河流域的农业科学技术知识，其取材布局为后世的农学著作提供了可以遵循的依据。该书不仅是我国现存最早和最完善的大型农业百科全书，也是世界农学史上最早的名著之一，对后世的农业生产有着深远的影响。该著作由耕田、谷物、蔬菜、果树、树木、畜产、酿造、调味、调理、外国物产等各章构成。书中引用了100多种古代农书和杂著的内容，使《氾胜之书》《四民月令》及《陶朱公养鱼经》等一些佚失著作的部分内容得以保存下来，具有重要的史料价值。

实践使贾思勰对农业生产有了非常深刻的见解，所以《齐民要术》对农业生产的理论和操作都有系统的阐述，对每个环节都有详尽的叙述。比如平整土地，《齐民要术》不仅指出了它的重要意义，而且详尽地讲述了耕地分春、夏、秋、冬的耕作，讲究深、浅，注意初、转、纵、横、顺、逆等，要因时制宜、因地制宜进行耕作、管理，十分具体。甚至连耕坏了如何补救都做了阐述。对如何提高土壤的地力，使农作物不断从土壤中得到充足的养料，贾思勰更有独到而精辟的见解。此外，一些新的农业技术，如用炒过的谷子同葱籽拌种播种，"嫁枣""嫁李"等促进果树多结果技术，也有详尽的介绍。可见我国南北朝时期园艺植物生产技术已经达到很高的水平，同时相关的一些理论也得到了一定的应用，这也反映出我国古人勇于实践、勤于钻研和善于总结的科学精神。

项目三十　常见果树苗木繁育技术

学习目标

知识目标

1. 掌握苹果、桃、葡萄、枣和草莓等苗木繁育技术。
2. 了解核桃、柿子、板栗育苗方法。

能力目标

能独立完成一种果树苗木繁育过程。

思政与素质目标

1. 通过学习、查阅古书记载的育苗繁育史记，学习古人勇于实践、勤于钻研和善于总结的科学精神；

2. 通过实践苗木繁育研究新方法和手段，学习科研人员积极探索、攻克难题、刻苦钻研、勇于创新的精神，增加“学农爱农”自信心、“强农兴农”责任感，培养热爱劳动的品格；

3. 查阅“二十四节气”苗木繁育相关的民谣、谚语、风俗、诗词等中华优秀传统农耕文化，学习古人顺应客观规律、勇于实践、勤于钻研和善于总结的精神。

资讯平台

一、苹果苗木繁育

1. 苹果苗圃地选择与规划

苹果苗圃地土壤以土层深厚而肥沃（有机质含量1%以上）的沙壤土、壤土及轻黏壤土为宜。土壤酸碱度以中性至微酸性为宜，pH在5.0～7.8。pH 7.8以上的土壤，苗木易缺铁失绿，严重时会枯衰死亡。氯化钠含量在0.2%以下，碳酸钙含量0.2%以下的土壤，砧木苗可以正常生长；碳酸钙含量高于0.2%以上的土壤，苗木生长不良。另外，土壤中不应有危险性病虫害，如立枯病、根腐病、根癌病、根爪棉蚜等。

2. 苹果苗的培育类型

（1）普通苹果苗的培育　普通苗是以乔化砧木种子的实生苗作砧木，嫁接普通型或短枝型栽培品种所繁育的苗木，是生产上广泛使用的一种育苗方法。

① 苹果普通砧木及其特性：见表10-1。

② 种子的采集与贮藏：选择丰产、稳产、生长健壮、品质优良、无严重病虫害、类型一致的植株为采种母树。采种用果实必须充分成熟。种子采收晾干后，剔除杂质、破粒、瘪粒和小粒种子，使种子纯度达到95%以上。然后，根据种子大小、饱满程度分级。分级后的种子出苗全且整齐，幼苗成长均匀一致，便于管理。分级后的种子装入麻袋、布袋或

编织袋等透气的袋中，放在通风、干燥、凉爽的地方贮放，定期翻动检查，防止温度过高烧坏种子。

表 10-1　苹果普通砧木及其特性

类型	砧木名称	砧木特性
普通砧木	山定子	抗寒性极强，耐瘠薄，抗旱，不耐盐碱
	新疆野苹果	抗旱、抗寒，较耐盐碱，生长迅速，树体高大，结果稍迟
	沙果	抗涝、耐盐碱、抗旱力较强
	西府海棠	种类较多，含湖北海棠、八棱海棠等。抗旱、耐涝、耐寒、抗盐碱，幼苗生长迅速，嫁接亲和力强

③ 种子的处理：采收后的种子必须经过层积处理才能打破休眠，播种后才能发芽。用洁净河沙作层积材料，河沙用量为种子的 3 ～ 5 倍。入冬前，先将贮存的种子倒入盛有清水的水桶内，充分搅拌清洗，捞出漂在水面的瘪种子和杂物后，捞出下沉种子，倒入装有河沙的容器内，充分混合。河沙的湿度以手攥成团不滴水为宜。种子量较少时，可在容器内直接层积处理，即在湿沙上覆盖一层厚约 6cm 的干沙，标明种子名称、数量和层积日期，放于房内或地下室、菜窖内，使温度保持在 0 ～ 5℃。种子量大应进行地下层积，即选择背风、高燥、排水良好的地方，挖 60 ～ 100cm 深的沟，长宽可视种子数量而定。先在沟底铺 6 ～ 7cm 厚湿沙，然后种子与湿沙按 1 ∶ 5 的比例混匀，放入沟内，上覆 6 ～ 7cm 厚湿沙，其上覆土 30cm 左右，高出地面，呈丘状，以利排水。沟内隔一定距离竖插一草把，以利通气。应定期检查温度和湿度，注意翻拌种子使上下温度均匀，避免下层种子过早发芽或霉烂。发现有霉烂种子时，应彻底清除。霉烂严重时，须连沙一起清洗后再层积。如果种皮开裂、种子已过早萌动，但尚不到播种期时，要将层积种子移到低温环境中，延缓发芽。层积期间，还要注意预防鼠害。

未经层积处理的小粒种子，如山定子和毛山定子，可在播种前进行低温处理。先将种子放入清水中浸泡 1 ～ 2d，捞出，置 5℃以下低温处，或放入温度为 1 ～ 5℃的冰箱或冷库中，经 15 ～ 20d，移入温度为 25 ～ 28℃的室内。地面铺一层 2 ～ 3cm 厚的湿沙或锯末，上覆一块湿纱布，将种子摊在纱布上，厚度 3 ～ 4cm。种子上面再盖一层纱布或撒一层湿锯末保湿。种子露白时即可播种。常用砧木种子层积处理及出苗情况见表 10-2。

表 10-2　常用砧木种子层积处理及出苗情况

砧木种类	层积时间 /d	每千克种子粒数 / 万粒	每亩用量 /kg	每亩成苗数 / 万株
山定子	25 ～ 30	8 ～ 10	0.5 ～ 1	2 ～ 2.5
新疆野苹果	70	2.5 ～ 3	1 ～ 1.5	1.2 ～ 2.5
沙果	60 ～ 80	2.2 ～ 2.6	2 ～ 2.5	0.8 ～ 0.9
西府海棠	40 ～ 60	1.5	1.5 ～ 2	1.5 ～ 2.5

④ 播种

a. 播种时间：华北地区适宜播种时期在 3 月中下旬至 4 月上中旬，东北地区在 4 月下旬至5月上中旬。

b. 整地播种：苹果育苗地可在入冬前整理，选择没种过苹果树或苹果苗的生茬肥地，每亩施有机肥3500～5000kg和硝酸磷等复合肥50～100kg。深翻土地30cm左右，整成宽1～1.2m，长10m左右的沿南北方向的畦。播种方法常采用条播，每畦内播4行，且为宽窄行，宽行距40～50cm，窄行距20～25cm，便于通风、嫁接和管理。播种深度直接影响出苗率，其中，大粒种子可深些，小粒种子浅些，沙质土深些，黏质土浅些；山定子以覆土1～2cm（图10-1），海棠以2～3cm厚为宜。

图10-1　播种后山定子

⑤ 播后管理：播种后如温度较低、春季风大，可在畦面上加盖塑料薄膜或搭建塑料小拱棚，可提高出苗率，出苗后及时除去覆盖物进行炼苗。注意出苗前畦内不能灌大量水，以防土壤板结，可小水勤浇或喷水保湿，以利于出苗。当幼苗长出2～3片真叶时，按照预定株距进行间苗或移栽。

幼苗生长过程中要勤中耕锄草，松土保湿，做好施肥浇水工作。5～6月份追肥2～3次，每亩追施尿素15kg，生长后期追施或叶面喷施磷酸二氢钾、草木灰等，当苗木长到18～20片叶时要摘心，以促进苗木旺盛和充实，尽早达到适宜嫁接的粗度（地径0.8～1cm）。同时要做好病虫害防治工作。6月上旬和7月份各喷一次600倍的多菌灵或800倍的甲基托布津加40%氧化乐果1500倍液，以防食叶害虫和早期落叶病等。

⑥ 嫁接

a. 接穗的采集与贮藏：要按照品种区域化的要求，选择品种纯正，优质丰产，树势健壮，无病虫害，适宜当地栽培的成年果树作为采集接穗的母树。对选定的母树作出标记并加强肥、水管理。夏、秋季嫁接用的接穗应选取发育充实，芽子饱满的当年生春梢；早春嫁接使用的接穗应选取树冠外围健壮的1年生发育枝并剪除上下两端的瘪芽部分。接穗采集、贮运等可参照果树育苗的一般方法处理。

b. 嫁接时间和方法：苹果嫁接多在春、夏、秋三季进行，春季砧木发芽前可用上年贮藏的接穗作腹接、劈接、切接等枝接，在砧木已经发芽、而贮藏的接穗仍处于休眠状态时可用带木质部芽接。夏季接穗和砧木都离皮，可采用“T”字形芽接，秋季不离皮时，可采用嵌芽接，春季4月上旬至5月上中旬进行枝接，夏秋季的6～9月份进行芽接。

一般7月上旬以前的接芽，当年能萌发，如果加强肥、水管理，一年可成苗；7月中下旬和8月上旬后的接芽，一般当年不萌发，第二年春季剪砧，秋季成苗。

c. 嫁接苗的管理：主要包括检查成活、解除绑缚、补接、剪砧、除蘖、立支柱、土肥水管理和病虫害防治等工作。

（2）矮化自根砧苹果苗的培育　苹果自根繁育主要用于自根矮化砧苗。通常多采用扦插、压条等方法繁殖。

选择地势高燥及土、肥、水条件好的地段建立自根砧母本繁殖圃，整地作畦，按行距 2 ～ 2.5m、株距 1 ～ 1.5m 穴植（3 ～ 4 株 / 穴），春秋皆可栽植。栽后踏实，整平畦面，浇足水。

① 水平压条：在春季将矮砧母株上充实的 1 年生长枝水平压弯，用木钩固定于浅沟中，低于地面 2 ～ 3cm。枝条萌芽后，抹除位置不当的新梢。新梢 30cm 左右时，先灌水，然后在新梢基部培 10cm 高的湿土，20 ～ 30d 后即可发根。1 个月后，再培土 1 次，土厚 20cm。当年晚秋至初冬或次年早春与母株分离。此方法多用于枝条细长柔弱的矮化砧类型，如 M_7 等。

② 垂直压条：在春季萌芽前，将矮砧母株枝条在距地面 15cm 处短截。新梢长到 15 ～ 20cm 时，摘除新梢基部叶片并立即浇水，首次培土（5cm 厚）；1 个月后，新梢长到 30cm 时，再培土 10 ～ 15cm 厚；当苗高 50cm 时，再培土 25cm 厚。秋季落叶后，扒开培土土堆，从母株上分段剪下生根的小苗。在母株上留 2 ～ 4 根枝条，作下年繁殖用。为促进生根，要保持土壤湿润。此方法多用于枝条粗壮直立、硬而较脆的矮化砧，如 M_9 砧木、M_{26} 砧木等。

③ 扦插：主要采用硬枝扦插，在秋冬季从矮化砧母本园中采集 1 年生成熟枝条，上端剪平，下端剪成斜面，插条剪留长度 15 ～ 20cm。50 条或 100 条捆成 1 捆，直立深埋在湿沙或湿锯末中，上部覆沙 5 ～ 6cm 厚。室内温度保持 4 ～ 5℃，促使插穗基部形成愈伤组织。翌春扦插前，圃地应施肥、整平，充分灌水。冬季贮藏期间未生根的插穗，用 40 ～ 50μg/L 吲哚乙酸液浸泡插穗基部 24h，或用 1500μg/L 吲哚丁酸液浸蘸插穗基部 10s，然后扦插。扦插时，按 50cm 行距开沟，依株距 5 ～ 7cm 将插穗斜放在沟壁后覆土，扦插后保持土壤湿润。矮化砧中，以 MM_{106} 砧木等硬枝扦插生根能力最强。苹果矮化砧木及其特性见表 10-3。

表 10-3　苹果矮化砧木及其特性

类型	砧木名称	砧木特性
矮化砧木	M_7	半矮化砧，根系发达，适应性强，抗旱，抗寒，耐瘠薄，用作中间砧，在旱地表现良好
	MM_{106}	半矮化砧，根系发达，较耐瘠薄，抗寒，抗棉蚜及病毒病，嫁接树结果早，产量高，适合用作中间砧，在平原地区表现良好
	MM_{111}	半矮化砧，根系发达，根蘖少，抗旱，较耐寒，适应性较强，嫁接树结果早，产量高，适合用作中间砧，在平原地区表现良好
	M_9	矮化砧，根系发达，分布较浅，固地性差，适应性较差，嫁接树结果早，适于在肥水条件好的地区栽植
	M_{26}	矮化砧，根系发达，抗寒，抗白粉病，但抗旱性较差；嫁接树结果早，产量高，果个大，品质优，适于在肥水条件好的地区栽植

从苹果矮化砧母本园采集接穗，将矮化砧接穗嫁接在普通的砧木上，即地下部分是普通砧，地上部分是矮化砧，再通过水平压条或垂直压条办法，育成矮化自根砧苗。分株后，栽

植到嫁接圃内，秋季芽接苹果栽培品种，翌年春季剪砧，即可培育出矮化自根砧苹果苗。栽植密度为：（50 ～ 60）cm×（20 ～ 30）cm，每亩出苗量达4500 ～ 6000株。

（3）矮化中间砧苹果苗的培育　以实生砧作根砧（基砧），矮化砧作中间砧，上部嫁接苹果品种，共三部分构成。矮化中间砧苹果苗的培育主要有以下四种方法。

① 单芽嫁接：第一年春播普通砧木种子，得到实生苗，秋季芽接矮化砧；第二年春季剪砧得到矮化砧苗，夏秋季嫁接苹果品种芽片（图10-2）；第三年春季剪砧，秋后育成矮化中间砧苹果苗。如果采用普通砧快速育苗的方法，在第二年夏季嫁接品种芽片，秋后即可得到矮化中间砧成苗，这样育苗周期便由三年缩短为两年。

② 双芽靠接：第一年秋季，在普通砧木实生苗近地面处，相对的两侧分别接上矮化砧和品种芽各一枚；第二年春季剪砧，两个芽都能萌发，夏季将两个新梢靠接，秋季剪去矮化砧新梢上段和品种芽新梢下段，两年即育出矮化的中间砧苗。但此法在生产上应用很少。

③ 分段芽接（也叫枝、芽结合接法）：第一年春播普通砧木种子，培育成一定大小的实生苗后，于秋季芽接矮化砧进行培育。第二年秋季，在矮化砧苗上每隔20 ～ 30cm枝段芽接苹果优良品种芽片。第三年春季留最下部一个品种芽剪砧，剪下的枝条从每个品种芽上部分段剪开，然后再将品种芽段枝接在预备好的普通砧木上，这样育成的成苗两年即可出圃（图10-3）。

图10-2　苹果单芽嫁接

图10-3　苹果枝、芽结合接法

④ 春季二重枝接：早春将苹果品种接穗枝接在矮化中间砧茎段上，然后将这一茎段枝接在普通砧木上，称之为二重枝接。这种方法在较好的肥水条件下，当年便可获得质量较好的矮化中间砧苹果苗。可把带有苹果品种接穗的中间砧茎段，在90℃热石蜡液中浸蘸一下再接，并用塑料布条包严，基部培土少许；也可以将带有苹果品种接穗的中间砧茎段事先用塑料薄膜缠严，再嫁接到普通砧木上，品种芽萌发后，要逐渐去除包扎的薄膜，到新梢长5 ～ 10cm时全部除去。

（4）无毒矮化砧苹果苗的培育　目前生产上培育无毒矮化砧苹果苗还有困难，但可尽量避免病毒传播，矮化砧繁殖时，母株不要带毒，在矮化砧繁殖圃内，不要嫁接栽培品种，要将繁殖圃与嫁接圃分开。压条繁殖矮化砧自根苗，最好植于嫁接圃培育一年再接，根系很好的矮化砧苗，亦可枝接后再栽，即所谓的场接，这些都是避免传毒的途径。

3. 苗期管理

（1）检查成活并补接　苹果苗木芽接后，一般在10d左右检查苗木嫁接成活情况，接芽芽片皮色新鲜、伤口愈合良好，叶柄变黄、一触即落，表明已经接活。若接芽变黑，叶柄干缩不落，表明未接活，应及时补接，或于次年春季补接。嫁接当年入冬前，做好嫁接苗的灌水工作，以利于正常越冬。

（2）剪砧　在翌年春季树液开始流动后发芽前，将接芽以上的砧木剪去，即剪砧。剪砧不宜过早，以免剪口风干失水或遭受冻害而影响接芽成活；也不要过晚，以免接穗和砧木芽一齐萌发而浪费营养。剪砧时，修枝剪的刃口应迎向接芽一面，在芽片上 0.3 ～ 0.4cm 处剪。剪口向接芽背面稍微倾斜，有利于剪口愈合和接芽萌发生长。剪口不可过低，以防伤害接芽。

（3）除萌蘖　剪砧后，砧木基部容易萌发大量萌蘖，须及时除去。此种萌蘖会多次萌发，应及时除萌，防止与接芽争夺养分。

（4）土肥水管理　为了保证接芽萌发健壮生长，剪砧后灌水 1 次，5 ～ 6 月份干旱时再灌水 1 次。剪砧后追施尿素 1 次，每亩 10kg，6 ～ 7 月份叶面喷 0.3% 尿素液 2 ～ 4 次。8 月份喷 0.3% 磷酸二氢钾或 10% 草木灰浸出液。天旱时应及时灌水，并注意适时松土、除草。

（5）病虫害防治　苹果苗的主要病害有苹果斑点落叶病、苹果褐斑病及苹果白粉病等，可在雨季喷含多抗霉素成分的杀菌剂 2 ～ 3 次防治，但忌用三唑酮类药剂，因其有抑制生长作用。夏季虫害主要有蚜虫、潜叶蛾等，蚜虫可用吡虫啉防治，潜叶蛾可用灭幼脲等防治。病害、虫害及叶面追肥可同时进行，减少管理成本。根据下面表格给苗木分级（表 10-4 ～表 10-6）。

表 10-4　乔砧苹果苗分级标准

项　目		等　级		
		一级	二级	三级
基本要求		品种和砧木类型纯正，无检疫对象和严重病虫害，无冻害和明显的机械损伤，侧根分布均匀舒展、须根多，接合部和砧桩剪口愈合良好，根和茎无干缩皱皮		
根系	侧根数量 / 条	≥ 5	≥ 4	≥ 3
	侧根基部粗度 /cm	≥ 0.30		
	侧根长度 /cm	≥ 20		
	侧根分布	均匀、舒展而不卷曲		
茎	根砧长度 /cm	≤ 5		
	苗木高度 /cm	>120	100 ～ 120	80 ～ 100
	苗木粗度 /cm	≥ 1.2	≥ 1.0	≥ 0.8
	倾斜度 /（°）	≤ 15		
	整形带内饱满芽数 / 个	≥ 10	≥ 8	≥ 6

（引自 GB 9847—2003《苹果苗木》）

表 10-5　矮化中间砧苹果苗分级标准

项　目	等　级		
	一级	二级	三级
基本要求	品种和砧木类型纯正，无检疫对象和严重病虫害，无冻害和明显的机械损伤，侧根分布均匀舒展、须根多，接合部和砧桩剪口愈合良好，根和茎无干缩皱皮		

续表

项目		等级		
		一级	二级	三级
根系	侧根数量 / 条	≥ 5	≥ 4	≥ 3
	侧根基部粗度 /cm	≥ 0.30		
	侧根长度 /cm	≥ 20		
茎	根砧长度 /cm	≤ 5		
	中间砧长度 /cm	20 ～ 30，但同一批苹果苗木变幅不得超过 5		
	苗木高度 /cm	>120	100 ～ 120	80 ～ 100
	苗木粗度 /cm	≥ 1.2	≥ 1.0	≥ 0.8
倾斜度 / (°)		≤ 15		
整形带内饱满芽数 / 个		≥ 10	≥ 8	≥ 6

（引自 GB 9847—2003《苹果苗木》）

表 10-6　矮化自根砧苹果苗分级标准

项目		等级		
		一级	二级	三级
基本要求		品种和砧木类型纯正，无检疫对象和严重病虫害，无冻害和明显的机械损伤，侧根分布均匀舒展、须根多，接合部和砧桩剪口愈合良好，根和茎无干缩皱皮		
根系	侧根数量 / 条	≥ 10		
	侧根基部粗度 /cm	≥ 0.20		
	侧根长度 /cm	≥ 20		
茎	根砧长度 /cm	15 ～ 20，但同一批苹果苗木变幅不得超过 5		
	苗木高度 /cm	>120	100 ～ 120	80 ～ 100
	苗木粗度 /cm	≥ 1.0	≥ 0.8	≥ 0.6
倾斜度 / (°)		≤ 15		
整形带内饱满芽数 / 个		≥ 10	≥ 8	≥ 6

（引自 GB 9847—2003《苹果苗木》）

二、桃苗木繁育

目前生产上桃育苗广泛采用的是嫁接繁殖。

1. 嫁接繁殖

（1）砧木种类和繁殖

① 砧木种类：生产上应用最普遍的是山桃和毛桃。桃树的砧木种类如表 10-7 所示。

表 10-7　桃树的砧木种类

砧木种类	特　　性
山桃	山桃新梢纤细，果实小，7～8月份成熟，不能食用，出种率35%～50%。每千克种子300～600粒。山桃的适应性强，耐旱，耐寒，比较耐碱，但不耐湿，在地下水位高的地方有黄叶现象，并易得根瘤病和颈腐病。山桃嫁接亲和力强，容易成活，生长好，是华北、西北、东北等地区桃树的主要砧木
毛桃	新梢绿色或红褐色，果实较大，8月份成熟，可以食用，但品质差，出种率15%～30%，每千克种子200～400粒。毛桃适应性较强，耐旱，耐寒，耐湿，但不能积水。嫁接亲和力强，生长快，结果早，果实品质好，是温暖多雨的南方桃区和气候干旱的西北、华北地区的适宜砧木
毛樱桃	矮化作用显著，果实成熟期提前，着色良好，但有小脚现象

② 砧木繁殖：均采用实生繁殖。

a. 砧木种子的采集与处理：7～8月份，当山桃、毛桃等砧木果实充分成熟时，即可采摘，山桃果实采摘后，可用堆积软化水洗法取种，晾干，去杂后贮藏备用；毛桃可鲜食取种，也可结合加工收集种子，洗净晾干，进行干藏。

山桃和毛桃均需经过后熟才能发芽，播种前要层积处理，后熟需80～120d。沙藏适温2～7℃。来不及层积的种子，播种前可用两开一凉的热水浸种，也可以用开水烫种，然后浸泡2～3d，催芽播种。

b. 催芽：层积或浸种后的种子，春播前要催芽。方法是将种子拌少量的湿沙，放在背风向阳温暖的地方，白天用塑料薄膜盖好，夜间增加覆盖物保温，温度保持在15～20℃，每天翻动1～2次，有20%的种子发芽即可播种，也可将种子直接放在温暖地方催芽，但要注意每天早晚用清水冲洗种子，以防霉变。

生产案例：为什么桃苗质量这么差？

③ 整地播种：苗圃地要深翻，并施足基肥，整地后做平畦播种，低洼易涝地区可用高畦或高垄育苗。

a. 播种时期：分秋播和春播两种。秋播在10～11月份进行，种子不需要层积处理，播种前要进行浸种。将种子放在凉水中浸泡3～5d，经常搅动，每天换水1～2次；也可以将种子装入麻袋浸泡在流动的河水中3～5d。秋播的种子第2年出苗早，幼苗生长快，抗病力强，春播发芽迅速，整齐，出苗率较高，但由于播种晚，幼苗出土迟，前期生长较弱。

b. 播种方法：播前要灌足底水，水渗下1～2d后，将畦面整平耙细，开沟播种，一般行距为50～60cm，每亩出苗5000～8000株。为了经济利用土地，增加单位面积出苗量，可以采用宽窄带状条播，宽行50～60cm，窄行20～30cm，每畦4行，每亩出苗10000株左右，播种深度3～5cm，每亩播种量30～50kg，播种后要及时覆土镇压。为了减少土壤水分蒸发，防止土壤板结，提高地温，畦面应覆盖0.5～1cm的细沙或覆盖一层地膜。采用地膜覆盖育苗，可在播种前10～15d盖好地膜，以提高地温。播种时按穴距在地膜上挖一小孔点播，覆盖湿土。快速育苗还可以加盖薄膜。

④ 砧木苗的管理

a. 撤除覆盖物：先播种后覆盖地膜的要经常检查，幼苗出土后及时撕破地膜，让苗露于膜外，以防幼苗弯曲、黄化或干枯。集中育苗的苗床，部分幼苗出土后，要及时撤除地膜。不论哪种方法育苗，加盖小棚膜的要先通风炼苗，待幼苗适应外界环境后，才可将棚膜撤除，注意撤除膜最好在阴天或傍晚进行。

b. 间苗与定苗：幼苗长出 2 ～ 3 片真叶时进行间苗，疏去密、弱小和受病虫为害的幼苗，同时在缺苗的地方进行移植补苗。幼苗长出 4 ～ 5 片真叶时，按 10 ～ 20cm 株距定苗，苗床集中育苗的，在幼苗长出 1 ～ 2 片真叶时即可定植于圃地（图 10-4）。

c. 土壤管理：间苗、定苗后要结合中耕弥缝，以免幼根裸露，漏风死苗。移植补苗要及时灌水，以利于幼苗成活。幼苗长出 5 ～ 7 片真叶时，要控制灌水，进行蹲苗，防徒长。5 ～ 6 月份，幼苗生长较快，天气较干旱，要注意灌水，结合灌水追肥 1 ～ 2 次，每亩每次施尿素 5 ～ 10kg。如果苗木细弱，7 月上旬可再追施一次。

图 10-4　砧木毛桃苗

春季中耕能提高地温，有利于幼苗的生长，雨后、灌水后及时中耕，可以防止土壤板结和杂草丛生。中耕深度 3 ～ 5cm，前期宜浅，后期可适当加深。

d. 摘心和副梢处理：桃砧木苗生长较快，且容易发生副梢，嫁接前 1 个月左右，苗高 30cm 时，要进行摘心，以促使其加粗生长。苗干距地面 10cm 以内发生的副梢，基部留叶片，但要尽早剪除，以利于嫁接，其余副梢则应全部保留，以扩大叶面积，增加养分积累。

e. 病虫害防治：春季幼苗容易发生立枯病和猝倒病，特别是在低温、高湿下，会造成大量死苗。防治方法是在幼苗出土后，地面撒粉或喷雾进行土壤消毒，施药后浅锄。开始发病时，要及时拔除病株，并在苗垄两侧开浅沟，用硫酸亚铁 200 倍液或 65% 代森锌可湿性粉剂 500 倍液灌根。桃实生砧苗的质量标准见表 10-8。

表 10-8　桃实生砧苗的质量标准

项　目		等　级		
		二年生	一年生	芽苗
品种和砧木类型		纯度≥ 95%		
根	侧根数量 / 条	≥ 4（毛桃、新疆桃）		
		≥ 3（山桃、甘肃桃）		
	侧根粗度 /cm	≥ 0.3		
	侧根长度 /cm	≥ 15.0		
病虫害		无根癌病和根结线虫病		
苗木高度 /cm		≥ 80	70 ～ 80	—
苗木粗度 /cm		≥ 0.8	0.5 ～ 0.8	—
茎倾斜度 /（°）		≤ 15	—	—
枝干病虫害		无介壳虫		
整形带内饱满叶芽数 / 个		≥ 6	5 ～ 6	接芽饱满，不萌发

（引自 NY/T 5114—2002《无公害食品　桃生产技术规程》）

（2）嫁接技术

① 采集接穗：接穗应从品种纯正，树势健壮，高产稳产，无检疫对象和其他严重病虫害的母树上采集。春季枝接用的接穗可结合冬季修剪剪取，夏季芽接用的接穗最好是随采随接。

② 嫁接方法：春、夏和秋季均可进行。

a. 春季嫁接：一般在 3 ～ 4 月份砧木树液开始流动，但尚未发芽前进行，可采用切接、劈接、腹接等技术。砧木已经发芽，接穗尚未萌动的情况下，可采用带木质部芽接。

b. 夏季芽接：要掌握好适期，最好在 7 月下旬至 8 月中旬进行，嫁接过早，接芽容易萌发，不利于越冬。同时，8 ～ 9 月份桃砧木苗加粗生长很快，嫁接过早而未萌发的接芽也容易被砧木层夹在里边，第 2 年剪砧后接芽萌发困难。桃砧停止生长较早，嫁接过晚，砧木苗已停止生长，伤口愈合慢，还会造成大量流胶，嫁接成活率低，即使接活生长也不旺盛。

桃夏季嫁接一般采用“T”字形芽接法，但桃砧皮层较软，“T”字形接口要适当开大些。当接穗或砧木不离皮时，可采用带木质部芽接法。

③ 嫁接苗的管理

a. 春季嫁接后应立即浇萌动水，雨季做好防水排涝工作，8 月份以后要控制氮肥施用，少浇水，使苗木生长充实，利于越冬。嫁接后的解绑、剪砧（图 10-5 和图 10-6）、抹芽、立支柱参照果树育苗的一般方法进行即可。

图 10-5　剪砧前桃苗

图 10-6　剪砧后桃苗

b. 桃树嫁接苗新梢生长迅速，一年可发生 2 ～ 4 次副梢。因此，圃内整形是桃树育苗的一项重要措施，当新梢生长到 80cm 左右时，在 60 ～ 70cm 处进行摘心定干，同时将距地面 30cm 以下的副梢全部剪除，其余副梢任其生长。8 月下旬至 9 月上旬，于干高 40 ～ 60cm 处，选留生长健壮，方位合适的 3 ～ 4 个副梢作为主枝培养，并将其基角调整到 60° ～ 70°，其余副梢全部拿枝软化，加大角度，采用短截、疏梢等方法加以控制。进行圃内整形时，砧木苗的株行距应适当加大，一般行距不小于 60cm，株距不小于 30cm。

c. 桃苗极易被蚜虫和卷叶虫为害：在 4 月中旬至 5 月下旬可喷 50% 吡虫啉乳剂 3000 ～ 4000 倍液，或 40% 氧化乐果 800 ～ 1000 倍液；5 月份以后，如果红蜘蛛发生严重，可喷 20% 氧化乐果乳油 1000 ～ 1500 倍液，10 ～ 15d 喷一次，连喷 2 ～ 3 次。发现被害桃梢要及时摘除，集中烧毁。

2. 桃树快速育苗技术

随着塑料大棚、日光温室的应用和育苗技术的发展，对于砧苗和嫁接苗生长都较快的桃树来说，可采用快速育苗法（三当育苗法），即当年播种、当年嫁接、当年成苗出圃，但要做好以下几项工作。

（1）选用生长迅速的砧木　砧木种类是决定砧木苗生长快慢的内在因素，毛桃砧木不仅适应性广，而且生长迅速，播种后当年6月份，就能达到嫁接粗度，适于快速育苗。

（2）提高播种与出苗率　保护地育苗毛桃种子粒大，外壳坚硬，抵抗不良环境的能力较强，因此，最好头年秋季播种，如果春播则要求早播种。无论春播还是秋播，除地膜覆盖外，凡有条件都应在3月上旬设置风障防寒，并在土壤开始解冻时架设塑料小拱棚，棚内最低温不低于0℃，夜间盖草苫保温。幼苗出土后，棚内温度高于30℃，要及时通风换气，以后随着气温升高，要加强通风炼苗，逐渐减少覆盖物，到5月上中旬可全部撤除覆盖。

（3）早摘心和早嫁接　砧木苗长到30cm时及早摘心，促进其加粗生长，并及时清除嫁接部位以下的副梢。当砧木基部直径达到0.5cm，即可进行“T”字形或带木质部芽接，为使嫁接苗当年有足够的生长时间，6月底以前要全部接完。

（4）折砧与剪砧　接芽成活后不能马上剪砧，要在接芽以上1cm处将砧木折伤，但不要折断，促使接芽萌发。折砧后应及时清除砧木上的萌芽和副梢，当接芽长出6～7片真叶时再进行剪砧。

（5）加强肥水管理　为了使砧木提前达到嫁接的粗度、嫁接苗当年达到出圃标准，必须加强肥水管理，促使苗木迅速生长。要求苗圃要精细整地，施足底肥，每亩可施圈粪1000kg、过磷酸钙30kg、草木灰50kg。苗木生长期要多施巧施追肥，8月份以前以“促”为主，从定苗到接芽萌发应追施三次，每次每亩施尿素10kg；8月份以后应控制氮肥，增加磷、钾肥，每次每亩施复合肥10kg。此外，每半月左右要叶片喷肥一次，前期可喷300倍尿素，加适量生长素，后期可喷300倍的磷酸二氢钾。浇水是快速育苗中的重要措施之一，从定苗开始一直到9月份，都不能缺水。根据下面表格给苗木分级（表10-9和表10-10）。

表10-9　桃2年生苗质量标准

项目				等级		
				一级	二级	三级
品种和砧木类型				纯度≥95%		
根	侧根数量/条	实生砧	毛桃、新疆桃、光核桃	≥5	4～5	
			山桃、甘肃桃	≥4	3～4	
		营养砧		≥4	3～4	
	侧根长度/cm			≥20		
	侧根粗度/cm			≥0.5	0.4～0.5	0.3～0.4
病虫害				无根癌病和根结线虫病		
砧段长度/cm				5～10		

续表

<table>
<tr><th colspan="2" rowspan="2">项 目</th><th colspan="3">等 级</th></tr>
<tr><th>一级</th><th>二级</th><th>三级</th></tr>
<tr><td colspan="2">苗木高度 /cm</td><td>≥ 100</td><td>90 ～ 100</td><td>80 ～ 90</td></tr>
<tr><td colspan="2">苗木粗度 /cm</td><td>≥ 1.5</td><td>1.0 ～ 1.5</td><td>0.8 ～ 1.0</td></tr>
<tr><td colspan="2">茎倾斜度 /（°）</td><td colspan="3">≤ 15</td></tr>
<tr><td colspan="2">根皮与茎皮</td><td colspan="3">无干缩皱皮和新损伤处，老损伤处总面积≤ 1.0cm²</td></tr>
<tr><td colspan="2">枝干病虫害</td><td colspan="3">无介壳虫</td></tr>
<tr><td rowspan="3">芽</td><td>整形带内饱满叶芽数 / 个</td><td>≥ 8</td><td colspan="2">6 ～ 8</td></tr>
<tr><td>结合部愈合程度</td><td colspan="3">愈合良好</td></tr>
<tr><td>砧桩处理与愈合程度</td><td colspan="3">砧桩剪除，剪口环状愈合或完全愈合</td></tr>
</table>

表 10-10 桃 1 年生苗质量标准

<table>
<tr><th colspan="4" rowspan="2">项 目</th><th colspan="3">等 级</th></tr>
<tr><th>一级</th><th>二级</th><th>三级</th></tr>
<tr><td colspan="4">品种和砧木类型</td><td colspan="3">纯度≥ 95%</td></tr>
<tr><td rowspan="5">根</td><td rowspan="2">侧根
数量 / 条</td><td rowspan="2">实生砧</td><td>毛桃、新疆桃、光核桃</td><td>≥ 5</td><td colspan="2">4 ～ 5</td></tr>
<tr><td>山桃、甘肃桃</td><td>≥ 4</td><td colspan="2">3 ～ 4</td></tr>
<tr><td></td><td colspan="2">营养砧</td><td>≥ 4</td><td colspan="2">3 ～ 4</td></tr>
<tr><td colspan="3">侧根长度 /cm</td><td colspan="3">≥ 15</td></tr>
<tr><td colspan="3">侧根粗度 /cm</td><td>≥ 0.5</td><td>0.4 ～ 0.5</td><td>0.3 ～ 0.4</td></tr>
<tr><td colspan="4">病虫害</td><td colspan="3">无根癌病和根结线虫病</td></tr>
<tr><td colspan="4">砧段长度 /cm</td><td colspan="3">5 ～ 10</td></tr>
<tr><td colspan="4">苗木高度 /cm</td><td>≥ 90</td><td>80 ～ 90</td><td>70 ～ 80</td></tr>
<tr><td colspan="4">苗木粗度 /cm</td><td>≥ 0.8</td><td>0.6 ～ 0.8</td><td>0.5 ～ 0.6</td></tr>
<tr><td colspan="4">茎倾斜度 /（°）</td><td colspan="3">≤ 15</td></tr>
<tr><td colspan="4">根皮与茎皮</td><td colspan="3">无干缩皱皮和新损伤处，老损伤处总面积≤ 1.0cm²</td></tr>
<tr><td colspan="4">枝干病虫害</td><td colspan="3">无介壳虫</td></tr>
<tr><td rowspan="3">芽</td><td colspan="3">整形带内饱满叶芽数 / 个</td><td>≥ 6</td><td colspan="2">5 ～ 6</td></tr>
<tr><td colspan="3">结合部愈合程度</td><td colspan="3">愈合良好</td></tr>
<tr><td colspan="3">砧桩处理与愈合程度</td><td colspan="3">砧桩剪除，剪口环状愈合或完全愈合</td></tr>
</table>

三、葡萄苗木繁育

生产上使用的葡萄苗木，绝大多数是无性繁殖苗，主要采用扦插、嫁接、压条三种方法育成。葡萄砧木的繁殖可以采用实生繁殖。

1. 普通扦插繁殖（硬枝扦插）

（1）插条的剪接与浸泡　春季取出贮藏的插条，按 2 ～ 3 节长度剪截，上端在芽眼 1cm 左右处平剪，下端在基部芽眼 0.5cm 下剪成斜面，其上两个芽眼应饱满，保证萌芽成活。按 20 ～ 30 根一捆捆扎，在准备催根前用水浸泡，需要 2 ～ 3d，插条基部出现胶状黏液即可。

（2）催根　促进插条提早生根是扦插成活的关键，其方法可归纳为：一是激素催根；二是控温催根。生产中往往两种催根方法结合使用效果更好。

① 激素催根：激素用萘乙酸或萘乙酸钠，使用方法有三种。

a. 浸液法：将葡萄插条按要求剪好，捆成 20 ～ 30 根一捆立在盆里，加 3 ～ 4cm 激素水溶液浸泡 12 ～ 24h，只泡基部。萘乙酸的使用浓度为 50 ～ 100mg/L。萘乙酸不溶于水，配制时需先用少量的 95% 酒精溶解，再加水稀释到所需要的浓度；萘乙酸钠溶于热水，不必使用酒精。

b. 速蘸法：将插条捆成 20 ～ 30 根一捆，下端在萘乙酸溶液中速蘸一下，迅速取出即可扦插。萘乙酸的使用浓度为 1000 ～ 1500mg/L（图 10-7）。

图 10-7　葡萄萘乙酸速蘸生根状

c. 蘸药泥法：将插条基部 2 ～ 3cm 在配好的药泥里蘸一下即可。药泥配制方法：将萘乙酸溶于酒精，加滑石粉或细黏土，再加水适量调成糊状，浓度为 1000mg/L 左右。药剂处理一般在春季扦插前进行，如果在冬季贮藏插条前进行，春季扦插时，有愈伤组织形成。

② 控温催根处理：一般春季露地扦插，因气温高，地温低，插条先发芽，后生根，萌发的嫩芽常因水分、营养供应不足而枯萎，降低扦插成活率。控温处理就是使插条下部的土温提高到葡萄枝蔓生根所需的温度，一般认为 25 ～ 28℃较为适宜，促其早生根；同时控制插条上端的温度，不应过高，一般控制在 15℃以下，延迟发芽。这样便可以提高扦插成活率。

a. 温床催根：利用北方种菜的温床（阳畦）进行催根的方法：在阳畦内放入约 30cm 厚的生马粪，浇水使马粪湿润，几天后马粪发酵温度可上升到 30 ～ 40℃，待温度下降到 30℃左右，并趋于稳定时，在马粪上铺约 5cm 厚的细土，然后将准备好的插条整齐、直立地排列在上面，枝条间填塞细沙或细土，保持湿润。插条上端的芽露在上面，以免受高温影响，过早发芽。温床上面可以覆盖塑料薄膜和草苫，让气温低一些，土温高一些，一般土温保持在 22 ～ 30℃为宜（图 10-8）。

图 10-8　葡萄硬枝插条温床催根

b. 火炕加温催根：利用甘薯育苗的火炕进行葡萄插条的催根效果较好。火炕上先铺 5cm 厚的锯末，将准备好的插条排列在上面，插条间也填塞锯末，顶端芽眼露在外面。插好后充分喷水，使锯末湿透，保持 22 ～ 30℃，火炕上面覆盖塑料薄膜和草苫，保持湿度和控制温度。

c. 电热温床催根：利用埋设在温床下面的发热电线作为热源，并用控温仪或导电表控制土温，温度控制比较准确，可以随时调节，其效果较理想。电热温床多用半地下式，建造方法与一般温床相同，床底铺设电热加温线。先在床底两端各钉一排小木橛，将电热加温线进行缠绕，两头引线接 220V 交流电源，两行电热加温线的间隔距离影响床土的温度，要事先根据床的长和宽计算一条加温线可铺设的行数和间距。铺好后覆盖粗沙并通电，测量距加温线 4 ～ 5cm 处的土温，若温度过高，可以使加温线的间隔加大，否则需缩小。经过调试稳定后方可使用，一般间距约 5cm，两端因受外界温度影响，要适当密一些。为了有效地控制土温，可加自动控制设备，常用的有控温仪和导电温度表两种方法。控温仪的使用较方便，将控温仪的控头插在距加温线 4 ～ 5cm 处的沙中，将电热加温线的接头接在控温仪的输出键上，即可控制所需的温度。

（3）扦插　葡萄的扦插方法分硬枝扦插法、嫩枝扦插法和单芽快速繁殖法。露地直插建园：葡萄露地扦插生根比较容易，生产上多采用露地扦插。扦插圃应选地势平坦，土层深厚，土质疏松肥沃，有灌溉条件的地段。秋季深翻并施入基肥，然后冬灌，早春土壤解冻后，及时耙地保墒，准备扦插。露地扦插主要分垄插法和地膜覆盖法两种。

① 垄插法：垄宽 30cm，高 15cm，垄距 50 ～ 60cm，株距 12 ～ 15cm，每亩插 8000 ～ 10000 株。插条全部斜插于垄背土中，并在垄沟内灌水（图 10-9）。也可事先不做垄，先开浅沟，插好灌水后再培土成垄。垄插的插条下端距地面近，土温高，通气性好，生根快，根系发达。枝条上端也在土内，比露在地面温度低，能推迟发芽，营造先生根、后发芽的条件。因此垄插比平畦扦插生根、发芽晚，成活率高，生长好。北方的葡萄产区多采用垄插法，在地下水位高、年降雨量多的地区，因垄沟排水好，更有利于扦插成活。

图 10-9 葡萄插条斜插

② 地膜覆盖法：按上述的垄插法做好土垄，覆盖地膜，按株距要求，在地膜上打孔，插入插条，插条的顶端与地面相平或稍露出，地膜具有保墒和提高地温的作用。北方早春土温较低，每次灌水会降低土温，而地膜覆盖灌水次数减少，土温上升快，还能缓解灌水引起的土壤板结，垄内通气良好，利于生根。

（4）扦插苗的田间管理　主要是肥水管理，摘心和病虫害防治等工作。总的原则是前期加强肥水管理，促进幼苗的生长，后期摘心并控制肥水，加速枝条的成熟。

① 灌水与施肥：扦插时要浇透水，插后尽量减少灌水，以便提高地温，但要保持嫩梢出土前土壤不致干旱。北方往往春旱，一般 7 ～ 10d 灌水一次，具体灌水时间与次数要依土壤湿度而定。6 月上旬至 7 月上中旬，苗木进入迅速生长时期，需要大量的水分和养分，应结合浇水追施速效性肥料 2 ～ 3 次，前期以氮肥为主，后期要配合磷肥、钾肥，每次每亩施入人粪尿 1000 ～ 1500kg 或尿素 8 ～ 10kg 或过磷酸钙 10 ～ 15kg 或草木灰 40 ～ 50kg。7 月下旬至 8 月上旬，应停止浇水或少浇水。

② 摘心：葡萄扦插苗生长停止较晚，后期应摘心并控制肥水，促进新梢成熟。幼苗生长期时副梢摘心 2 ～ 3 次，主梢长到 70cm 时进行摘心，到 8 月下旬长度不够的也一律进行摘心。

③ 病虫害防治：7 ～ 8 月份多雨季节，葡萄幼苗易感染黑痘病，可喷 3 ～ 4 次 160 倍的少量波尔多液，发生毛毡病时，可喷（0.3 ～ 0.5）°Be 的石硫合剂。

④ 苗木出圃：葡萄扦插苗出圃时期比葡萄防寒时期早，落叶后即可出圃，一般在 10 月中下旬进行。起苗前先进行修剪，按苗木粗细和成熟情况留芽、分级。如玫瑰香葡萄苗，成熟好，枝粗 1cm 左右的留 7 ～ 8 个芽，枝粗 0.7 ～ 0.8cm 的留 4 ～ 6 个芽，粗度在 0.7cm 以下，成熟较差的留 3 ～ 4 个芽或 2 ～ 3 个芽。起苗时要尽量少伤根，苗木冬季贮藏与插条的贮藏法相同。

2. 快速扦插育苗

快速扦插育苗主要有阳畦单芽扦插，营养袋育苗和嫩枝扦插三种形式。工厂化育苗，目前主要是采用温室营养袋育苗法。

（1）阳畦单芽扦插

① 插条的选择和采集：插条多从秋季采集的枝条上剪截，也可以用春季直接从葡萄植株上剪下刚萌动的芽，扦插前要注意选择。春季剪下萌动的芽，可立即扦插在沙盘中，在适宜的温度、水分和充足的光照条件下，成活率高。

② 插条的剪取：单芽扦插用的插条，上端离芽眼 1cm 处平剪，下端在芽眼 1.5cm 处剪成马蹄形即可。

③ 扦插方法：单芽扦插可以采用方格单芽扦插法和营养纸袋单芽扦插法。阳畦一般宽 1.2 ～ 1.5m，长 5 ～ 7m，深 25 ～ 30cm。

a. 方格单芽扦插法：用木条做成 1.2m 见方的方框，四边每隔 6cm 打一孔，用线绳绑成纵横整齐的 6cm 见方的四格，阳畦中先铺 2 ～ 3cm 厚的细沙，垫 10cm 厚的营养土，其比例为菜园土 2 份、细沙 1 份和过筛的腐熟有机肥 1 份。浇足底水，待水渗下后，将木框置于畦中，剪好的单芽插条基部先蘸一下 1000mg/L 萘乙酸（NAA）液，再以近 30° 的角度插在四方格中，每格一株。芽上端剪口要恰好与土面相平，切忌过深，否则嫩芽出土困难。

b. 营养纸袋单芽扦插法：营养纸袋高 16cm，直径为 6cm，纸袋中装满营养土，蹲实后，整齐地排列于阳畦中，各纸袋营养土面要在同一平面上，便于浇水。营养纸袋摆放好后充分浇水，将单芽插条按 30° 的角度插入袋中，芽的上端剪口与土面相平。一个宽 1.5m、长 5m 的阳畦可摆营养纸袋 2500 ～ 2700 个（图 10-10）。

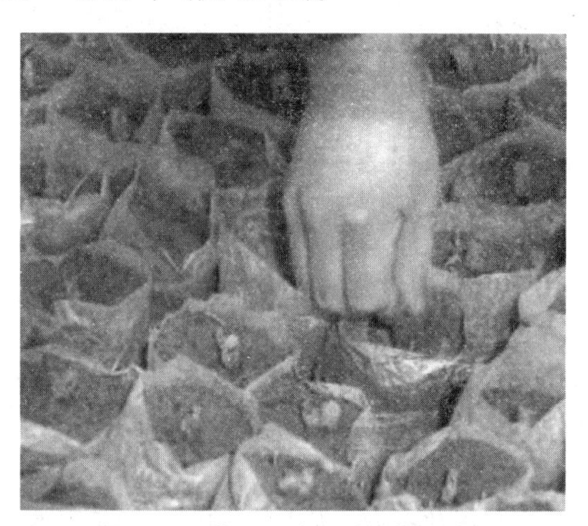

图 10-10　葡萄营养纸袋单芽扦插苗

④ 插后管理：扦插后，阳畦上架设拱形支架，上面覆盖塑料薄膜，以提高温度和保持湿度。晴天棚内气温过高要及时放风，白天保持 20 ～ 30℃，最高不应超过 35℃，并经常喷水保持畦内湿度。

扦插后 15 ～ 20d，插条开始愈合，1 个月可产生愈伤组织，发生新根。待多数新梢生长到 10 ～ 15cm 时可以移栽到露地苗圃继续培育，也可以直接定植。用方格法扦插的，可用移植铲将畦土切成四块，带土移植，移栽前最好先浇一次水；用营养纸袋扦插的，注意不要弄破纸袋。

为了提高移栽或定植成活率，要加强阳畦内扦插苗的锻炼，移栽后 10d 内应增加放风，降低空气湿度，并逐渐把棚膜撤除。在直射的阳光下叶片不萎蔫，即可移栽或定植。移栽前，苗圃地要施足基肥，灌透底水，可以带水栽植。即挖一小坑，浇上水，水未渗完时即放入带土团的扦插苗，立即覆土，这样成活率较高，移栽后覆盖遮阴，缓苗快。移栽或定植的时期不宜太晚，以 4 月下旬至 5 月上中旬为好，太晚气温过高，缓苗期长。扦插期应根据扦插苗在阳畦内生长的时间和当地移栽或定植适期来计算决定，栽后要注意浇水和松土。此法不仅节约繁殖材料，而且成苗率高，出圃快。

（2）营养袋育苗 将育苗分为两个阶段，即先进行激素处理和电热催根，再移栽到营养纸袋或塑料薄膜袋内培育。全部工作可在温室内进行，也叫工厂化育苗。

① 催根的方法：可参照控温催根和激素催根法，一般催根 15 ～ 20d，便开始生根，芽眼萌发，具有 4 ～ 5 条、1 ～ 5cm 长的根时，移入袋中继续培养 1 个月左右，即可定植于田间。营养袋用直径 6 ～ 8cm，长 18 ～ 20cm 的塑料薄膜袋，袋内先填 1/4 ～ 1/3 的营养土，放好已催出根的插条，再填满营养土，轻轻压实。装袋后立即喷一次水，以后每天喷水 1 ～ 2 次，当幼嫩梢生长正常，无萎蔫现象后，可叶面喷肥，以补充营养，并及时喷药预防霜霉病等真菌性病害的发生。幼苗长出 3 ～ 4 片叶时，应增加光照，降低空气温度和湿度，接受直射阳光，锻炼苗木，以适应外界条件，提高定植成活率。

② 容器苗定植：最好在阴天或傍晚进行，栽后注意遮阴，定植后的前 2 ～ 3d，要每日在叶片上喷水，增加空气湿度，有利于成活。

（3）嫩枝扦插

① 插条的选择和剪取：夏季利用半木质化的新梢和副梢进行扦插，剪留长度一般为 2 ～ 3 芽，嫩枝上端留一个叶片，并剪去一半，以减少蒸发。

② 扦插方法：嫩枝扦插可以在塑料棚内进行，基质可用河沙或蛭石，塑料大棚上面要遮阴降温，棚内要经常喷水，增加空气湿度，在室外全光照下，用定时喷雾法保证空气湿度，效果较好，嫩枝扦插成活率很高，且可以利用夏季修剪时剪下的材料，但有以下三点要注意。

a. 夏季温度高，蒸发量大，在扦插过程中，要将气温降到 30℃以下，以 25℃最宜，可防止插条失水萎蔫。

b. 在夏季高温高湿条件下，幼嫩的插条易感染病害，可用 500 倍高锰酸钾液或 20% 多菌灵悬浮剂 1000 倍液进行基质消毒，并经常注意防病喷药。

c. 嫩枝扦插宜早不宜晚，以 6 ～ 7 月份为好，8 月份以后插条发生的枝条不能成熟，影响苗木越冬。

3. 嫁接育苗

（1）砧木苗的准备

① 种子的采集：砧木苗可通过播种繁殖或扦插繁殖获得。播种繁殖砧木苗时，要在 9 月中旬前后进行，采集充分成熟的葡萄果实，堆积腐烂，漂洗取种，去杂去劣，拌上湿沙在阴凉处保存，上冻前进行层积处理，方法与其他果树种子相同。酿酒厂的种子，如未经过高温发酵，也可采用。

② 种子播前处理：翌年 3 ～ 4 月间，把经过层积处理的种子取出，筛去沙子，倒进 30℃左右的温水中，浸泡一昼夜，再与湿沙混合，在 25℃左右的温度下催芽。大部分种子裂口，少数种子发芽时，即可播种。

③ 播种方法：采用条沟播种，播种深度 2 ～ 3cm，行距 45 ～ 60cm。

④ 播后管理：当幼苗长出 1 ～ 2 片真叶时，间为单苗，到 4 ～ 5 片真叶时，按 10 ～ 15cm 株距进行定苗。6 月份可追施速效氮肥一次，每亩追施尿素 10～15kg，促使砧木苗生长；7 ～ 8 月份追施过磷酸钙 15kg 加草木灰 30kg，促使砧苗充实。在土壤干旱或追肥时要及时浇水，并中耕松土、除草。苗期可用毒饵防治地下害虫，后期喷波尔多液预防各种病害。实生苗当年达不到嫁接高度，冬天留 2 ～ 3 个芽剪截并就地培土防寒，第 2 年春天除去防寒土，加强肥水管理。每株留两个新梢，设架引缚，新梢上的副梢可留 1 ～ 2 片叶及时摘心，卷须

要及时剪除，促使新梢迅速加粗生长，以备嫁接。当年可以进行芽接或嫩梢枝接。

（2）嫁接方法　嫁接方法因嫁接时期和砧木种类而异，常用的方法有以下几种。

① 芽接

a. 接穗的选择和采集：接穗应从品种纯正，生长旺盛，无病虫害的丰产单株上剪取，选择生长充实，芽眼饱满，没有副梢或副梢小的当年新蔓作接穗。接穗剪下后要立即剪去叶片，基部浸在冷水中泡 1h，充分吸水后用塑料薄膜包好再运输，如就地嫁接，可随取随接。

b. 选择适宜的芽接时期：在葡萄新梢已开始木质化，接芽能很顺利掰下时进行，一般在 6 ～ 7 月份进行，过晚会影响秋季接芽成熟。如要提早嫁接，早春最好用塑料薄膜覆盖砧木苗。

c. 芽接的方法：一般采用方块芽接，但要比常规芽接的芽片大些。芽片长 2 ～ 3cm、宽 1cm 左右。接穗比较嫩的，可采用带本质部芽接。

② 枝接：有硬枝接和绿枝接两种，尤以葡萄休眠期室内的硬枝接为主。

a. 硬枝接：在葡萄休眠期内，采用接穗和砧木的 1 年生枝条，于室内进行嫁接。将接穗接在砧木的茎段上，经过愈合处理，再进行扦插。枝接方法可采用劈接、腹接和舌接等。

为促使砧穗愈合，并促进砧木发根，可在温室或火炕上进行加温处理。加温要求在 25 ～ 28℃，经 15 ～ 20d 后，部分接口愈合。砧木基部出现根源体和幼根，再经放风锻炼后，可露地扦插。加温时要用湿锯末将插条四周填充密实，以保持湿度，春季可在露地苗圃对越冬砧木苗进行嫁接，常用劈接法。

图 10-11　葡萄绿枝嫁接苗

b. 绿枝接：在生长期进行，可利用夏季修剪剪下的副梢和嫩梢作接穗，接在砧木的绿枝上。方法是在 6 月中下旬，选择优良品种的新梢或副梢，于接前 2 ～ 3d 摘心，接穗剪留 1 ～ 2 节，剪去叶片，只留一小段叶柄，用切接、舌接等方法，一般 10d 左右即可愈合，接后及时除去砧木的萌蘖和接穗新梢上的副梢（图 10-11）。常用来加速良种繁育，更新品种，具有接穗来源广、操作简便、成活率高的优点。葡萄苗的质量指标见表 10-11。

表 10-11　葡萄苗的质量指标

种类	项　目		一级	二级	三级
自根苗	品种纯度		纯度≥ 98%		
	根系	侧根数量 / 条	≥ 5	4 ～ 5	
		侧根粗度 /cm	≥ 0.3	0.2 ～ 0.3	
		侧根长度 /cm	≥ 20	15 ～ 20	
		侧根分布	均匀、舒展		
	枝干	成熟度	木质化		
		高度 /cm	≥ 20		

续表

<table>
<tr><th>种类</th><th colspan="3">项　目</th><th>一级</th><th>二级</th><th>三级</th></tr>
<tr><td rowspan="4">自根苗</td><td>枝干</td><td colspan="2">粗度 /cm</td><td>≥ 0.8</td><td>0.6 ～ 0.8</td><td>0.5 ～ 0.6</td></tr>
<tr><td colspan="3">根皮与茎皮</td><td colspan="3">无新损伤</td></tr>
<tr><td colspan="3">芽眼数 / 个</td><td colspan="3">≥ 5</td></tr>
<tr><td colspan="3">病虫害情况</td><td colspan="3">无检疫对象</td></tr>
<tr><td rowspan="15">嫁接苗</td><td colspan="3">品种纯度</td><td colspan="3">纯度≥ 98%</td></tr>
<tr><td rowspan="10"></td><td colspan="2">侧根数量 / 条</td><td>≥ 5</td><td colspan="2">4 ～ 5</td></tr>
<tr><td colspan="2">侧根粗度 /cm</td><td>≥ 0.3</td><td colspan="2">0.2 ～ 0.3</td></tr>
<tr><td colspan="2">侧根长度 /cm</td><td>≥ 20</td><td colspan="2">15 ～ 20</td></tr>
<tr><td colspan="2">侧根分布</td><td colspan="3">均匀、舒展</td></tr>
<tr><td colspan="2">成熟度</td><td colspan="3">充分成熟</td></tr>
<tr><td colspan="2">枝干高度 /cm</td><td colspan="3">≥ 30</td></tr>
<tr><td colspan="2">接口高度 /cm</td><td colspan="3">10 ～ 15</td></tr>
<tr><td rowspan="2">粗度 /cm</td><td>硬枝嫁接</td><td>≥ 0.8</td><td>0.6 ～ 0.8</td><td>0.5 ～ 0.6</td></tr>
<tr><td>绿枝嫁接</td><td>≥ 0.6</td><td>0.5 ～ 0.6</td><td>0.4 ～ 0.5</td></tr>
<tr><td colspan="2">嫁接愈合程度</td><td colspan="3">愈合良好</td></tr>
<tr><td colspan="3">根皮与茎皮</td><td colspan="3">无新损伤</td></tr>
<tr><td colspan="3">接穗品种芽眼数 / 个</td><td>≥ 5</td><td>≥ 5</td><td>3 ～ 5</td></tr>
<tr><td colspan="3">砧木萌蘖</td><td colspan="3">完全清除</td></tr>
<tr><td colspan="3">病虫害情况</td><td colspan="3">无检疫对象</td></tr>
</table>

（引自 NY 469—2001《葡萄苗木》）

四、枣树苗木繁育

我国北方许多地区都有著名的红枣优良品种，野生酸枣资源也十分丰富，有许多地方名优品种可供选择，也为枣树嫁接育苗奠定了良好的品种和砧木基础。选用良种，培育壮苗，是枣树早实丰产的基础，枣树育苗坚持自采（酸枣种子和良种接穗）、自育（就地育苗）、自栽（就地或就近栽植）的原则。其繁育方法较多，现着重介绍几种主要育苗方法。

1. 根蘖分株育苗

这是我国多数枣产区的主要繁殖方法。其优点是方法简单，操作容易，但因母株根系数量的限制，育苗数量有限，不适于大量育苗。长期使用根蘖法育苗会导致植株间的差异和品种退化，不利于提高枣果的品质和商品性能（图 10-12）。

图 10-12　枣根孽苗

2. 归圃育苗

（1）原理　利用枣园行间散生的自然根蘖苗，经选择后将其归圃集中培育。

（2）操作步骤

① 选背风向阳处、土层深厚、良好的地块作归圃育苗地。

② 在秋末冬初进行深翻并施入有机肥，翌春土壤解冻后耙平，作好归圃培育的准备。

③ 从优良母株上将根蘖苗取下并分离成单株。按粗细分类捆成捆，每捆 50 ～ 100 株。

④ 栽前对苗根进行修剪，侧根留 15 ～ 20cm 长，须根留 8 ～ 10cm 长，对苗体粗壮无须根的苗，可在根部刻伤，刺激发根。为提高根蘖苗的生根率，可用 ABT 生根粉进行处理。用非金属容器先将 1g 三号生根粉溶解在 90% ～ 95% 的工业用酒精中，再加 0.5kg 蒸馏水或凉开水，即配成浓度为 1000mg/L（1000ppm）的生根粉原液，现用现配。使用时将原液加入清水（20kg）稀释 20 倍，即为 20mg/L（20ppm）的溶液，然后将成捆的苗本根浸入药液内，深度 5 ～ 7cm，浸 3 ～ 4.5h，捞出即可栽植（每克生根粉可浸苗木 1000 ～ 5000 株）。

⑤ 栽植时期为 5 月上旬。栽前 3d 要浇透水，3d 后用犁开沟，按株距 20 ～ 25cm，行距 60 ～ 100cm 定点栽植，每亩栽 6600 株。

⑥ 栽后浇一次透水，天旱时每半月浇水一次。8 月上旬和 8 月下旬各追尿素一次，每次 2.5kg/ 亩左右。苗发芽后选直立健壮枝条作主干，其他侧芽抹去，一般培育两年即可出圃。

3. 嫁接育苗

（1）砧木选择　枣树嫁接常用的砧木有本砧（枣的实生苗或根蘖苗）和酸枣两种。

（2）种子的采集和处理

① 种子的采集：一般在秋季 9 ～ 10 月份枣果或酸枣充分成熟时进行。采下的果实堆积软化，果肉软化腐烂后，放入池内反复冲洗，揉搓，漂去皮肉和空核，捞出种枝晾干备用。枣和酸枣的种仁后熟期短，不经后熟也可发芽成苗。枣核的生命力差，贮藏一年即丧失生活力，不能利用，在生产中应特别注意。

② 种子的层积处理：一般秋播可不进行层积处理，春播种子处理的方法有两种。

a. 沙藏法：当种子量少时，可按 1 份种子、5 份湿沙的比例，拌匀后放入花盆或木箱内，放在冷屋内过冬，待春季土壤解冻时，种核裂口即可播种。如种子数量较多，可在地下挖沟，深 60cm，宽 50cm，沟长视种子多少而定。沙藏前先将种子用冷水浸泡 24h，沟底铺 5cm 厚的湿沙，沙上铺一层 5cm 厚的种子，然后铺 5cm 厚的湿沙，再放一层 5cm 厚的种子，共放 3 ～ 4 层种子，最上面再覆土约 20cm，略高出地面，以免积水。沙藏期内要定期检查，春季发现种核裂口露白时即播种。层积时间一般为 80d。

b. 温水浸种法：种子未经沙藏，春季育苗时，可于 4 月初把种子倒入 55 ～ 60℃温水中搅拌，让其自然降温，捞出漂浮瘪籽，其余种子再浸泡 24h 捞出，盖上湿布或湿草等催芽，每天用清水冲洗一次，经 7 ～ 10d 即可播种。

（3）播种和苗期管理　秋播要在土壤上冻前进行。因酸枣苗长有二次枝及托刺，为管理方便，应采取双行密植的方式：大行距为 70cm，小行距为 30cm，株距 15cm，开沟点播，按每亩 5kg 播种量可产苗 8000 株。播后覆土并轻微镇压，翌年土壤解冻后至出苗前注意保持土壤湿度。

春播是在 4 月中下旬进行，多采用大垄双行点播，株距 15 ～ 20cm，每穴播种 5 ～ 6 粒，覆土厚度 2 ～ 3cm，每亩播种量 5 ～ 10kg。

播后覆盖地膜，并适时追肥灌水、除草松土，当幼苗长出 3 ～ 4 片真叶时间苗，每穴留 1 株，当苗高 20 ～ 25cm 时，可进行第一次摘心，过 20d 后再摘心一次。管理好的苗木，当年地径可达 0.8cm 以上，苗高达 60cm，翌春即可嫁接。

（4）选用适宜的嫁接方法

目前北方大部分地区酸枣接大枣主要推广应用的方法有皮下接和“T”字形芽接。

① 皮下接：自春季砧木树液开始流动至 9 月初都可以嫁接，但以 4 ～ 6 月份为最适期。嫁接部位以在根颈以上 5cm 处为宜。方法简单，成活率高，干旱年份成活率在 90% 以上。

② 芽接（带本质部）：自 5 月中旬至 8 月中旬均可进行，以 7 月份最好。春季芽接用去年生枣头的主芽作接芽，而夏秋芽接可用当年生枣头的主芽作接芽。

（5）嫁接后的管理

① 检查成活与补接：枝接一般在接后 15d 左右检查接穗。枝条皮色鲜亮，芽体饱满是成活的表现；皮色皱缩发暗，芽体变枯则未成活，最好及时补接。芽接可在接后 7 ～ 10d 检查成活，用手轻轻触碰叶柄一触即落，则已成活；如叶柄干枯，芽片皱缩发黑，即未成活，要立即补接。

② 松绑：待接穗成活、接口愈合后，及时松绑并去掉塑料条。

③ 剪砧：对芽接早年、当年能萌发生长的，应于嫁接成活后及时在接芽上 1cm 处剪断砧木；迟接的应在翌春萌芽前剪砧。

④ 除萌与摘心：嫁接成活后，要及时去掉接口以下砧木上生长的萌蘖，以集中养分、水分，供新梢健壮生长。苗木生长达 70 ～ 80cm 时进行摘心，以促其枝条粗壮，芽体饱满。

⑤ 立支柱：嫁接成活后，新梢生长快，接合部愈合组织很脆弱，易被风吹断，故应在幼树长到 20 ～ 30cm 时设立支架，将幼树绑缚其上，以防风折。

此外，还应及时对嫁接苗进行追肥灌水、中耕除草和病虫害防治等方面工作。枣树苗木分级规格见表 10-12。

表 10-12　枣树苗木分级规格

项　目		规格等级		
		一级	二级	三级
根	侧根数 / 条	≥ 25	20 ～ 25	15 ～ 20
	侧根长 /cm	≥ 20	15 ～ 20	10 ～ 15
	侧根直径 /cm	≥ 0.3	≥ 0.3	0.2 ～ 0.3
茎	主干高 /cm	≥ 100	80 ～ 100	40 ～ 80
	根部直径 /cm	≥ 1.5	1 ～ 1.5	0.8 ～ 1
	分枝	若干	若干	若干

五、草莓苗木繁育

草莓是多年生草本植物，以匍匐茎分株繁殖为主，也可用新茎分株繁殖。

1. 匍匐茎分株繁殖

草莓大多数品种都具有发生匍匐茎的能力。一般一棵母株可发生数条匍匐茎，在匍匐茎上形成匍匐茎苗，并可连续形成多次匍匐茎苗。在易发生匍匐茎的品种上，只要加强栽培管理，一棵母株可产生 100 多株匍匐茎苗。当匍匐茎苗形成 3 ～ 4 片叶以上、具有一定数量新根时，即可定植于大田。这种繁殖方法的优点是：繁殖系数高，方法简便，伤口小，不易感染病害。目前生产上多采用生产田直接育苗和建立母本圃培育秧苗。草莓茎部产生的匍匐茎如图 10-13 所示。

图 10-13　草莓的匍匐茎

（1）生产田直接育苗　草莓果实采摘完毕后，可将生产田改作繁殖苗圃地，具有省地、省工、简便易行的特点。

① 选留母株：即按一定的株行距拔去部分老株，留下无病虫为害、健壮的植株作为母株，去掉其上的部分衰老叶片，改善通风透光条件。

② 加强管理

a. 及时施肥灌水：在行间开沟施肥或深中耕结合追施速效肥。施肥后灌水，保持土壤湿润、疏松，使匍匐茎苗易于扎根成活。

b. 加强对匍匐茎的管理：结合中耕理顺匍匐茎，并要人工压埋，使匍匐茎苗定点扎根。

c. 控制秧苗量，促发壮苗：为促进秧苗健壮，可将早期发生的匍匐茎每条留两株秧苗，中期留一株幼苗，后期发出的匍匐茎去除。在移栽前控制水分，适当晾苗，促使秧苗发育健壮。

（2）建立母本圃培育秧苗　要提高秧苗质量，需建立专门的母本圃培育秧苗。

① 园地的选择和土壤准备

a. 园地选择：需选择在光照充足，有灌溉条件，地面平整，排水良好的沙壤土上。

b. 整地作畦或起垄：于头年秋季进行土壤翻耕，施足底肥，做成平畦或高垄。整地要精细，畦面要平整，土块要充分捣碎，轻轻镇压使土壤沉实。

② 母株的栽植

a. 选择母株：要选用品种纯正、植株健壮的幼苗作为母株，有条件的选用组织培养的无病毒苗作为母株更好。

b. 栽植：北方可在春季 3 ～ 4 月份进行，也可在前一年 11 月份进行。11 月份栽植要注意越冬防寒。在 3 ～ 4 月份栽植母株时，要预先利用塑料拱棚升高地温，地温升高到 10℃以上时定植。母株栽植 4 周后，再覆盖一层地膜。

c. 母株栽植的株行距：要根据品种特性、栽培条件和管理措施而定。总之，要使母株和匍匐茎苗都有充足的营养面积，保证通风透光，子株生长健壮。

③ 母株与匍匐茎管理：北方 3 ～ 4 月份间定植于塑料拱棚的母株，缓苗后开始迅速生长。5 月上中旬外界气温升高，开始有匍匐茎发生。

a. 要去除覆盖的地膜和拱棚，及时中耕松土和清除杂草，同时结合中耕松土可在行间撒施有机肥和氮、磷、钾复合肥，以利于匍匐茎扎根生长。

b. 及时疏除母株上出现的花蕾，减少营养消耗，促使多发匍匐茎和形成健壮的匍匐茎苗。疏除花蕾一般要进行 3 ～ 4 次。

c. 及时整理和固定匍匐茎，防止匍匐茎相互交叉。将匍匐茎苗引向母株的一侧或两侧，在匍匐茎的叶丛处用土压茎，或用弓形铁丝固定匍匐茎，每个母株保留 8 ～ 10 条匍匐茎，匍匐茎苗的间距保持为 15cm×15cm，使株丛间通风透光，保证每一子株有足够的营养面积。

d. 秧苗假植：为培育健壮、整齐一致的秧苗，可于 7 月上中旬，将秧苗假植在准备好的假植苗床内。栽植后及时浇定根水，并进行覆盖遮阴。每天浇一次小水。成活后 3 ～ 4d 浇一次水，保持床土湿润。对假植苗上发生的新匍匐茎要及时去除，以防止秧苗拥挤造成徒长苗和苗的大小不一。经 50 ～ 60d，幼苗达到 6 片以上的新叶，茎粗 1cm 以上，发生较多新根，达到壮苗标准后，即可移入露地或保护地栽植。也可不进行假植育苗，在母本圃内将匍匐茎苗的间距留大些。

为促进匍匐茎苗的花芽分化，可在中耕除草时，对幼苗进行部分断根，挫伤根系，以抑制地上部营养生长，促使花芽分化。断根要在花芽分化前 10 ～ 14d 进行。

2. 新茎分株繁殖

生长季中，草莓茎的腋芽可抽生新茎分枝，在新茎分枝基部可发生数条不定根，将新茎分枝带根与母株分离，即可成为一株新苗，当新茎分枝长出 4 ～ 5 片大叶和发生较多新根时，将老株挖出，使新茎与母株分离，选出发育良好、须根较多的分株，移栽于生产田。

3. 无病毒苗的繁殖

草莓被病毒侵染后，植株生长衰弱，叶片皱缩，果实变小且多畸形，品质变劣，产量明显下降，给草莓生产造成极大的经济损失。因此，培育无病毒苗很重要。

（1）病毒类型　草莓常见病毒及处理方法如表 10-13 所示。

表 10-13　草莓常见病毒及处理方法

<table>
<tr><th>病毒种类</th><th>热处理时间</th><th>病毒种类</th><th>热处理时间</th></tr>
<tr><td>草莓斑驳病毒</td><td>12 ～ 15d 以上</td><td>草莓镶脉病毒</td><td rowspan="2">难以用热处理方法脱除</td></tr>
<tr><td>草莓皱缩病毒</td><td>50d 以上</td><td>草莓轻型黄边病毒</td></tr>
</table>

（2）脱毒方法

① 热处理脱毒：把培养好的盆栽草莓苗放入可控制温度、光照的培养箱（37 ～ 38℃的恒温箱）内进行热处理，白天光照 16h，光照强度为 5000lx，空气相对湿度在 65% ～ 75% 以上，处理时间因病毒种类而异。

② 茎尖培养脱毒：取长度在 0.2 ～ 0.5cm、带 1 ～ 2 个叶原基的茎尖进行培养，分化出的试管苗可有效脱毒，结合热处理效果更好。

③ 花药培养脱毒：草莓现蕾时，摘取 4mm 左右大小的草莓花蕾，其直径在 1mm 左右，将采集到的花蕾用流水冲洗后，置于铺有湿润滤纸的培养皿中，4℃预处理 48h。在超净工作台上将花蕾放入 70% 的酒精中消毒 30s，先转入 0.1% 的升汞溶液（$HgCl_2$ 溶液）中消毒

7 ～ 8min，无苗水冲洗 3 ～ 4 次，剥取花药接种在附加一定浓度的 6- 苄基氨基腺嘌呤和吲哚丁酸的 MS 培养基上进行暗培养，2 周后移至光下培养，40 ～ 50d 后可将分化再生的植株接种到附加一定浓度的 6- 苄基氨基腺嘌呤和吲哚丁酸的 MS 培养基上进行增殖培养，然后生根、移栽。

（3）病毒的鉴定与检测　采用上述脱毒技术获得的植株是否真正脱毒，还需进行病毒的鉴定与检测，确认完全无毒后方可进一步扩大繁殖。鉴定与检测的方法主要有指示植物小叶嫁接鉴定法、生物学鉴定法等。指示植物小叶嫁接鉴定法方法如下。

用 UC-4、UC-5、UC-10、UC-11、EMC 等作指示植物。嫁接时，先从待检植株上采集完整成熟的 3 片复叶，剪掉 3 片复叶的左右 2 片小叶。中部小叶带 1 ～ 1.5cm 长的叶柄，用锐利刀把叶柄削成楔形作为接穗。选生长健壮的指示植物叶片，剪除中间小叶，在 2 个小叶叶柄中间向下纵切 1 条长 1.5 ～ 2cm 的切口，插入削好的接穗，用塑料薄膜条包扎。每一株指示植物最好嫁接 2 个待检接穗。接后将整个花盆罩上塑料袋，便于保温、保湿，提高嫁接成活率。嫁接的植株先在 25℃背阴处放置 1 ～ 2d 后，移至阳光下，1 周后去掉塑料袋，经过 15 ～ 20d（秋）或 25 ～ 30d（春、冬）接口方可全部愈合。小苗嫁接成活后，剪去老叶，同时注意观察新长出叶上的症状表现，根据是否出现典型症状来判断是否仍带有病毒，可连续观察 1.5 ～ 2 个月。

（4）无病毒苗的繁殖　经过脱毒和病毒检测，确定为无病毒苗后，可作为无病毒原种进行保存。利用草莓无病毒原种，进行组织培养快速繁殖原种苗，然后以无病毒原种苗作母株，在隔离网室条件下繁殖草莓无毒苗，土壤要经过严格消毒，避免重茬地繁殖无毒苗和注意防治蚜虫。

无病毒草莓苗的繁育，主要采用匍匐茎繁殖法。无病毒原种苗可供繁殖 3 年，以后则需重新鉴定检测，确认无毒后，方可继续作母株进行繁殖。

草莓苗质量标准如表 10-14 所示。

表 10-14　草莓苗质量标准

项　目		要　求
品种类型		植株完整，具有 4 ～ 5 片以上展开叶，顶花芽分化完成
根系	根粗度 /cm	≥ 1.2
	根长度 /cm	≥ 5
	新根数量 / 条	≥ 20
	根系分布	根系发达，有较多新根
苗木重量 /g		≥ 20
病虫危害情况		无检疫对象

六、核桃苗木繁育

1. 实生核桃苗的繁育

（1）种子的选择和采集

① 采集要求：播种用的核桃种子，必须选自品质优良、丰产、树势生长健壮、适应性

强、无病虫害的优良母树植株。

② 适当晚采：须在种子完全成熟，全树果实青皮有30%～50%裂开时采收为宜。

③ 采后处理：采后，脱去青皮，将种子薄摊于通风干燥处晾干，后进行粒选，选好后贮藏于干燥处备用。

（2）播种前须对种子进行处理　核桃种子壳厚，必须经过一定时期的后熟过程才能发芽。秋播的种子，可在田间完成后熟，不需处理。春播的种子必须进行处理，常用的方法如下。

① 沙藏（层积处理）

a. 水选：在播种前3个月，先对种子进行水选。即将种子放入清水中浸泡2～3d，把漂浮在水面上、种仁不饱满的种子捞出淘汰，水下种子取出，用湿沙贮藏。

b. 沙藏地点及规格：选择地势高燥、冷凉通风、地下水位低的背阴处，挖沟深、宽各80～100cm，长度依种子的数量而定。

c. 沙藏过程：先在沟底铺一层10cm厚的湿沙，依次一层种子一层湿沙放置到距离沟口15～20cm处，上面覆沙与地面相平，其上再覆约30cm厚的土堆。同时，在沟内每隔2m竖一把秫秸，以利于通风，防止种子霉烂。沙藏期间要经常检查湿度、温度和种子变化情况，特别是在温度较高的月份。经过60～80d的沙藏处理，于3月中下旬开始播种。

② 浸种催芽：冬季未来得及沙藏处理的种子，春季播种前可用浸种催芽法处理，促进发芽和提高出苗率。

a. 冷水浸种：将种子置于冷水中，每两天换一次水，或用麻袋装着种子放在流动水处浸泡7～10d，当大部分种子膨胀裂口时，即可播种。有些地区，将浸泡了的种子在阳光下曝晒1h，效果较好。

b. 变温处理：将种子放入缸内，倒入80℃以上的热水，搅拌到不烫手为止，然后每隔2～3d换冷水一次，共浸泡7～10d，当大部分种子膨胀裂口时，即可播种。

c. 石灰水浸种：用10%生石灰溶液浸种7～10d，即可播种。适用于缺水地区。

d. 冷浸催芽：冷水浸种3～4d后，选择通风、光照良好处，挖一深、宽各50cm的沟，沟长依种子数量而定。沟底铺沙5～10cm，然后放一层湿沙一层种子，距坑口5～10cm处覆沙到与地面相平，每天喷水两次。10～15d后，种子壳皮裂口，开始萌动，即可播种。

（3）选择播种时期

① 春播：华北地区多采用春播，一般在3月中旬至4月上中旬进行。

② 秋播：冬季较温暖地区可采用秋播，通常在9月下旬至10月底进行。

（4）做好播前准备及合理播种

① 施肥、整地、作畦：苗圃地选择好以后，要提前进行整地，施足基肥，2000～3000kg/亩，充分腐熟的有机肥加入20～30kg过磷酸钙和20～25kg草木灰，也可加入一定量的复合肥或果树专用肥。施后耙磨整平，灌足底水，水下渗后方可播种。平地或地下水位较高的地块最好做成高畦，缓坡地或地下水位低的地块可做成平畦，便于管理或嫁接。

② 合理播种

a. 开沟点播：多用于苗圃育苗。其行距为30～40cm，株距为15～20cm。大粒种子播种量为150kg/亩，较小粒种子为150～180kg/亩。每亩出苗量为5000～8000株。

b. 穴播：适用于直播建园。即按定植距离挖穴，生产上多用深坑浅埋法。穴宽、深各为

30cm，坑下施足有机肥料，播后覆土10cm左右，上面留15cm的浅坑，以利于蓄水保墒。每穴种2粒种子，出苗后，再行移栽。

c. 播种时要注意种子的安放姿势，要求种子横卧、缝合线与地面垂直，有利于种子发芽、根系舒展和幼茎直立。

（5）加强播后管理

播后30～40d，种子出苗，为保证成活，要做好苗期管理。

① 浇水保墒：种子播后到出苗前要保持土壤湿润，忌浇穴水。

② 施肥灌水：每亩追施10～15kg尿素、15～20kg硝酸磷复合肥。9月份以后，停止灌水，以利于幼苗生长充实，安全越冬。

③ 中耕除草：幼苗出齐后，要进行中耕除草，保持土壤疏松无杂草。

④ 做好病虫害防治：核桃幼苗易感染立枯病、白粉病等，生产上要早发现、早治疗。

2. 嫁接核桃苗的繁育

（1）砧木选择

① 共砧：即用当地生长的普通核桃品种的实生苗作砧木。

② 核桃楸：适于我国华北、西北各地作砧木用，是生产上应用较多的砧木。

③ 其他：麻核桃、野核桃均为北方各地应用广泛的砧木。此外，铁核桃、新疆野核桃和枫杨也在各地有应用。

（2）接穗的处理和贮藏　选好的接穗，剪取后应立即剪除叶片（芽接的接穗，保留叶柄长1～2cm）并放入水桶内或置于湿沙中保湿。需要贮运的接穗或入冬前采下的枝接接穗，应剪成长3～5芽的枝段，最好在95～100℃的石蜡中速蘸，蜡封后，50～100根捆成一捆，标明品种后运输或放在10℃以下的湿沙中在地窖内贮藏备用。

（3）选择适宜的嫁接时期

① 枝接时期：华北或西北地区，在谷雨到立夏间进行。

② 芽接时期：在6～9月份进行。6月份嫁接的核桃，当年能萌发生长，8月份以后嫁接的多不萌发。

（4）采用合适的嫁接方法　核桃的嫁接方法有枝接和芽接两种。

① 枝接：生产上多采用劈接法。

② 芽接：有方块芽接、“T”字形芽接及套芽接等。生产上多用方块芽接法。

（5）加强接后管理

① 适时解绑：枝接苗在6月上旬，芽接苗在成活20～30d，要及时解绑，并及时除去砧芽、剪除砧梢。

② 立支柱：风大的地区，在新梢长到20～30cm时立支柱。先把支柱绑在砧木上，再采用倒“八”字形法将新梢绑在支柱上，不要太紧，当新梢长到50～60cm时再绑第二次。

③ 除萌蘖：及时除去砧木上萌发的枝条，以节约养分，集中供应新梢生长。

④ 施肥灌水：嫁接后植株生长最旺盛，需肥量大，应及时追肥。新梢生长期要适时灌水，同时要做好病虫害防治工作。

核桃嫁接苗要求品种纯正，砧木正确，嫁接接合部愈合良好。枝条健壮充实，芽体饱满。根系发达，断根少。无检疫对象，无严重病虫害和机械损伤。核桃嫁接苗质量分级见表10-15。

表 10-15　核桃嫁接苗质量分级

项　目	等　级		
	特级	一级	二级
苗高 /cm	≥ 100	60 ～ 100	30 ～ 60
基茎 /cm	≥ 1.5	1.2 ～ 1.5	0.8 ～ 1.2
主根长度 /cm	≥ 25	20 ～ 25	15 ～ 20
侧根长度 /cm	≥ 20	15 ～ 20	
侧根数量 / 条	≥ 15	10 ～ 15	6 ～ 10
检疫对象	无		
病虫害	无		

七、柿树苗木繁育

柿树是北方地区的主要栽培果树之一，其适应性强，栽培管理技术比较简单，结果早，寿命长，产量高，是适合于山地、丘陵地气候较温暖地区发展的经济树种。

1. 实生砧木苗的培育

（1）砧木的选择　柿树砧木主要是君迁子，也叫软枣、黑枣。北方各省黑枣资源丰富，分布较广，结果量大，一般每枣果含种子 6 ～ 8 粒，果实出种率可达 25% ～ 30%，种子发芽率高，出苗整齐，根系发达，生长较快。播种后及时管理，当年即可进行嫁接，黑枣嫁接亲和力强、接合部位牢固、成活率高、抗寒、抗旱，是目前我国北方繁殖柿树最好的砧木。

（2）种子的采集和处理　黑枣种子一般在 10 月下旬采收，种子充分成熟以后，果实变为褐色，80% 的果实基本变软。将打落枣果收集起来，堆积软化，搓去果肉，用水洗净，取出种子，即可进行秋播。春播则需将洗净的种子阴干，用湿沙层积贮藏，也可将阴干的种子装入筐内或麻袋内置于通风干燥的地方贮藏，播种前 1 个月，将种子移至温度适宜的地方，扣好塑料薄膜并洒水翻动，保温催芽，有 1/3 的种子露出白尖时，即可播种。没有经过层积的种子，播种前可用两开一凉的热水浸种，再浸泡 2 ～ 3d，每天换水一次，使种子吸水膨胀后，用指甲能划破种皮时即可播种。

（3）整地播种　播种圃要结合深翻施足底肥，整平耙细作畦开沟，沟深 3 ～ 5cm，条播行距 50cm 左右，用手将种子均匀撒入沟内，覆土 2 ～ 3cm，稍加镇压，并在畦面上覆盖地膜，以保持土壤湿润，防止地表干燥板结。

（4）砧木苗的管理　当幼苗长出 2 ～ 3 片真叶时间苗，每 10 ～ 15cm 留苗一株，间出的幼苗可移补缺株或移到其他育苗畦中进行培养。出苗后 15d 左右要进行蹲苗，5 月下旬至 6 月上旬结合浇水，每亩追施尿素 5 ～ 10kg，雨后要及时中耕除草，砧木苗加粗生长，管理好的砧木苗到秋季即可芽接，不够嫁接标准的可等到第 2 年春季枝接或花期芽接。

2. 嫁接与管理

（1）选择和采集　新鲜接穗生命力强，形成层细胞分裂速度快，嫁接容易成活。由于柿树含有大量的单宁物质，这种物质与空气接触，极易氧化凝固，形成黑色的难以通气透水的隔离层，这是柿树嫁接成活率低的一个重要原因。一般接穗失水，出现黑点，成活率极低，所以柿树接穗的保鲜特别重要。

（2）常用的嫁接方法　春季，在砧木已萌发而贮藏的接穗萌动前，即春分至清明节前嫁接为宜，可用劈接、皮下接或腹接。在砧木和接穗都离皮的 6 ～ 7 月份进行芽接，采用“T”字形芽接、“工”字形接、方块接或套芽接。

柿树所含单宁，影响嫁接成活，无论枝接还是芽接，动作都要快，尽量减少单宁氧化形成隔离层的机会，这是提高嫁接成活率的关键之一。

（3）接后管理　是培育壮苗的重要措施之一。

① 首先要检查成活，补接并及时解除绑缚物，以防被风吹断。

② 设立支柱　柿树叶片大，容易招风，当嫁接苗长到 20 ～ 30cm 时要设立支柱保护。

③ 加强肥水管理，及时中耕锄草，并除去萌蘖，减少养分消耗，促进新梢生长。

④ 及时防治病虫害，保证苗全苗壮。柿树嫁接苗质量标准如表 10-16 所示。

表 10-16　柿树嫁接苗质量标准

<table>
<tr><th colspan="2" rowspan="2">项　目</th><th colspan="2">等　级</th></tr>
<tr><th>一级</th><th>二级</th></tr>
<tr><td colspan="2">品种与砧木类型</td><td colspan="2">纯度≥ 98%</td></tr>
<tr><td rowspan="3">根系</td><td>主根长度 /cm</td><td colspan="2">≥ 20</td></tr>
<tr><td>有效侧根数量 / 条</td><td>≥ 4</td><td>≥ 4</td></tr>
<tr><td>侧根分布</td><td colspan="2">均匀、舒展</td></tr>
<tr><td rowspan="5">枝干</td><td>成熟度</td><td colspan="2">充分成熟</td></tr>
<tr><td>嫁接口高度 /cm</td><td colspan="2">10 ～ 30</td></tr>
<tr><td>苗木高度 /cm</td><td>涩柿≥ 130，甜柿≥ 110</td><td>涩柿≥ 110，甜柿≥ 90</td></tr>
<tr><td>苗木粗度 /cm</td><td>涩柿≥ 1.10，甜柿≥ 0.90</td><td>涩柿≥ 0.90，甜柿≥ 0.70</td></tr>
<tr><td>嫁接愈合程度</td><td colspan="2">嫁接口愈合良好</td></tr>
<tr><td colspan="2">根皮与枝皮</td><td colspan="2">无新损伤，老损伤口已愈合</td></tr>
<tr><td colspan="2">整形带内饱满芽数 / 个</td><td colspan="2">≥ 5</td></tr>
<tr><td colspan="2">病虫危害情况</td><td colspan="2">无检疫对象</td></tr>
</table>

八、板栗苗木繁育

板栗苗嫁接的特点是当年嫁接当年即可出圃，较常规育苗嫁接出圃可缩短 1 ～ 2 年，成本低，见效快，经济效益高。板栗常用砧木及其特性如表 10-17 所示。在土层深厚的坡滩地上进行高标准造林，既能保持优良品种特性，又可提前结果，产量增长也快。

表 10-17　板栗常用砧木及其特性

砧木名称	砧 木 特 性
实生板栗	嫁接亲和力强，生长旺盛，根系发育好，较耐干旱和瘠薄，抗寒、抗根头癌肿病。缺点是抗涝力较差。北方各省多用

续表

砧木名称	砧木特性
野板栗	嫁接亲和力强，接后生长旺盛，具有矮化性，适宜密植。缺点是树势易早衰，寿命较短，单株产量较低。南方各省的丘陵山地多用

1. 实生苗与嫁接苗培育

（1）种子采集和贮藏

① 种子的采集：选生长健壮、丰产稳产、品质优良、抗逆性强的单株作母株。待其果实成熟，总苞自然开裂时，从地上拾起坚果，从中选择皮壳新鲜，有光泽，充实饱满的籽粒作种子。

② 采后处理：种子采摘后立即筛选出均匀饱满无病虫害的种子进行沙藏或水藏。

a. 沙藏：用湿沙在室内分层堆积或在室外挖坑分层堆积；种子量大多用沟藏，沟深 80 ～ 100cm，宽 60 ～ 80cm，沟长随种子数量而定。挖好后先在沟底铺一层 10cm 厚的洁净潮湿细沙（含水量约 5%），然后一层栗果，一层湿沙，或将种子与 4 ～ 5 倍的湿沙混匀后放入沟内，直至离沟口 20 ～ 25cm 时，其上覆湿沙、细沙各 10cm，用土填平，培好土堆，四周挖排水沟，以防沟内积水。贮藏后期要经常检查，以防种子霉烂。

b. 水藏：在山间小河沟长流水处用竹筐盛栗放到河水中去，这样可保鲜防虫。注意：每隔 10d 就要及时检查一遍，筛出病虫害劣种。

（2）播种

① 板栗喜偏酸性土壤，在碱性土壤（pH 在 7.5 以上）上育苗，会出现“一年绿、二年黄、三年死”的现象，因此，苗圃地应选择土质偏沙性的微酸性土壤。

② 播种时间：北方宜在 3 月中旬至 4 月上中旬。播种前适当对板栗种子催根。

③ 播种方法：多采用平畦开沟点播。每亩播种量在 100kg 左右，出苗 6000 ～ 10000 株。种子萌发后，适当划破幼根，可促使侧根发生和根系发达。播时一定要将种子放平，果尖向上或向下均不利于初生根和茎的生长，播后覆土 3 ～ 5cm 适当镇压并把表土耙松，有利于出苗。

④ 播后管理

a. 预防鼠害和地下害虫：可用硫黄粉 400g、草木灰 1 ～ 2kg 进行拌种。方法是将 50 ～ 100kg 栗种倒入黄泥浆，使其表面沾一层稀泥浆，再把栗种倒入 400g 与 2kg 草木灰的混合物中滚动，使其外沾上一层混合物后再播种。也可用磷化锌拌种，即 50kg 栗种用磷化锌 2.5kg、硫酸镁 1.5kg、水 4kg 和面粉 350g。

b. 幼苗管理：幼苗出土后，若干旱，可于行间开沟适量灌水，6 ～ 8 月份分别追尿素 10 ～ 15kg/ 亩，施后灌水，生长期内中耕除草 2 ～ 3 次，雨季要特别注意排水防涝。生长期内要做好病虫害防治工作，入冬前要灌足封冻水和进行埋土或培土防寒。2 ～ 3 年后，当苗茎基部达 1.5 ～ 2cm 时即可嫁接。

（3）适时嫁接

① 蜡封接穗，适时嫁接：秋季（8 月下旬至 9 月上中旬）采用带木质部芽接效果较好。春季枝接用的接穗要用蜡封，于 4 月中下旬至 5 月上旬进行，可用插皮接、腹接等方法，嫁接后用塑料条绑严接口即可。

② 接后管理

a. 除砧萌：接后要及时除去砧木发生的萌蘖（分 3 ～ 4 次进行），促使接穗旺盛生长。

b. 解绑、设支柱：接芽成活后 1 个月左右，当新梢长 30cm 时，去掉包扎条，并绑设 1m 高左右的立杆，将新梢固定其上，以防风折和保持苗干直立。

c. 摘心：当新梢长 40 ～ 50cm 时进行摘心，当二次枝长到 50cm 时也要摘心，促使副梢萌发和扩大树冠。

d. 加强土肥水管理：适时中耕除草，生长期内每隔 1 个月左右追施 1 次尿素 10 ～ 15kg/亩，生长后期追施一次磷肥、钾肥，促使苗木生长充实。干旱地区或年份要注意灌水，雨季积水要及时排涝。

e. 加强病虫害防治：板栗苗期易被金龟子、刺蛾幼虫、象鼻虫、栗大蚜和白粉病等为害，要及时防治。

2. 子苗嫁接繁殖

（1）培育子砧苗　2 月下旬，将沙藏的种子取出，挑出优质种子，均匀摆放在塑料温棚的平床上，后用湿沙（含水量 10%）覆盖 3cm 厚，当胚根长到长 3 ～ 5cm 时，取出种子，将胚根用刀片切去 1/3 ～ 1/2，留 1.5 ～ 2cm，促其增加侧根，使苗砧变粗，以便嫁接。将切去胚根的种子，按株行距 5cm×10cm 平放于苗床上，覆沙 7cm。播后 10d 左右开始出土，注意遮阴和保湿，棚内温度控制在 32℃以下。

（2）接穗的采集和贮藏　3 月上旬，在优良母株上采取生长充实、芽体饱满、粗度在 3 ～ 8mm 的 1 年生枝，剪成长 15cm 的枝段，用石蜡全封后放入塑料袋内或用湿沙埋于阴凉处保存。

（3）适时嫁接　3 月底至 4 月初，当子苗第一片叶子将展开时为嫁接最适期。采用劈接法，即用单刀片在子苗砧子叶柄上（即胚芽）2.5cm 处切断，再从苗砧的中心向下劈 1.5 ～ 2cm 深。然后选择与子苗砧粗度相差很小的接穗进行嫁接，接穗选留 2 个饱满芽，下端削成 1.5 ～ 2cm 的双面楔形，随即插入子苗砧切口内，再用麻绳绑扎。嫁接绑扎后的子苗随即放入容器中，上盖湿布，以免失水，尽量随接随栽。板栗子苗嫁接如图 10-14 所示。

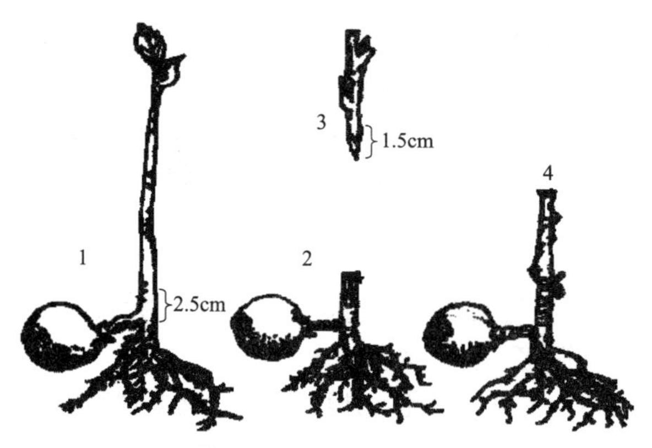

图 10-14　板栗子苗嫁接

1—子苗砧；2—切砧木；3—削接穗；4—嫁接体包扎

（4）子苗栽植　嫁接后的子苗要及时栽入已整好的温棚温床或大田育苗畦内。宜用高床栽植，施足底肥，深翻细耕，整平床面，畦宽 1.2 ～ 1.5m，长 10m 左右。按 10cm×20cm 的株行距挖好栽植沟，要浇足底水。栽植沟应从一边向下垂直开沟，用手拿好包扎处，垂直从一边摆入沟内，从另一边封细土至接穗芽下面，使芽微露，然后把土压实，切勿碰伤包扎处。栽好后随即把弓棚搭好，弓棚中心与地面垂直高度以 50cm 为宜，要把四周压紧，以防风刮、透气。棚内温度保持 18 ～ 20℃。一般要求 4 月上旬以前必须接完入圃。

（5）加强苗期管理

① 保持塑料棚内温湿度：当棚内温度上升至 30℃时，马上将棚两边薄膜同时揭开，通

风降温，棚内相对湿度保持在 90% 以上，当湿度不足时，每隔 3 ～ 5d 喷一次水，经常保持雾状为宜。

② 炼苗：炼苗是促进嫁接苗发育，提高苗本质量的主要措施。子苗嫁接后 10 ～ 15d 即可愈合，20d 即可长出真叶 2 ～ 3 片，4 月底，日平均气温已达 15℃以上，要进行炼苗。晴天的下午 1 点，将薄膜全部揭开，日落前再盖好，逐渐增加阳光对幼苗的照射时间，经 5 ～ 7d 的炼苗，薄膜即可揭掉。

③ 除萌：为加速嫁接口的愈合，提高成活率，砧木上的不定芽要及时抹掉，即使接穗没有成活，也只能留一个萌发芽，促进嫁接苗生长。

④ 加强水肥管理：幼苗揭棚后，要经常松土除草，及时浇水，6 ～ 7 月份每隔 10 ～ 15d 施肥 1 次，整个生长期施 3 ～ 4 次肥。一定要开沟施肥或低浓度喷洒，每亩施尿素 4 ～ 5kg，施后即浇水，以促进子苗生长。雨季要注意排水。

板栗苗木质量标准如表 10-18 所示。

表 10-18　板栗苗木质量标准

项目		等级	
		一级	二级
苗龄 / 年		1 ～ 2	
苗高 /cm		>90	70 ～ 90
干径 /cm		>1.0	0.8 ～ 1.0
主侧根	主根长度 /cm	>20	>20
	侧根数量 / 条	>6	4 ～ 6
	侧根长度 /cm	>20	15 ～ 20
	粗度 /cm	>0.4	0.3 ～ 0.4
芽		充实饱满	

项目实施

任务 10-1　矮化中间砧苹果苗的培育（或苹果“两刀苗”培育）

1. 布置任务

（1）教师安排“矮化中间砧苹果苗的培育”任务，指定教学参考资料，让学生制订任务实施计划单。

（2）学生自学，完成自学笔记。

2. 分组讨论

（1）学生分组讨论，探究自学中存在的问题，交流心得体会。

（2）教师答疑，引导学生制订实施计划。

3. 任务实施

学生按照小组制订的实施计划实施任务。

4. 实施总结

（1）任务完成后，组织各组学生进行现场交流，探究自学中存在的问题，交流心得体会。

（2）教师答疑，点评。

（3）学生查找任务实施中存在的不足，并提交任务实施单。

任务 10-2　桃“三当苗”培育

1. 布置任务

（1）教师安排“桃‘三当苗’培育”任务，指定教学参考资料，让学生制订任务实施计划单。

（2）学生自学，完成自学笔记。

2. 分组讨论

（1）学生分组讨论，探究自学中存在的问题，交流心得体会。

（2）教师答疑，引导学生制订实施计划。

3. 任务实施

学生按照小组制订的实施计划实施任务。

4. 实施总结

（1）任务完成后，组织各组学生进行现场交流，探究自学中存在的问题，交流心得体会。

（2）教师答疑，点评。

（3）学生查找任务实施中存在的不足，并提交任务实施单。

任务 10-3　枣归圃育苗

1. 布置任务

（1）教师安排“枣归圃育苗”任务，指定教学参考资料，让学生制订任务实施计划单。

（2）学生自学，完成自学笔记。

2. 分组讨论

（1）学生分组讨论，探究自学中存在的问题，交流心得体会。

（2）教师答疑，引导学生制订实施计划。

3. 任务实施

学生按照小组制订的实施计划实施任务。

4. 实施总结

（1）任务完成后，组织各组学生进行现场交流，探究自学中存在的问题，交流心得体会。

（2）教师答疑，点评。

（3）学生查找任务实施中存在的不足，并提交任务实施单。

问题探究

选择家乡有代表性的主要果树树种5种，选择其主要栽培品种，调查各自主要育苗方法。

省市县乡（镇）5种主要果树

果树种类	品种	主要育苗方法

拓展学习

一、梨树苗木繁育

梨树的繁殖一般均采用实生繁殖砧木，嫁接培育苗木。其具体做法与通用的苗圃育苗繁殖方法无异。砧木的繁殖还可利用根蘖繁殖。

1. 常用的砧木种类

梨树常用的砧木种类见表10-19。

表10-19 梨树常用的砧木种类

砧木种类	特 性
杜梨	嫁接树生长健壮，结果早，丰产，寿命长。其根系深而发达，须根多，适应性强。耐旱又耐涝，对碱性土的适应性以及与中国梨、西洋梨的亲和力均强
褐梨	又名棠杜梨，根系强大，嫁接后树势生长旺盛，产量高，但结果晚，华北、东北山区应用较多
秋子梨	最抗寒，野生种能耐 -52℃低温，抗腐烂病能力强，嫁接植株高大丰产，寿命长。与西洋梨亲和力较弱，与某些西洋梨品种嫁接后，果实易患铁头病
豆梨	适应性强，抗旱耐涝，抗腐烂病能力强，抗寒能力差。与砂梨、西洋梨亲和力强，嫁接西洋梨后可避免果实患铁头病
砂梨	对水分的要求高，抗热、抗旱，但抗寒能力差，抗腐烂病能力中等，是我国南方栽培梨的主要砧木，也可作西洋梨的砧木

2. 砧木种子的采集与处理

根据当地野生梨树的种类和适应性来选择砧木树种。砧木种子必须充分成熟，一般当种皮呈褐色时，即可采收，采集时间为9月下旬至10月上旬，种子采集过早，发芽率低，采集后要及时除去杂物，堆积翻倒，果肉变软后，用清水漂洗，淘出种子，晾干簸净，收藏待用。

3. 播种与砧木苗的管理

（1）种子层积处理　梨树砧木种子须通过5℃左右的低温处理，第二年春才容易发芽。生产上多用露地沟藏层积法，处理60～70d。沙藏处理的种子如果发芽过早，没有及时播种，可把盛种子的容器放在冷凉地方，使其延迟发芽；种子发芽过晚，赶不上播种时，则应提前进行催芽处理。

（2）整地育苗

① 整地要求　苗圃地要注意轮作，一般三年内不能重茬，否则苗木生长发育不良，嫁接后成活率低。苗圃最好进行秋翻，深度20～30cm，结合耕翻施入基肥，春季解冻以后作畦播种。

② 播种时间　一般为3月下旬至4月上旬，除小粒种子条播法外，还可采用“封土埝播种法”。这种方法简便易行，能抗旱保墒，防止降雨造成土壤板结，减轻播种期的自然灾害。具体做法如下。

春季灌足底水，整地作畦，然后用耧或开沟器开沟，宽窄行播种，宽行60～70cm，窄行30～40cm，每畦2～4行，沟深4～5cm。开沟后，用粗木棍将沟底弄平，并把沟内翻出的土块敲碎。如果土壤墒情不好，可提壶浇水后再播。播种时种子可分两次播入，使种子均匀分布于沟内，一般播种量为每亩1～2kg，种子发芽率低的可适当增加播种量，播后用平耙封沟，覆土2cm左右，多余的土块、杂物搂出畦外，覆土后在播种沟上撒少量的麦秸、干草作标记。将畦内松散的土壤刮成高10～15cm的土埝于播种沟内，播种后7d左右，扒平土埝，以露出地面标记为度。在春季温度升高的情况下，播后要及时检查，发现个别已出芽接近地面时，要迅速撤除土埝，一般扒开土埝2～3d即可出苗。

梨树实生砧苗的质量指标见表10-20。

表10-20　梨树实生砧苗的质量指标

<table>
<tr><th colspan="2">项　目</th><th>一级</th><th>二级</th><th>三级</th></tr>
<tr><td colspan="2">品种与砧木</td><td colspan="3">纯度≥95%</td></tr>
<tr><td rowspan="6">根</td><td>主根长度/cm</td><td colspan="3">≥25.0</td></tr>
<tr><td>主根粗度/cm</td><td>≥1.2</td><td>1.0～1.2</td><td>0.8～1.0</td></tr>
<tr><td>侧根长度/cm</td><td colspan="3">≥15.0</td></tr>
<tr><td>侧根粗度/cm</td><td>≥0.4</td><td>0.3～0.4</td><td>0.2～0.3</td></tr>
<tr><td>侧根数量/条</td><td>≥5</td><td>4～5</td><td>3～4</td></tr>
<tr><td>侧根分布</td><td colspan="3">均匀、舒展而不卷曲</td></tr>
<tr><td colspan="2">基砧段长度/cm</td><td colspan="3">≤8.0</td></tr>
<tr><td colspan="2">苗木高度/cm</td><td>≥120</td><td>100～120</td><td>80～100</td></tr>
<tr><td colspan="2">苗木粗度/cm</td><td>≥1.2</td><td>1.0～1.2</td><td>0.8～1.0</td></tr>
<tr><td colspan="2">倾斜度</td><td colspan="3"><15°</td></tr>
<tr><td colspan="2">树皮与茎皮</td><td colspan="3">无干缩皱皮；无新损伤处；旧损伤处总面积≤1.0cm²</td></tr>
<tr><td colspan="2">饱满芽数/个</td><td>≥8</td><td colspan="2">6～8</td></tr>
<tr><td colspan="2">接口愈合程度</td><td colspan="3">愈合良好</td></tr>
</table>

续表

项　目	一级	二级	三级
砧桩处理与愈合程度	砧桩剪除，剪口环状愈合或完全愈合		

4. 常用的嫁接方法

（1）芽接法　常用的方法有以下几种。

① “T”字形芽接（盾状芽接）：是梨树育苗上应用最广的一种嫁接方法，因其削取芽片呈盾形，也叫盾状芽接。

② 嵌芽接：在接穗和砧木不易离皮时，可采用嵌芽接法。

（2）枝接法　枝接是用果树枝条的一段作为接穗而进行的嫁接，主要在休眠期进行。以砧木树液已开始流动，接穗尚未萌动时最好。枝接的优点是成活率高，接苗生长快，但枝接不如芽接方法简单，工作效率不如芽接高，同时要求砧木较粗。此法一般多用于苗圃春季的补接、高接换种或伤疤桥接等。常用的有以下几种。

① 切接：是最常用的枝接法，一般适用于小砧木。

② 劈接：生产上应用较多的一种枝接方法，一般适用于较粗的砧木。

③ 插皮接（皮下接）：这是枝接中较易掌握、方法简便、效率又高的一种方法。一般在砧木树液已活动，易于剥皮而接穗尚未萌芽时进行。接穗如能低温贮藏，嫁接时期可延长至5～6月份，高接时可在6月下旬至7月上旬进行，雨季来临时，解除绑缚物。

④ 皮下腹接：常用于大树的高接换种和光秃带的插木生枝。这是一种操作简便，效果较好的嫁接方法。

5. 嫁接苗的管理

① 芽接后2～3周，应及时松绑或解除绑缚物，以免影响加粗生长或绑缚物陷入皮层而折断。尤其对前期嫁接的更应注意，但不宜过早。枝接苗应在接穗发枝进入旺长期之后解除绑缚物。高接换种的树，最好在旺长期松绑，到第2年解除。这样既可避免妨碍生长又有利于伤口愈合。

② 对芽接苗要在解绑时及时检查是否成活，以便补接。接芽及芽片呈新鲜状态，有光泽，叶柄一触即落是成活的标志，反之，则表示未成活。对未成活的苗木应及时进行补接，以提高出苗率。

③ 寒冷地区，在土壤结冻前，将接芽培土并灌封冻水。第2年春天解冻后，及时去掉培土。

④ 芽接苗春季接芽萌发前，将接芽以上的砧干剪除，称为剪砧。一般在树液流动前，在接芽片横刀口上方0.5cm处一次剪除，不留活桩，以利于接口愈合。

剪砧或枝接后，砧杆会出现萌蘖，生长强壮，应及时抹除，减少营养消耗，促进接穗生长。一般应连续进行2～3次。

⑤ 枝接苗（尤其是高接苗）新梢生长旺盛，风大地区应立支柱，固定枝梢防止劈折。

⑥ 在生长前期应注意肥水管理和中耕除草。后期应注意控制肥水，防止旺长，同时应注意防治苗期病虫害。

6. 梨树育苗注意事项

① 断根：梨树的实生苗，特别是杜梨的实生苗，直根发达，侧根少而弱。由于出圃苗

木根系不发达，往往造成成活率低，缓苗慢，树势生长衰弱。目前常采用夏末芽接成活后断根的方法，来控制主根伸长，以促进侧根生长。断根后及时浇水，中耕。

② 梨树的芽和叶枕都大，芽接时要求砧木较粗，一般 0.6cm 以上。因此，在苗高 33cm 左右时，留大叶片 7 ～ 8 片，进行摘心，使其增粗。

③ 在风沙较多、气候干旱、土质较差、盐碱较重的地区，常用坐地苗。一般是将梨的根蘖掘取后，按照一定的株行距定植于园地内，2 ～ 3 年后用作砧木就地嫁接，就地成苗，不再移栽。

④ 圃内整形：梨的顶端优势强，按照一般副梢整形的方法，在整形带以上 10cm 摘心时，只能在顶端抽生 1 ～ 2 个副梢，不能达到整形的目的。应在苗高距整形高度尚有 10cm 时摘心，这样可抽生出 4 ～ 5 个良好的副梢，而主梢凭借各个节间的伸长也可达到整形高度。在圃内整形时，应加强梨苗管理，使其尽早达到摘心高度，摘心越早，发出副梢越多，当年生长越好。

二、山楂苗木繁育

山楂也叫红果、山里红，是我国特产，具有栽培简便、结果早、寿命长、耐贮、耐寒、少病等特点。山楂果实营养丰富、用途广，是发展山区果树生产的优良树种。

山楂多采用嫁接法繁殖，普通芽接和枝接均可。山楂砧木以实生繁殖为主，优点是适宜大量繁殖，根系发达，生活力强，嫁接苗质量好，栽后成活率高。

实生繁殖的第一个问题是山楂种子含仁率低，栽培种尤为严重。但野生种一般含仁率较高，出苗率也高。因此，可通过选择野山楂或含仁率高的品种来解决。第二个问题是种子发芽困难，因山楂种壳坚硬、致密，不易吸水膨胀开裂，阻碍气体交换，使得山楂发芽困难。采用一般的层积方法，山楂需三年方可发芽。在一定有效期内，早采种，提高发芽率，或在果树充分成熟后采种，对种子采取措施，使种壳开裂或破碎，再予层积，于次年播种，均可取得好的出苗率。

山楂易发生根蘖，可将根蘖刨起，归圃育苗；也可用山楂根，进行根插育苗。

1. 播种育苗

山楂实生苗根系发达，须根多，栽植后，树势健壮，能早期丰产。

山楂的栽培品种，种子一般生长发育都不正常，含仁率在 20% 以下。野生山楂种有仁率可达 50% ～ 70%，而且出苗率高，生长健壮，抗性强。因此，生产上播种育苗一般采用野生山楂种子。

（1）种子的采集　10 月份从生长健壮的野生山楂树上采集成熟的果实，压碎果肉（不能伤着种子），堆积在阴凉处约 50cm，每天翻动一次，大部分果肉腐烂后搓取种子，用清水冲洗，去掉果肉及杂质，晒干。山楂果实压碎后可以不用堆积腐烂法，直接放在缸内浸泡。待果肉变软后漂洗、去杂、取种、晾晒。

（2）种子处理　山楂种皮厚而坚硬，缝合线紧密，水分和空气不易进入，发芽困难，播种前必须进行种子处理。

① 沙藏法：即两冬一夏沙藏法。前期和普通挖沟层积处理相同，但层积时间要延长一夏一冬。因此，第 2 年 6 ～ 7 月份要去掉覆土，上下翻动种子，并检查温度。水分过少要喷水，水分过多要通风。然后继续沙藏，到秋季或第 3 年的春季才能播种。此法用时较长，但

简便易行，比较可靠，生产上仍普遍采用。

② 干湿处理沙藏法：将种子用冷水浸泡 7d，放在两开一凉的热水中，不断搅拌，水温降到 20℃时停止搅拌，浸泡一昼夜，也可以先用两开一凉的热水浸种，再浸泡 3 ～ 5d。然后捞出种子，放在阳光下曝晒，晚上放入水中浸泡，白天再晒。这样反复泡晒五六次，部分种壳开裂后即可进行沙藏，第 2 年春季种子露白时播种。

③ 湿种沙藏法：采集的果实，先沤烂果肉，而后淘洗种子，趁湿将种子用两开一凉的热水浸泡，水温降到 20℃以下时浸泡一昼夜，然后进行沙藏。翌年春季播种前 20d，将混有湿沙的种子堆在温暖的地方，保温保湿催芽。每天翻动一次，种壳裂开即可播种。

④ 提前采种沙藏法：8 ～ 9 月份，山楂果实开始着色，种胚已经形成，但种壳尚不坚硬（未完全木质化）时采种，而后趁湿时进行沙藏，第二年春季播种，多数种子能萌发成苗。

（3）整地播种　播种圃地应选择背风向阳、土质疏松、灌水方便的地块。沙藏的种子春秋两季都能播种。秋播宜在 10 月中下旬至 11 月上旬土壤结冻前进行；春播一般在 2 ～ 4 月份土壤解冻以后开始。

播种圃每亩施基肥 3000 ～ 4000kg，深翻 20 ～ 30cm，整地作畦。畦宽 1 ～ 1.2m，长 10m，南北走向。播种前灌足底水，畦面用耙子耙细，开沟播种，沟深 3 ～ 4cm，行距 30 ～ 40cm，每畦 3 ～ 4 行或按 50cm 和 30cm 的宽窄行播种，每亩播种用量为大粒籽 25 ～ 35kg，小粒籽 15 ～ 20kg。此外也可采用垄播法，大垄 50 ～ 60cm，小垄 30 ～ 40cm。

山楂育苗一般采用条播法，在种子量少时也可点播。可以将沙藏好的种子连同湿沙均匀地播于沟底，用潮湿的细土盖平。秋播后，可培起 10cm 高的土垄，类似梨树封土埝播种法，以利保墒。春播可在畦面上覆盖湿沙（厚 1cm）或地膜，以利于出苗。

（4）苗期管理　秋播培土垄的，要在第 2 年春季种子发芽时扒开；春播覆盖地膜的，出苗后要及时撕膜或撤膜，以防幼苗徒长。株距以 10cm 左右为宜，间苗、定苗要结合中耕除草，补苗则应结合浇水，使土壤沉实与根系密接，以利于生长。

山楂苗期要求土松草净，浇水及时。于 5 月下旬至 6 月上旬和 6 月下旬至 7 月上旬，结合浇水，每次每亩追施尿素 5 ～ 10kg。苗高 30cm 时应摘心，促使主茎加粗生长，以便提高当年嫁接率。

2. 归圃育苗

山楂为浅根系树种，水平根系分布为树冠大小的 2 ～ 3 倍，极易形成根蘖苗。为充分利用野生资源，就地取材繁殖苗木，可将山楂大树下的根蘖苗或落地种子萌发生成的幼苗集中起来，移栽到苗圃中来，在人工管理下培育成苗。

（1）诱发根蘖　为了获得大量的根蘖苗，春季发芽前，可以在山楂母树树冠外围，挖宽 30 ～ 40cm、深 40 ～ 60cm 的沟，并切断直径 2cm 以下的树根，沟内填入肥沃湿土，能混入农家肥更好。填沟以后要浇水，加强管理，当年可形成根蘖苗。

（2）根蘖归圃　刨苗归圃移栽多在秋季落叶后和春季发芽前进行。雨季栽苗成活率低，生长缓慢，不宜推广。刨苗后按根系的粗细、长短、根量的多少进行分级，分别入圃。栽植形式有畦栽和垄栽，株行距可参照播种圃适当加大。归圃最好随刨随栽、随浇水，7 ～ 10d 再浇一次，并结合中耕，松土保墒，以利于苗木成活。

（3）根蘖苗管理　秋栽的根蘖苗，翌年春季先浇一次水，7d 后嫁接。春栽的根蘖苗，可在距地面 5cm 处平茬。萌发后选留一个壮条，夏秋季嫁接。无论是秋栽春接还是春栽平茬，都要及时抹芽，以减少营养物质消耗，促进苗木生长。

根蘖苗根系不发达，生长较弱，必须加强田间管理。苗木发芽以后应做好中耕除草、松土保墒工作。5～6月份天气干旱，应满足苗木对水分的需求。6～7月份结合浇水进行开沟施肥，每亩可追施尿素10kg，砧木苗长到30cm时进行摘心，以便嫁接。

3. 扦插育苗

（1）枝插育苗　从山楂树上剪取直径0.5～1cm充分成熟的1年生枝条，剪成15cm左右的枝段，在平整好的圃地开沟扦插，沟深15cm左右，覆土10cm，立即浇水，隔3～5d再浇一次。第二水渗下去以后，将扦插沟埋平，以利于保墒。萌芽后留一个壮条进行培育，其余全部掰掉。秋季扦插时应注意培土防寒。

（2）根插育苗　结合秋季深翻扩穴刨出的断根，选取直径0.5～1.5cm的细根，剪成10～15cm，沟深15～20cm。将沙藏后的根段斜插（70°～80°）于沟内，注意近根颈的一端朝上，不可倒插。插后埋土、踩实、浇水，水渗下去后再覆土，以利于保墒。埋根后土表要保持疏松，促使生根发芽。

4. 嫁接育苗

自根系山楂品种，繁殖比较简单，从母树下刨取根蘖苗，直接定植于园内即可。但大部分山楂品种则需要先培育砧木苗，经过嫁接才能繁殖成优良的品种苗。

山楂春、夏、秋三季都能嫁接。7月中旬到8月下旬为芽接的最适时期。此时接芽充实饱满，成活好，工效高，接后当年不易萌发，管理方便。没有接活的、漏接的和其他原因当年未能芽接的，可以在第2年春季嫁接。

（1）嫁接方式

生产上山楂一般多采用芽接法、枝接法和根接法。

① 芽接：多采用“T”字形芽接法。如果砧木或接穗不离皮，可以带木质部芽接。

② 枝接：春季解冻后，砧木开始活动，接穗仍处于休眠状态，是枝接的最好季节。山楂枝接可采用切接、腹接、劈接、皮下接和搭接等方法。

③ 根接：山楂根接与枝接的方法相同，只是用根段作砧木进行嫁接。可将秋季深翻刨出来的直径在0.5cm以上的断根，剪成10cm长的根段，在室内嫁接，然后分层用沙埋藏。第2年春季将接好的根段栽植到圃内，培育成苗。

（2）嫁接苗管理　嫁接以后要禁止人畜进入圃地，以免损伤苗木。

① 解除绑缚物：芽接苗接后15d左右检查成活情况，未接活的要及时补接，可于第2年春季萌发前解除绑缚物。枝接苗一般在新梢长20～30cm时，解除绑缚为宜。

② 剪砧：春夏嫁接并剪砧的，当年接芽可萌发；秋季芽接一般当年不萌发，在翌年春季发芽前剪砧。剪口在接芽上0.5cm处，截面要平滑，以利于伤口愈合。

③ 抹芽：剪砧后砧木上的芽子要大量萌发，与接芽争夺营养，为使接芽萌发出健壮新梢，必须及时抹芽，做到随萌发随抹除。

④ 土壤管理：嫁接苗越冬前要浇一次萌动水。5～6月份天气干旱，需水量较大。7～8月份如果雨水不足，可再浇2～3次。结合浇水，分别在春季和夏季进行追肥。每次每亩施尿素10～15kg或碳酸氢铵20～25kg。叶面喷肥，可用300倍的尿素或磷酸二氢钾。此外，在浇水和下雨后要及时中耕除草。

⑤ 病虫害防治：山楂苗期易发生白粉病。其症状是开始幼叶产生黄色或粉红色病斑，

以后叶片两边均生白粉，叶片窄长卷缩，严重时扭曲纵卷。发现病叶可喷30%多菌灵悬浮剂800倍液，或50%可湿性托布律800～1000倍液，或95%乙磷铝可湿性粉剂800倍，或为0.1～0.3°Be的石灰硫黄合剂。山楂苗容易遭受金龟子为害，要注意捕捉或喷布25%的可湿性西维因400倍液，或25%辛硫磷乳液800倍液。山楂红蜘蛛是山楂的主要害虫之一，最初使叶片失绿，严重时枯黄落叶。可喷20%三氯杀螨醇乳剂1000～1500倍液或40%水胺硫磷4000倍液。山楂苗木分级标准如表10-21所示。

表10-21 山楂苗木分级标准

项 目	等 级	
	一级	二级
苗高 /cm	≥ 100	80～100
距接口 10cm 处粗度 /cm	≥ 1	0.7～1
主根长度 /cm	≥ 20	
侧根长度 /cm	≥ 20	15～20
侧根数量 / 条	≥ 4	3～4
整形带内饱满芽数 / 个	≥ 8	6～8
其他	接口愈合良好，无病虫为害，茎干无机械损伤	

复习思考题

1. 简述葡萄露地扦插的过程，插后如何管理？
2. 什么是桃“三当苗”，简述育苗过程。
3. 简述草莓匍匐茎繁殖的过程。
4. 生产上核桃嫁接主要采用什么方法？简述嫁接过程。
5. 枣树如何进行归圃育苗？
6. 柿树芽接常用哪些方法？嫁接成活的关键是什么？
7. 板栗子苗嫁接如何操作和促进成活？
8. 山楂种子如何进行层积处理？

项目三十一 常见蔬菜苗木繁育技术

学习目标

知识目标

1. 掌握黄瓜、紫背天葵苗繁育技术。
2. 了解辣椒育苗方法。

能力目标

能独立完成一种蔬菜苗木繁育过程

思政与素质目标

1. 通过学习、查阅古书记载的育苗繁育史记，学习古人勇于实践、勤于钻研和善于总结的科学精神；

2. 通过实践苗木繁育研究新方法和手段，学习科研人员积极探索、攻克难题、刻苦钻研、勇于创新的精神，增加“学农爱农”自信心、“强农兴农”责任感，培养热爱劳动的品格；

3. 查阅“二十四节气”苗木繁育相关的民谣、谚语、风俗、诗词等中华优秀传统农耕文化，学习古人顺应客观规律、勇于实践、勤于钻研和善于总结的精神。

一、黄瓜育苗

1. 播种期的确定

黄瓜穴盘幼苗播种期的确定依育苗季节不同而有较大差异。一般情况下，高温季节成苗需要 14d，低温季节成苗需要 25d。从预定的定植时间向前推算育苗需要的天数就是播种期。如采用嫁接育苗成苗时间适当延长 5 ～ 7d。

2. 嫁接前准备

（1）设施、设备消毒　夏秋育苗要在有遮阳、降温设备的设施中进行；冬春育苗要求设施保温、采光性能好，并配备热风炉等加温装置。育苗设施要求结构坚固，覆盖材料密封性好，日光温室墙体无缝隙，所有通风口和管理人员出入口均覆盖 22 ～ 25 目的防虫网（图 10-15）。设施消毒采用高锰酸钾加甲醛法，具体操作是：每亩温室可用 1.65kg 高锰酸钾、1.65kg 甲醛、8.4kg 开水消毒。将甲醛加入开水中，再加入高锰酸钾，产生烟雾反应。封闭 48h 消毒，待气味散尽后即可使用。旧苗盘也应先进行清洗和消毒，具体操作是：先用清水冲洗苗盘，黏附在苗盘上较难冲洗的脏物，可用刷子刷干净。冲洗干净的苗盘可以扣着散放在苗床架上，以利于尽快将水控干，然后进行消毒，消毒方法详见表 10-22。

图 10-15　工厂化黄瓜育苗防虫网

表 10-22　苗盘消毒的几种方法

药品名称	药品浓度	消毒方法	消毒时间
40% 甲醛	100 倍液	浸泡穴盘	30min
漂白粉	100 倍液	浸泡穴盘	8 ～ 10h
甲醛 + 高锰酸钾	每立方米用 40% 甲醛 30mL，高锰酸钾 15g	气体熏蒸	密闭房间 24h
硫黄粉 + 锯末	硫黄粉 4g，锯末 8g	点燃熏烟	24h

（2）穴盘选择　培育嫁接黄瓜苗用 50 穴孔的穴盘播种砧木，用平盘播种黄瓜种子，嫁接方法一般采用顶插接法。

（3）基质选择　砧木和接穗播种采用的基质一般为泥炭、珍珠岩、蛭石等轻质材料，按照体积比 3 ∶ 1 ∶ 1 的含量配制，冬季可以用 2 ∶ 1 ∶ 1 的比例，加水使基质含水量达 50% ～ 60%。基质消毒每立方米加 100g 多菌灵，或采用 800 倍的甲基托布津溶液喷雾消毒。配制基质时每立方米再加氮磷钾三元复合肥 1.0 ～ 1.2kg，杀菌剂和肥料与基质混合时要搅拌均匀，并堆放 2 ～ 3h，保证基质湿度均一。

（4）切削及插孔工具　切削工具采用刮须双面刀片，将其沿中线折成两半。插孔工具为竹签，需自己用竹片削制，粗度与接穗茎相当，长 10cm 左右，一端削成 1cm 左右的双楔面。

（5）消毒用具　准备好 200 倍福尔马林溶液及 70% 酒精，嫁接时将手指、刀片、竹签用 70% 酒精消毒，以免接口感染病菌。

（6）其他工具　为防止接穗失水，可准备湿毛巾覆盖；为提高工效，一般准备桌子和凳子，方便操作。

3. 砧木和接穗的选择与播种

（1）砧木和接穗的选择　可选用日本杂交南瓜、黄籽南瓜或白籽南瓜。接穗品种符合市场要求，越冬设施栽培的品种要耐低温，弱光，抗霜霉、白粉病等，植株生长势强，产量高，品质好；早春设施栽培应以雌花节位低、瓜码密、不易徒长、早熟、抗病、优质品种为宜。

（2）用种量计算方法　用种量 = 所需成苗数（株）/（发芽率 × 出苗率 × 出苗利用率 × 嫁接成活率 × 成品苗率）

（3）砧木种子处理及播种　冬春季育苗，南瓜种子要比黄瓜种子早播 4 ～ 5d，夏秋季早播 3 ～ 4d。

① 砧木种子处理：砧木种子应在太阳下先晒 2 ～ 3d，播种前用 60 ～ 65℃的温水浸种消毒，浸种时要不断搅拌，直至水温降到 30℃后停止，自然冷却后用 0.1% 的高锰酸钾浸种 10min，清洗干净后浸泡 8 ～ 10h，清洗 2 ～ 3 遍后待播。在铺有电热线的温床上或催芽室内进行催芽，将砧木种子摊放在装有湿沙的平盘内，覆盖一层湿沙，再用地膜包紧。催芽温度控制在 30 ～ 32℃，有 70% 的种子露白时待播。

② 砧木种子播种：将配好的基质装入穴盘中，装盘时应注意不要用力压基质，用刮板从穴盘的一端刮向另一端，使每个孔穴都填满基质，尤其是穴盘四角和盘边的孔

穴也要填满。基质装盘时要求松实适度，过松则浇水后种子在穴孔里下陷严重，导致种子在穴盘里深浅不一，影响出苗的整齐度；过实则导致通透性变差，影响根系的呼吸，容易沤根。注意基质不要装得过满，装好后各个格室应清晰可见。装好的穴盘要进行压穴，以利于将种子播入其中，可用专门制作的压穴器压穴，压穴深度为1.0～1.2cm。也可将装好基质的穴盘垂直码放在一起，4～5个穴盘1摞，上面放1只空穴盘，两手平放在穴盘上均匀下压至达到要求穴深为止。播种时每穴孔1粒，种子平放，胚芽向下，覆盖珍珠岩或蛭石，刮平。覆盖完后的所有穴盘集中浇水湿透，以穴盘底部小孔见基质完全湿润但没有水渗出为宜。覆盖地膜保湿，最后将所有穴盘码放在催芽车上放入催芽室或温室中进行催芽。催芽时温度控制在白天27～32℃，夜间17～20℃。当种子70%幼苗拱土时，及时揭去地膜，温度平均降低2～3℃，以防发生徒长。对于发芽率不高或发芽不齐的种子，可以先集中催芽再播种，播种后继续催芽直至拱土。

③ 砧木苗管理：齐苗前蛭石不宜干燥，嫁接前1～2d适当降温控水，促进下胚轴硬化。夜间温度降低到12～14℃，白天保持在18～22℃，基质含水量50%～65%，培育健壮的幼苗。要进行喷药，防止猝倒病的发生，可喷施72.2%的银法利1000倍液。夏天气温高、温差小，砧木苗易徒长，出苗后可根据长势强弱喷施20%助壮素250～500倍液或15%多效唑可湿性粉剂3000～7000倍液。嫁接前3～4d砧木不可喷洒抑制剂，以免影响接穗的正常生长。冬季可降低夜间温度利用温差控制苗子长势。

（4）黄瓜种子的处理及播种

① 黄瓜种子处理：黄瓜种子播前用55～60℃温水浸种消毒，方法同砧木。浸泡6～8h，清洗2～3遍后待播。

② 播种：将消毒基质装入平盘内，刮平，将黄瓜种子撒播在上面，每盘约1500粒，再用基质覆盖2cm左右，浇水，覆膜，放在催芽室中，白天保持26～28℃，夜间保持14～16℃，基质水分保持65%～80%，进行促芽管理。3～5d后出齐苗（注意浇水不宜过多，否则影响种子发芽）。待80%左右拱土时移出催芽室及时见光。

③ 温度管理：黄瓜苗期短，育苗期间温度偏高则生长快，节间长；温度偏低生长缓慢，节间较短。不同的阶段温度管理的指标不同，出苗后3～5d，幼苗胚轴容易徒长形成“高脚苗”，因此要注意温度的控制，特别是夜温的控制，以白天24～27℃、夜间12℃为宜。夜间保持在14～16℃。到定植前5d，夜温再降到10～12℃进行低温炼苗。

④ 肥水管理：黄瓜苗期应经常保持穴盘基质的湿润，但要控制浇水次数与浇水量，基质相对含水量保持在60%以上，即根据秧苗大小和天气情况3～4d浇1次大水，期间每天使用小水或不浇水。浇水次数过多或过大则降低穴内基质温度并增加育苗环境湿度，容易诱发病毒和引起徒长；浇水过少则根系容易黄化、老化、活力差，甚至形成花打顶，移栽成活率低。用药浓度和用药量可以适当调节，主要是根据当时的天气情况，温度高和（或）光照弱时多用，尤其是夏季连续阴天时要重用，温度低和（或）光照强时可轻用。

接穗（黄瓜苗）的基质不宜过干，齐苗后要充分见光。嫁接前要做好病虫害防治，一般情况下齐苗后和嫁接前1d用72.2%普力克水剂600～800倍液加农用链霉素400万单位的混合液喷洒砧木和接穗，进行苗期病害的预防。

4. 嫁接

嫁接适期以砧木第一片真叶露心，茎粗 2.5 ～ 3mm，嫁接苗龄 7 ～ 15d 时为宜。黄瓜以子叶变绿，茎粗 1.5 ～ 2mm，即播种后 3 ～ 5d 为宜。砧木在嫁接前一天抹去生长点。嫁接前一天的下午砧木和黄瓜的基质要浇透水，使植株吸足水分。叶面喷杀菌剂和杀虫剂，嫁接工具用 70% 医用酒精消毒。

采用断根顶插接法，先处理砧木，用竹签紧贴任一子叶基部的内侧，向另一子叶基部的下方以 30° ～ 45° 扎孔，深度为 0.5cm，以不露表皮为宜。黄瓜苗可靠底部随意割下，每次割下的砧木和接穗不宜过多。嫁接时，在接穗苗子叶下部 1cm 处斜削 0.5cm 长的楔形切面。拔出竹签，将切好的接穗迅速准确地斜插入砧木切口内，要插紧，使接穗与砧木吻合，子叶交叉成“十”字形。从削接穗到插接穗的整个过程，都要做到稳、准、快。

5. 嫁接后苗床管理

（1）温度管理　嫁接后前 3d 温度要求较高，白大 25 ～ 30℃，晚上 15 ～ 20℃，温度高于 32℃时要通风降温，第 4d 以后根据伤口愈合情况把温度适当降低 2 ～ 3℃。8 ～ 10d 后进入苗期正常管理。

（2）湿度管理　嫁接后，前 2d 湿度要求 95% 以上，低湿时要喷雾增湿，注意叶面不可积水。随着通风时间加长，湿度逐渐降低到 85% 左右。8 ～ 10d 后根据伤口愈合情况，湿度管理可接近正常苗湿度管理。

（3）光照管理　嫁接后，前 3d 要遮阳，以后几天早晚见自然光，在管理中视情况逐渐加长见光时间和加强光强度，可允许轻度萎蔫。8 ～ 10d 后可完全去除遮阳网。

（4）通风管理　一般情况下嫁接后，前 2d 要密闭不通风，只有温度高于 32℃时方可通风，嫁接后第 3d 开始通风，先是早晚少量通风，以后逐渐加大通风量和加长通风时间，对萎蔫苗盖膜前要喷水。8 ～ 10d 后进入苗期正常管理。在嫁接后第 5 ～ 6d 喷 1 次 75% 百菌清 500 倍液和 72% 农用链霉素 4000 倍液预防苗期病害发生。

6. 嫁接苗成活后的管理

（1）及时去萌蘖　砧木虽然去掉了生长点，但在高温和高湿环境下还会不断长出新叶及腋芽，影响黄瓜苗的正常生长，所以嫁接成活后应及时去除萌蘖。

（2）肥水管理　成活后要适时控水，有利于促进根系发育。一般情况下基质较干后结合浇水喷 1 ～ 2 次叶面追肥，可选择 0.1% ～ 0.3% 的磷酸二氢钾或尿素。浇 1 次清水后，再浇氮、磷、钾含量为 15-10-15 和 20-10-20 速效肥水，浓度为 50 ～ 120mg/kg，两者交替使用。

（3）苗期病虫害控制

① 苗期虫害：主要有蚜虫、蓟马、潜叶蝇、菜青虫等，可选用 2.5% 溴氰菊酯乳油 2000 ～ 3000 倍液喷雾、1.8% 阿维菌素乳油 2000 ～ 3000 倍液喷雾、90% 灭多威 1500 ～ 2500 倍、50% 灭蝇胺 5000 倍液进行防治。

② 苗期病害：主要有猝倒病、立枯病、疫病、炭疽病、白粉病、叶斑病、霜霉病等，可选择 72.2% 普立克 600 ～ 800 倍、70% 甲基托布津 800 倍、70% 代森锰锌 800 倍、75% 百菌清 600 ～ 800 倍、25% 甲霜灵 1500 倍、80% 绿亨 2 号 800 倍、30% 特富灵 3000 ～ 5000 倍、10% 世高 2500 ～ 3000 倍、72% 农用链霉素 4000 ～ 5000 倍进行预防和

防治。杀虫剂和杀菌剂要交替轮换使用，每 7 ～ 10d 喷雾 1 次，防治效果很好。必须注意的是三唑酮等三唑类杀菌剂对瓜类的生长会产生药害，抑制其生长点的生长，在苗期应禁止使用。

7. 成苗质量标准及出圃前管理

（1）成苗质量标准　黄瓜嫁接苗苗龄一般选择 15 ～ 30d，具有 3 ～ 4 片真叶，叶片翠绿、肥大，根系已盘根，苗子从穴盘拔起时不会散坨，须根白色、健康，植株高度在 7 ～ 10cm 时即可定植。

（2）出圃前管理　出圃前 5 ～ 7d 要降低温度 2 ～ 3℃，并且要控制肥水，应增加光照，尽量创造与田间比较一致的环境，使其适应栽培环境。冬季出圃前必须进行一周左右的低温炼苗，白天控制在 20 ～ 23℃，夜间 10 ～ 12℃，可以达到提高移栽成活率的理想效果。

8. 成苗贮运

（1）贮存　当幼苗已经达到成苗标准，但由于气候等原因无法及时出圃，需要在圃中存放时，应适当降低育苗设施内的温度至 12 ～ 15℃，施用少量硝酸钙或硝酸钾，将光照强度控制在 25000lx 左右，灌水量以保证幼苗不萎蔫为宜。目的是既可延缓幼苗生长，又不至于造成幼苗老化。

（2）运输　成苗的运输可以采取标准瓦楞纸箱、塑料筐或穴盘架等包装形式，但必须标明蔬菜种类、幼苗品种名称、产地、育苗单位、苗龄等基本信息。长途运输时，装苗货箱温度应尽量保持约 12℃，基质含水量约 75%，并进行间歇式通风。幼苗到达定植地后应及时定植。

二、辣椒育苗

甜（辣）椒原产于中南美洲热带地区，属茄科植物。甜（辣）椒为喜温蔬菜，种子发芽适宜温度为 25 ～ 30℃，苗期生长的适宜温度范围为 20 ～ 28℃，以白天 25 ～ 30℃，夜间 15 ～ 18℃为宜，幼苗生长期间需要良好的光照条件，甜（辣）椒喜肥沃疏松、透气性好、pH 中性偏酸的基质。

1. 育苗前的准备

（1）穴盘　辣椒育苗主要选择 50 孔穴盘，如果育苗的苗龄较小或时间短可选择 128 孔穴盘（图 10-16）。

（2）基质　基质配比为：草木灰：蛭石 =2 ：1，或草木灰：蛭石：废菇料 =1 ：1 ：1，配制基质时每立方米加入 15-15-15 氮磷钾三元复合肥 2.5 ～ 2.8kg；或每立方米基质加入 1.3kg 尿素和 1.5kg 磷酸二氢钾（或 2.5kg 磷酸二铵），肥料与基质混拌均匀后备用。在播种前每立方米基质加 200 ～ 400g 50% 多菌灵粉剂拌匀。

2. 播种时间

根据生产需要及移栽期确定播种时间，为早春保护地生产供苗，定植期从 2 月底开始（日光温室）直到 4 月初结束（塑料大棚），故播种期从 12 月中旬～翌年 1 月上旬，视需要而定。春季小拱棚栽培的播种时间为 1 月 20 ～ 25 日，移栽期为 3 月 20 ～ 22 日。苗龄控制在 55 ～ 60d，5 ～ 7 叶 1 心时开始移栽。播种之前应该检测发芽率。穴盘育苗采用精量播种，种子发芽率应大于90%。种子在播种之前用温汤浸种，风干后播种。

图 10-16　辣椒穴盘苗

3. 播种

（1）基质装盘　装盘过程中基质要保持湿润；盘装满后不要镇压，轻轻抹平即可；用压孔器进行压穴，或将穴盘摞起来（高度为50～60cm），盘与盘之间对齐，用力均匀往下压，压出种孔，深度为1.2～1.5cm。注意每盘压出的种孔深度要保持一致，以利于出苗整齐、均匀。

（2）种子处理　将种子放在55℃温水中浸泡10～15min，并不断搅拌至30℃。还可采用0.5%的磷酸三钠，或0.3%的高锰酸钾溶液浸泡20～30min。经处理的种子需用水浸泡8～12h，并反复搓洗掉种子黏液和辣味，晾干待播。

（3）播种　把处理好阴干的种子播入播种穴内，每穴放1粒，注意一定要放在正中间的位置。

（4）覆盖　用蛭石覆盖，厚度为0.5～1cm，然后将苗盘喷透水保持蛭石面与穴盘面相平。

4. 催芽

播种后将苗盘放入催芽室，催芽室白天保持25～30℃，夜间20～25℃，一般放置4～5d，当苗盘中60%左右种子种芽伸出、少量拱出表层时，即可将苗盘摆放进育苗温室。

5. 出苗前的管理

摆盘后先用水浇透（水从穴盘底孔滴出），使基质最大持水量达到200%以上。再覆一层小拱棚，以增温保湿（也可直接在穴盘上铺一层地膜，3d后要查看是否出苗，避免烫苗）。4～5d后当苗盘中60%左右种子拱出表层时揭掉地膜。根据基质湿度情况在播种浇水后至出苗前，白天温度控制在25～30℃，夜间温度不低于15℃；当有10%的幼苗开始顶土时要立即降低温度，白天温度控制在20～25℃，夜间温度为13～15℃，以防幼苗徒长。穴盘苗一般7～9d出苗，注意每天检查出苗率。

6. 出苗后管理

（1）水分管理　出苗后，要适当控水、保持见干见湿。需要浇水时一般早上洒水，晚上只补水，待基质稍干时浇透水，尽量减少浇水次数。应选在晴天上午，切不可在晴天下午浇水，以防天气突变。定植前5d适当控水。成苗后起苗前一天或当天浇1次透水，使幼苗容易起出。采用喷淋系统要求喷淋均匀，查看是否有喷头堵塞，喷淋过程中要查看是否有死角，并作好标记，进行人工补喷。苗期空气相对湿度控制在50%～60%最为适宜。

（2）养分管理　苗期一般不追肥。2叶1心时即进入花芽分化期后，如果叶色浅，叶片薄，幼苗茎细弱时，可在需浇水时改浇营养液，营养液配方见表9-2，营养液pH以5.5～6.5为宜。遇长期阴雨雪天气，天晴后及时喷洒0.5%葡萄糖，以增加植株营养，防止植株过度衰弱。

（3）温度管理　播后出苗前：白天气温25～28℃，地温20℃左右，6～7d即可出苗。温度低时必须充分利用各种增温、保温措施，务求一次播种保全苗。齐苗后到子叶展平时：白天23～25℃，夜间7～15℃。子叶展开至2叶1心时，夜温可降至15℃，但不能低于12℃，有条件的可在3叶1心前进行补光，有利培育壮苗。

（4）光照管理　冬季育苗要尽量提高育苗床面的光照强度，可架设日光灯和张挂反光幕增加光照，生产上可以采用倒苗和疏苗办法改善幼苗光照，延长光照时间。遇连续阴雨天气，可进行人工补光。在2片真叶后，可以把穴盘间拉开10cm的距离，以利于通风透光，控制小苗徒长。

7. 炼苗

移栽前7～10d对幼苗进行锻炼。炼苗方法是逐渐降低温度，夜温可降到5～10℃，以提高幼苗的抗冷性。要加强水分管理，减少浇水，同时要逐渐揭去棚膜通风降湿。移栽前一般需3d以上敞棚，以适应外界环境。

8. 壮苗指标

冬季育苗40～45d，株高18～20cm，茎粗0.5cm以上，叶面积达100cm^2，5～7叶1心，现小花蕾，叶色浓绿，并略显紫色，根系发达，无病虫害。夏季育苗30～40d，株高15cm，茎粗0.5cm以上，叶面积达80cm^2，5～7片叶，现小花蕾，叶色浓绿，根系发达，无病虫害。

三、紫背天葵育苗

紫背天葵属秋海棠科多年生无茎草本作物。其根状茎球状，叶均基生，因嫩茎叶富含钙、铁等，营养价值较高，又有止血、抗病毒等药用价值。

1. 繁殖方法

紫背天葵有两种繁殖方法，一种是种子育苗，利用保护地栽培，一般春季开花，6～7月份可结实，8～9月份及翌年2～3月份可播种育苗，播种后10余天可萌芽，真叶5～6片时定植大田。幼苗成株后，可作无病毒母株无性繁殖用。另一种方法是直接扦插育苗，这是因为紫背天葵虽能开花，但很少结实，且茎节部易生不定根，插条极容易成活，适宜大面积生产使用。

2. 紫背天葵对环境条件的要求

紫背天葵喜温暖湿润的气候，生长适温 20 ～ 25℃，耐热性强，在夏季高温条件下生长良好；不耐寒，遇霜冻即全株凋萎。整个栽培过程中需水量较均匀，过于干旱时，产品品质下降。生长期间喜充足的光照，较耐阴，对土壤要求不严，较耐瘠薄土地。

3. 扦插时间

在无霜冻的地方，周年均可进行扦插，但在春秋两季插条生根快，生长迅速。所以一般在 2 ～ 3 月份和 9 ～ 10 月份进行。

4. 选择插条

扦插繁殖时，先从紫背天葵的无病、健壮植株上剪取具有一定成熟度生长健壮的枝条，不能选过嫩或过老的枝条作插穗。插条最好是 1 年生枝条，其生根发芽比 2 年生的老枝条快。插条长约 10cm 左右，带 3 ～ 5 片叶，需摘去基部的 1 ～ 2 片叶，即可扦插。也可用浓度为 150 ～ 300mg/L 的萘乙酸浸渍 2 ～ 8h，可明显地提高生根率、根长和根量。

5. 扦插

苗床土宜用细河沙土加一半碎草木灰或蛭石，掺均匀，不宜加肥料。按行距 20 ～ 30cm、株距 7 ～ 10cm，斜插于苗床，扦插深度为插条长度的 1/2 ～ 2/3，插好后喷水浇透，支小拱形支架，盖膜，保持床土湿润。春季扦插繁殖应加设小拱棚，保温保湿；早秋高温干旱、多暴雨的季节，可覆盖遮阳网膜，保湿降温，并防止暴雨冲刷。

6. 苗期管理

紫背天葵苗期管理的关键是掌握适宜的温湿度。温度一般以 20 ～ 25℃为宜。苗期还应注意保持床土湿润状态，过干过湿都不利于插条生根和新叶生长。湿度过大，易腐烂；过小影响生根。这样经过 15 ～ 20d 扦插的嫩枝即可长出新叶，成活生根。

项目实施

任务 10-4　黄瓜嫁接育苗

1. 布置任务

（1）教师安排“黄瓜嫁接育苗”任务，指定教学参考资料，让学生制订任务实施计划单。

（2）学生自学，完成自学笔记。

2. 分组讨论

（1）学生分组讨论，探究自学中存在的问题，交流心得体会。

（2）教师答疑，引导学生制订实施计划。

3. 任务实施

学生按照小组制订的实施计划实施任务。

4. 实施总结

（1）任务完成后，组织各组学生进行现场交流，探究自学中存在的问题，交流心得体会。

（2）教师答疑，点评。

（3）学生查找任务实施中存在的不足，并提交任务实施单。

任务 10-5　紫背天葵扦插育苗

1. 布置任务

（1）教师安排“紫背天葵扦插育苗”任务，指定教学参考资料，让学生制订任务实施计划单。

（2）学生自学，完成自学笔记。

2. 分组讨论

（1）学生分组讨论，探究自学中存在的问题，交流心得体会。

（2）教师答疑，引导学生制订实施计划。

3. 任务实施

学生按照小组制订的实施计划实施任务。

4. 实施总结

（1）任务完成后，组织各组学生进行现场交流，探究自学中存在的问题，交流心得体会。

（2）教师答疑，点评。

（3）学生查找任务实施中存在的不足，并提交任务实施单。

问题探究

蔬菜苗主要的育苗方法有哪些？为什么适合工厂化育苗？

拓展学习

一、茄子育苗

嫁接育苗已成为茄子栽培中的重要环节，也是茄子早熟、高产、优质的重要手段。幼苗质量对茄子的产量、品质以及茬口安排，都有着至关重要的影响。茄子嫁接栽培有许多优点：黄萎病、枯萎病发生率低；产量高，较自根苗提高 40% 以上；嫁接苗因砧木根系发达、长势强、株高及叶面积明显增加，对干旱、低温等逆境条件的适应性有所提高；始收期提早，采收期延长，产量提高。

1. 优良砧木和接穗品种选择

（1）砧木品种　生产上使用的砧木品种主要是托鲁巴姆，每亩用种量 10 ～ 15g。该砧木的主要特点：抗 4 种病虫害，即黄萎病、枯萎病、青枯病、线虫病，能达到主抗或免疫程度；植株长势极强，根系发达，粗根较多，根系吸收水分、养分能力强；茎呈黄绿色，粗壮，节间较长，叶片较大，茎及叶上有少量的刺。

（2）接穗（茄子）品种　选用具有植物检疫证明的种子，具有耐热、耐寒、抗病、品质佳、商品性好的高产优良品种。如布利塔（10-701Brigitte RZ）长茄、东方长茄

（10-765Oriental RZ）、爱丽舍（10-702Estelle RZ）、天园紫茄、兰杂 2 号、二苠茄等，每亩用种量 12 ～ 15g，是常规育苗用种量的 1/10 左右。

2. 育苗时间

砧木品种在定植 85 ～ 90d 开始选种育苗，播种出苗 30d 后再播接穗（茄子）种子；茄子品种一般在定植前 60 ～ 65d 开始选种育苗。

3. 种子处理与播种

（1）种子处理　砧木种子用 0.01% ～ 0.02% 的赤霉素浸泡 24h 后，将泡好的种子捞出装入干净布袋内，置于 25 ～ 30℃处催芽。每隔 2d 用清水冲洗 1 次，翻动种子 1 次，当种子露白时即可播种。茄子种子用 10% 的磷酸三钠溶液浸泡 20min，然后用清水洗净风干，同时除去秕子、杂质等，即可播种。

（2）基质处理　选用优质育苗介质，或按草木灰 6 份、珍珠岩 3 份、蛭石 1 份的比例配置，基质 pH 为 5.8 ～ 7。同时，每立方米基质中加入 50% 多菌灵可湿性粉剂 250g 加水拌匀，使基质持水量达到 50% 左右，用塑料薄膜覆盖，堆积密闭 24h 以上，打开薄膜风干使用。

（3）穴盘选择和消毒　砧木品种选择 32 孔穴盘，茄子品种选择 50 孔、72 孔穴盘。穴盘使用前用 1% 高锰酸钾溶液消毒，用清水冲洗干净晾干备用。

（4）装盘压穴　将基质均匀装入穴盘，用压穴器在装满基质的穴盘上压深 0.5 ～ 1cm 播种穴。

（5）播种　将种子点播在压好的穴盘中间，每穴 1 粒种子。

（6）覆盖　用蛭石覆盖，厚度为 0.5 ～ 1cm，然后将苗盘喷透水，保持蛭石面与穴盘面相平。

（7）浇水　按照勤浇、少浇的原则，将穴盘均匀浇透水，保持基质湿润。

（8）催芽　在催芽室内进行叠盘催芽，穴盘苗在 30℃叠盘催芽，砧木品种一般 15 ～ 20d 即可出土，茄子品种一般 6 ～ 7d 即可出土。然后降温，白天 25℃、夜间 15℃。待出苗后即可搬出催芽室，摆放在育苗中心。

4. 砧木、接穗幼苗期管理

（1）温度管理　出苗期，白天温度保持在 25 ～ 30℃，夜间 15 ～ 18℃；幼苗期，白天温度保持在 20 ～ 25℃，夜间 12 ～ 15℃。

（2）水分管理　出苗期，基质持水量达到 90% ～ 100%；幼苗期，基质持水量达到 65% ～ 70%。

（3）查苗、补苗　幼苗第 2 片真叶展开后把缺苗孔补齐，每孔 1 株。

5. 嫁接

（1）嫁接时间　砧木 5 叶 1 心、接穗 4 叶 1 心、直径达 4 ～ 5mm、半木质化时即可嫁接。嫁接前 1d 在砧木和接穗上喷 1 次 50% 多菌灵可湿性粉剂 500 倍液，在育苗中心的中间位置扣小拱棚，盖上棚膜、遮阳网，以备放置嫁接苗。

（2）嫁接方法

① 劈接法　将符合嫁接标准的砧木苗留在穴盘内，下部留 3.3cm，保留 2 ～ 3 片真叶，平口削去上部，然后在茎中间垂直切入 1 ～ 1.2cm 深，随后将接穗（茄子）苗在半木质化处

（茎紫黑色与绿色明显差异处）保留2叶1心去掉下端，一刀削成1～1.2cm的楔形，立即插入砧木切口处，上下茎对齐，用嫁接夹固定好，随后栽入嫁接穴盘（图10-17）。边栽植边放入已搭好的愈合室内，并浇水，做到愈合室内外不透气、不透光。

图10-17　茄子嫁接苗

② 套管嫁接法　此法是采用专用嫁接固定塑料套管将砧木与接穗连接、固定在一起。嫁接胶管采用橡皮筋乳胶管，胶管横径0.4cm，嫁接前把胶管剪成0.8cm长的胶管套备用。若买不到专用套管，也可用自行车气门芯（塑料软管）代替，所需砧木和接穗的幼苗茎粗度一致，当接穗和砧木都具有2.5～3片真叶、株高5cm、茎粗2mm左右时为嫁接适期。嫁接时，在砧木和接穗的子叶上方约0.6cm处呈30°角斜切一刀，将套管的一半套在砧木上，斜面与砧木切口的斜面方向一致，再将接穗插入套管中，使其切口与砧木切口紧密结合。此法的优点是：速度快、效率高、操作简便。由于套管能很好地保持接口周围的水分，又能阻止病原菌的侵入，有利于伤口的愈合，能提高嫁接成活率。幼苗成活定植后，塑料套管随着时间的推移，尤其是露地栽培的风吹日晒，会很快老化，掉落，不用人工去除。

6. 嫁接后管理

（1）温度　嫁接苗适宜愈合的温度，白天24～28℃，夜间20～22℃。冬季在温室内设小拱棚升温保湿摆放嫁接苗，夏季在育苗中心设遮阳网降温保湿摆放嫁接苗。

（2）湿度　为防嫁接后接穗萎蔫，空气湿度要保持在90%～100%，摆满苗后从穴盘面浇水。嫁接后前3d不要在苗上喷水，以防接口错位和沾水发病。前3d完全密封遮阴，第4d晚通边风，6～7d后早晚通风，此后逐渐加大通风量，每天中午喷水1～2次，9～12d后转入正常湿度管理。

（3）光照　为防止愈合室内温度过高和湿度不稳定，嫁接后要遮阴，避免阳光直接照射引起接穗萎蔫。嫁接后3～4d全天遮光，此后早晚透光、换气，避免发病；8～9d接口愈合，逐渐撤掉遮阳网，转入正常管理。

（4）嫁接苗伤口愈合后管理　嫁接苗在愈合室内成活后，要转移到育苗中心内进行管理，1～3d遮阳率达75%以上，相对湿度达80%以上，以后逐渐加大透光率和通风量，5～6d当嫁接苗成活后完全透光。苗盘干旱时要从苗盘底部浇小水，不要从上部喷水且水量不要高于嫁接口，以免影响伤口愈合。

（5）嫁接幼苗管理　摘除下部砧木的萌芽；将成活整齐的嫁接苗放在一个穴盘内，摆放在一起；把生长弱的苗子放在一个穴盘内，摆放在一起施偏心肥，使其尽快赶上壮苗。

（6）成苗期水分管理　成苗后基质持水量达到60%～75%，蹲苗期基质含水量降至50%～60%。

（7）通风　通过通风控制温度，调节湿度，培育壮苗。嫁接成活后逐渐加大通风量，逐步适应外界环境条件。

（8）叶面喷肥　嫁接苗成活后，结合喷水喷施0.3%磷酸二氢钾溶液1～2次或浇营养液。营养液配方：每1000kg水中加入尿素450g、磷酸二氢钾500g、硫酸锌100g，pH 6.2左右，总盐分浓度不超过 0.3%。

（9）炼苗　定植前 7 ～ 10d 加大通风量，对嫁接幼苗进行适应性锻炼，促使菜苗适应外部环境条件。

7. 适龄壮苗定植标准

嫁接后 15 ～ 30d，植株直立，茎半木质化，株高 20cm 以上，6 ～ 9 片叶，门茄现大蕾，株顶平而不突出，叶片舒展，茎粗壮，叶色偏深绿，有光泽，节间较短，根系发达，侧根数量多，根系和基质相互缠绕在一起，形成塞子状，根系完好无损，呈白色，无病虫危害症状。

二、甘蓝育苗

1. 播种时间

秋季选择在 7 月下旬至 8 月上旬播种，可用于秋延后露地栽培。冬季选择在 11 月初到 12 月份播种，可用于冬春茬和早春茬栽培。

2. 种子处理

播种前，需用温汤或药剂浸种消毒。温水浸种，先将种子浸湿，然后放入 55 ～ 60℃的温水中，搅拌 10 ～ 15min 后用清水浸泡 10 ～ 12h；药剂浸种，选用 75% 百菌清 800 倍液浸泡 10 ～ 12h。浸种消毒后，保湿催芽 20 ～ 24h 播种。如果包衣种子就不需种子处理。

3. 营养基质

营养基质按泥炭土、珍珠岩、蛭石体积 3 ∶ 1 ∶ 1 配制。粒径 0.5 ～ 1.0mm，容重 0.1 ～ 0.8g/cm^3，pH 6 ～ 7。

按基质总质量的 3‰ ～ 5‰ 加 45% 复合肥，或每立方米加 2.5kg 进口复合肥和 50g 硼砂，充分拌匀。按基质总质量的 0.5‰ 投入 25% 多菌灵可湿性粉剂，拌匀后喷水。基质含水量为最大持水量的 55% ～ 65%，基质手握后有水印且无滴水即可，堆置 2 ～ 3h 使基质充分吸足水分。

4. 穴盘

选用 54cm×36cm，规格为 100 孔的塑料穴盘。

5. 装盘

将配好的基质装在穴盘中，使每个孔穴都装满基质，装盘后各个格室应能清晰可见，松紧程度以装盘后左右摇晃基质不下陷为宜，并用木板刮平。多备 10% 的穴盘作为机动。

6. 播种方法

（1）人工播种

① 压穴　将装好基质的穴盘垂直码放在一起，4 ～ 5 盘 1 摞，上面放 1 只空盘，两手平放在盘上均匀下压，穴深 1cm 左右为止。或用自制的压穴板每盘压穴至要求深度。

② 播种　将种子点在压好穴的盘中，每穴 1 粒，播种深度 0.5 ～ 1cm，播后用基质覆盖，用刮板刮去多余基质，使基质与穴盘格式相平。种子盖好后，浇 1 次透水，以水刚好从盘底流出为宜，覆盖一层白色地膜保湿。

（2）机械播种　使用手动播种机或精量播种机播种，将装满基质的穴盘平放在播种机的台面上，用播种机压穴、播种，播后盖种浇水，覆膜保湿。

7. 苗期管理

（1）温度管理　甘蓝喜温和气候，也能抗严霜和耐高温。2 ～ 3℃时能缓慢发芽，但最适宜发芽温度为 20 ～ 25℃。播后 2 ～ 3d 检查出苗情况，当有 80% 出苗后在傍晚将地膜及遮阳物撤去。

出苗后的子叶期应降温至 15 ～ 20℃，真叶时期应升温至 18 ～ 22℃，分苗后的缓苗期间温度应提高 2 ～ 3℃。白天温度 20 ～ 25℃，夜间 12 ～ 18℃，30℃以上要通风降温。冬春育苗 3 ～ 4 片真叶以后，不应长期生长在日平均温度 6℃以下，防止春化。定植前 5 ～ 7d 又要逐渐与露地温度一致。特别是冬春育苗的秧苗，必须给以足够低温锻炼。夏季做好防暴雨冲刷，暴雨前盖膜避雨。

（2）水肥管理　播种前浇足底水，破心前不浇水，防止下胚轴过高形成高脚苗，当苗床表土发白时，浇 1 次透水，一般不干不浇，浇则一定要浇透。浇水选在晴天上午进行。4 片真叶时追施 1 次氮肥，每平方米 10g 尿素，随后喷水。中期用 1% 尿素加 0.2% 磷酸二氢钾进行叶面追肥。

（3）光照管理　甘蓝对光照的要求并不十分严格，但在生长过程中喜欢充足的光照，光照足时植株生长健壮，能形成强大的营养体，有利于光合作用和养分的积累。冬春保护设施内育苗应充分见光。当出苗整齐后，应立即除去上面的覆盖物，不要过长时间覆盖，防止出现高脚苗影响苗的质量。但盛夏阳光过强也不利于甘蓝的生长发育，中午结合温度管理覆盖遮阳网。

8. 壮苗指标

定植前 5 ～ 7d 将大棚覆盖物全部揭除，进行炼苗。当苗龄达到 4 叶 1 心时，即已成苗。此时苗高 12 ～ 15cm，根系发达，须根多，具 4 ～ 6 片真叶，茎粗 0.2 ～ 0.3cm，第一节间短，叶片深绿肥厚，颜色深，无病虫害，无机械损伤等。

项目三十二　常见园林花木苗木繁育技术

学习目标

知识目标

1. 掌握梅花、山茶花、月季、丁香、金银花苗木繁育技术。
2. 了解鹅掌楸苗木繁育方法。

能力目标

能独立完成一种园林花木苗木繁育过程。

思政与素质目标

1. 通过学习、查阅古书记载的育苗繁育史记，学习古人勇于实践、勤于钻研和善于总结的科学精神；

2. 通过实践苗木繁育研究新方法和手段，学习科研人员积极探索、攻克难题、刻苦钻研、勇于创新的精神，增加“学农爱农”自信心、“强农兴农”责任感，培养热爱劳动的品格；

3. 查阅“二十四节气”苗木繁育相关的民谣、谚语、风俗、诗词等中华优秀传统农耕文化，学习古人顺应客观规律、勇于实践、勤于钻研和善于总结的精神。

一、梅花

梅花别名春梅、干枝梅、红绿梅，可用播种、嫁接、压条和扦插繁殖。

1. 播种

6月份收种，清洗晾干，实行秋播。种苗3～4年即可开花，7～8年开花渐盛。如春播，应将种子混湿沙，层积保存，待翌春播种。

2. 嫁接

梅的砧木，南方多用梅或桃，北方多用杏或山桃。以杏做砧木，成活率高，耐寒力强。嫁接时间从12月份开始直到翌年3月下旬都可以。砧木要选生长健壮、干径为1.1～2cm的2～3年生的桃苗。母株必须长势旺盛，无病虫害；接穗取自树冠外围中上部粗壮充实、芽片饱满的当年生枝条。嫁接方法采用芽接。首先将砧木在离地15～20cm处截断，然后不同的方向和角度接上3～4个芽片，芽片间的距离为4～5cm。芽片长度为1.5～2cm，稍带木质部，要平整光滑，切勿损伤芽眼。砧木上削去的皮层要与芽片大小相同，深至木质部。芽片与砧木密切结合，两边形成层完全对齐，上下吻合，用塑料袋绑扎。嫁接后，随时抹去砧木上的蘖芽，促使养分集中，有利于接芽生长发育。当新枝长到10cm时，要及时解除塑料袋，并设立竹竿绑扶新枝，以免大风吹裂接口和吹折枝条。芽接也可于6～9月份进行，多用盾状芽接法。也可用切接、劈接、舌接、腹接等枝接，于春季萌动后进行；腹接时还可在秋天进行。也可在冬天以不带土的砧苗，在室内进行舌接，然后沙藏或出栽。

3. 压条

压条于早春进行，将1～2年生、根际萌发的枝条，用利刀环割枝条大部或1周，埋入土中深3～4cm。只在夏秋旱时浇水，平时不浇，于秋后割离，以后再进行分栽。

4. 扦插

硬枝扦插在长江流域一带颇为流行。在11月份进行，插条为1年生枝，长10～15cm，扦插前用含0.05%吲哚丁酸的溶液浸泡5～10s。

二、山茶花

山茶花别名茶花、曼陀罗树、耐冬，有播种、扦插、高空压条和嫁接繁殖。

1. 播种

果实一般在9～10月份成熟，成熟蒴果能自然从背缝开裂，散出种子。应及时采收、播种。

2. 扦插

扦插可分叶片扦插和短枝扦插两种。

（1）叶片扦插　时间掌握在3月初至7月初，选枝梢上部健壮的2年生叶片用剪刀沿柄斜剪下来，以2cm左右深度插入苗床，用中指和食指按紧，浇足水。以后视气温和湿度适量给水。盛夏季节遮阴并注意通风。一般在3个半月内生根，到第二年春天开始发芽抽枝。

（2）短枝扦插　时间一般在5～6月份。要选取成熟的枝条作插穗，插穗剪取后，随即剪成短穗。剪取2～3个节，长5cm左右，剪去基部叶片，保留上部一芽一叶，下面枝端剪成斜口，以300～500mg/kg萘乙酸处理8～12h后，冲洗干净，扦入深度2～2.5cm，浇透水，放置在阴凉处，经过60～80d，插穗基部已愈合生根，即可移栽在小盆中，由于小苗根系幼嫩，培养土要经过消毒，不带病菌，水肥管理要适当，经3个月左右，腋芽长成新梢。

3. 高空压条

此法是在山茶母树上的1～2年生枝条上环割去2～3cm宽的树皮，破坏割面形成层后，用薄膜将湿泥或苔藓等包裹在环割处周围，上下扎紧袋口，经2～3个月，待环割处长出不定根后，将枝干截下栽植。

4. 嫁接

嫁接一般用劈接法和靠接法。靠接时间以5月上旬至6月上旬为宜，选用实生5年生的一般山茶或野生云南山茶为砧木。接穗选2～3年生健壮枝条，直径与砧木等大。在选定接合处，用小刀各划一痕，再将利刀与接穗两者的形成层密切接合即可，然后用麻丝或塑料袋将两者剖开面接合紧密。靠接100d后可合生，这时分离母体，使成一株独立苗木。成活的山茶花，离开母体移置花盆后应放在避免烈日直晒和强风吹袭的地方，适时浇水，并随时除去砧木萌蘖。

三、月季

月季别名长春花、月月红、四季花，可用播种、扦插、嫁接繁殖。

1. 播种

月季采用播种法育苗，主要是为了选育新品种。果熟时果皮由绿色变为橙黄、橙红或褐色，应随熟随收，以3倍于果实量的湿沙拌和贮藏，果实经过冷处理，于3月上旬播种，去除果皮果肉，取出种子，点播在培养土上，间距1～2cm，上覆细土，厚约为种子的两倍，用浸盆法湿润盆土，上盖一层薄膜保湿。月季种子萌芽适温15～28℃。发芽后先出2片子叶，1个月后有真叶3～4片，待有5片真叶时，可移栽上盆。

2. 扦插

扦插是月季最主要的繁殖方法，用1年生的硬枝或当年生半木质化的枝条作插穗。硬枝扦插的插穗长15cm左右，有3个芽。秋季落叶后结合修剪选择健壮的枝条作插穗，当时扦插或沙藏到第2年春天扦插。在河沙或沙土上扦插，扦插深度一般5cm左右。

扦插后经常喷水保湿是生根成活的关键措施。为了扦插后容易生根和成活，可在1年生枝条上剪下一小段2年生枝。

在生长旺季，于枝条基部第3～4节叶的下部，进行宽度3mm的环状剥皮，15～20d后环切部位形成愈伤组织。然后剪下作插穗，长6～8cm，保留2～3片小叶。扦插深度2～3cm，扦插后15d左右生根。扦插数量少的用开花后的顶枝作插穗，一般在花落2d前后腋芽还没萌动时最好，生根容易。

月季也可水插，容器应不透光以防止藻类生长。将插穗插入水中2/3左右，容器口塞以棉花或泡沫塑料块固定插穗，使其不触及瓶底，放置在通风良好的地方，稍见阳光，忌暴晒。2～3d换1次清水，水质要清洁，温度适宜，一般25d后长出新根。

月季插穗扦插后先在基部切口形成愈伤组织，然后在愈伤组织上生根。大量繁殖时，无论哪种插穗，都可以用50mg/kg吲哚丁酸溶液处理插穗基部8～12h，能加速生根。

3. 嫁接

扦插不容易生根的或优良的品种用嫁接繁殖。嫁接苗比扦插苗生长快，当年就可育成粗壮的大苗，但一般4～6年后开始衰老。砧木用粉团蔷薇、野蔷薇、十姐妹等。

月季芽接生长快、开花早，可在整个生长旺季进行嫁接。当砧木树皮容易剥离时，操作方便。选取当年萌发的枝条作接穗，接穗上的腋芽要发育饱满充实。剪去叶片，从接穗芽的下方约1.3cm处往上切削，直到芽的上方大约2.5cm处，第2刀在芽上方1.3～2cm处做水平切口，把接芽切下，接着按切下的芽片大小，在砧木上先做垂直切口，后做水平切口，形成“T”形，用刀挑开砧木表皮，立即把接芽插进砧木接口中，使两个削面贴合对齐，然后绑扎。嫁接后遮阴，防雨淋。

枝接的南方可在冬季，北方可在叶芽萌动前进行。

四、丁香

丁香别名华北丁香、紫丁香，可播种、压条、嫁接、分株、扦插繁殖。

1. 播种

（1）种子　蒴果由绿变为黄褐色时，种子成熟，应立即连同果枝剪下，以防种子散落。采集果穗后置于通风干燥的室内阴干，不宜暴晒，有2/3蒴果开裂时脱粒。种子千粒重15g左右，发芽率65%左右。

（2）播种育苗　秋季播种，或精选后干藏春播。播种前用温水浸泡种子2h，春季在0～7℃的环境条件下沙藏1～2个月。露地畦播或垄播，播种后覆土2～2.5cm。沙藏的播种后15d左右出苗，没进行沙藏处理的需1个月左右出苗。苗期及时除草、浇水。北方寒地秋季起苗假植越冬，第2年按行距30cm、株距15cm，3～5片叶时移栽，到秋季能长成高1m的苗，再起苗假植越冬，第3年垄栽，株距30～40cm。

2. 压条

压条于初夏进行，不能大量繁殖。

3. 嫁接

嫁接多用于优良品种的繁殖。用欧洲丁香、小叶女贞、流苏、丁香等1～2年生实生苗作砧木。春季枝接，用劈接的方法；夏季和秋初芽接。女贞砧木容易萌芽，应随时剪除。

4. 分株

应在早春植株尚未萌动前进行，由于丁香根蘖萌生多，可用锹连根切取，掘取的幼株都要带有根系，便于成活。亦可在旧地培育，3 年可成株。

5. 扦插

丁香扦插生根属于较难的类型。可以用当年生没有木质化的嫩枝或花后 1 个月左右选当年生半木质化的健壮枝条作插穗。剪成长 15cm 左右，保留顶端 1 ～ 2 片叶，用 100mg/kg 吲哚丁酸溶液浸泡插穗基部 8 ～ 12h，在沙床上扦插，扦插深度 8cm 左右，插后控制温度在 25 ～ 30℃，湿度 90%，并注意遮阴。1 个月后生根。也可用硬枝扦插，扦插生根效果不如前者，用枝条中下部插穗的成活率明显高于枝条上部（带顶芽）插穗，硬枝扦插需在秋季采条，沙藏，第 2 年春季插入苗床。

五、金银花

金银花别名忍冬、二色花藤、鸳鸯藤、左旋藤，可用播种、扦插、分株、压条繁殖，以播种和扦插为主。

1. 播种

浆果变黑时种子成熟，采收后在清水中揉搓，取出沉入底层的饱满种子。随采随播，或风干贮藏到第 2 年春季播种。金银花种子千粒重 4g 左右。春播前 40d 左右，将种子用温水浸泡 24h，捞出后与 3 ～ 5 倍的湿沙层积催芽。当有 50% 的种子开裂露白时，按行距 20cm、幅宽 10cm 条播，每平方米苗床播种量 1.5 ～ 2g，盖草保温保湿，10d 左右出苗。出苗后适当间苗。移植宜在春季进行，选择 2 ～ 3 年生小苗裸根掘起后即可定植。

2. 扦插

金银花在春、夏、秋季均可进行扦插，南方以雨季最好。选择 1 ～ 2 年生健壮、充实的枝条，或夏季用当年生半木质化枝条作插穗，带 2 对叶片，去掉下部叶片，插穗长 15 ～ 20cm，下端靠近节间处剪成平滑的斜面。pH 5.5 ～ 7.8 最为适宜，扦插用疏松的沙质土。立即插入土中，或用 200mg/kg 吲哚丁酸溶液浸蘸插穗基部 10s。露地扦插的株距 15cm 左右，行距 20cm，室内扦插生根后移栽的，按照 5cm 的距离扦插。扦插后浇透水，扦插后半个月内不可日晒，应每天喷水，保持床上湿润，约 2 周即可生根。翌年移栽，当年即开花。

3. 压条

将靠近地面的 1 年生枝条刻伤，埋入土中 10cm，如果枝条较长可弯曲埋入土中，第 2 年春季挖出栽培。金银花生根非常容易。

4. 分株

金银花分生能力很强。在休眠期挖取母株，将根系及地上茎适当修剪后，进行分株栽培，也可出芽时分苗，在每个穴里栽 1 ～ 2 株，第 2 年开花。或保留 2/3 老株，连根带土分出 1/3 作种苗。

六、鹅掌楸

鹅掌楸别名马褂木，以播种繁殖为主，扦插次之。

1. 播种

实生苗 10 ～ 15 年开始开花，异花授粉，应采用人工授粉，种子发芽率可达 75%。10 月份采种，摊晒数日，洗净后干藏。春季行条播，20 ～ 30d 幼苗出土，长到一定高度后间苗，间苗后适度遮阴，注意肥水管理，一年生苗高可达 60 ～ 80cm。应逐年分苗培育。

2. 扦插

在 3 月上中旬进行，以 1 ～ 2 年生粗壮枝作插穗，长 15cm 左右，每穗应具有 2 ～ 3 个芽，插入土中 3/4，成活率可达 80%。移植在落叶后或早春萌芽前。应选择土壤深厚、湿润、肥沃的地段和半阴的环境栽植。冬季适当修剪整形。

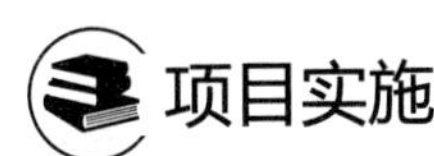

项目实施

任务 10-6　梅花嫁接育苗

1. 布置任务

（1）教师安排“梅花嫁接育苗”任务，指定教学参考资料，让学生制订任务实施计划单。

（2）学生自学，完成自学笔记。

2. 分组讨论

（1）学生分组讨论，探究自学中存在的问题，交流心得体会。

（2）教师答疑，引导学生制订实施计划。

3. 任务实施

学生按照小组制订的实施计划实施任务。

4. 实施总结

（1）任务完成后，组织各组学生进行现场交流，探究自学中存在的问题，交流心得体会。

（2）教师答疑，点评。

（3）学生查找任务实施中存在的不足，并提交任务实施单。

任务 10-7　山茶花扦插育苗

1. 布置任务

（1）教师安排“山茶花扦插育苗”任务，指定教学参考资料，让学生制订任务实施计划单。

（2）学生自学，完成自学笔记。

2. 分组讨论

（1）学生分组讨论，探究自学中存在的问题，交流心得体会。

（2）教师答疑，引导学生制订实施计划。

3. 任务实施

学生按照小组制订的实施计划实施任务。

4. 实施总结

（1）任务完成后，组织各组学生进行现场交流，探究自学中存在的问题，交流心得体会。

（2）教师答疑，点评。

（3）学生查找任务实施中存在的不足，并提交任务实施单。

问题探究

分析山茶花扦插苗成活率低的原因。

拓展学习

一、红叶小檗育苗

红叶小檗别名子檗、日本小檗，用播种和扦插繁殖。

1. 播种

种子发芽率高，在 10 ～ 11 月份采种，堆放后熟，将种子洗净阴干后冬播，或沙藏至翌年春播，覆土、盖草；4 月中旬发芽出土，及时揭草，遮阴；9 月初拆除阴棚。

2. 扦插

在春季进行，宜选用芽眼饱满的粗壮枝条作插穗，长 10 ～ 15cm，插入沙土中，插深 1/3 ～ 1/2，需遮阴或光照喷雾。

二、棣棠育苗

棣棠别名棣棠花、黄榆梅、黄度梅等，可用扦插、分株、播种、压条繁殖。

1. 扦插

扦插一般于早春萌芽前。结合剪枝整形，剪取木质化程度高的枝条 10 ～ 15cm 作插穗，或夏季用当年生半木质化枝条作插穗，保留上部 1 ～ 2 片小叶。插于沙、珍珠岩等基质上，距离 3 ～ 4cm，也可扦插在疏松土壤中，距离 4 ～ 5cm，插深 3 ～ 5cm。插后覆盖塑料薄膜，保持基质湿润，遮光。

2. 分株

多用于重瓣棣棠花的繁殖。棣棠萌蘖力较强，春季萌芽前将母株挖出，切根分株，剪去枯干枝梢及老枝。或在大的棣棠苗出圃时，在不影响苗木质量的前提下，剪下长有根系的分蘖苗。也可用播种、压条法繁殖。

三、绣线菊类育苗

绣线菊别名山高粱、八木条、华北珍珠梅、吉氏珍珠梅等，可用扦插、分株繁殖。

1. 扦插繁殖

（1）硬枝扦插　春季用 1 年生壮枝，剪成长 10 ～ 12cm 作插穗，直接扦插在露地苗床。

（2）嫩枝扦插　用当年新梢，剪成长 8 ～ 10cm 作插穗，仅保留顶端 1 ～ 2 片叶。插穗基部用 400mg/kg 吲哚丁酸溶液速蘸处理，然后扦插。扦插床应遮阴保湿。

2. 分株繁殖

绣线菊类植物萌蘖能力强，栽培几年后能形成较大的株丛。春季发芽前分株移植，按大小分级，大的直接栽植，小的移到苗圃。

复习思考题

1. 梅花育苗的方法有哪些？
2. 简述山茶花扦插育苗过程。
3. 月季育苗的方法有哪些？
4. 简述丁香分株育苗过程。
5. 金银花育苗的方法有哪些？

数字资源

参考文献

[1] 万蜀渊 . 园艺植物繁殖学 [M]. 北京：中国农业出版社，1996.

[2] 张力飞 . 园艺苗木生产实用技术问答 [M]. 沈阳：辽宁教育出版社，2009.

[3] 王庆菊，孙新政 . 园林苗木繁育技术 [M]. 北京：中国农业大学出版社，2007.

[4] 张力飞，王国东，梁春莉 . 图说北方果树苗木繁育 [M]. 北京：金盾出版社，2013.

[5] 王国东，张力飞 . 园林苗圃 [M]. 大连：大连理工大学出版社，2012.

[6] 蒋锦标，卜庆雁 . 果树生产技术（北方本）[M]. 北京：中国农业大学出版社，2011.

[7] 张传来 . 果树优质苗木培育技术 [M]. 北京：化学工业出版社，2013.

[8] 王国平，刘福昌 . 果树无病毒苗木繁育与栽培 [M]. 北京：金盾出版社，2002.

[9] 张耀芳 . 北方果树苗木生产技术 [M]. 北京：化学工业出版社，2012.

[10] 赵进春，郝红梅，胡成志 . 北方果树苗木繁育技术 [M]. 北京：化学工业出版社，2012.

[11] 侯义龙，杨福新 . 北方果树优质苗木繁育技术 [M]. 大连：大连出版社，2004.

[12] 刘宏涛等 . 园林花木繁育技术 [M]. 沈阳：辽宁科学技术出版社，2005.

[13] 蔡冬元 . 苗木生产技术 [M]. 北京：机械工业出版社，2012.

[14] 史玉群 . 全光照喷雾嫩枝扦插育苗技术 [M]. 北京：中国林业出版社，2001.

[15] 张福墁 . 设施园艺学 [M]. 北京：中国农业大学出版社，2010.

[16] 沈瀚，秦贵 . 设施农业机械 [M]. 北京：中国大地出版社，2009.

[17] 杨丹彤 . 现代农业机械与装备 [M]. 广东：广东高等教育出版社，2000.

[18] 王双喜 . 设施农业装备 [M]. 北京：中国农业大学出版社，2010.

[19] 李建明 . 设施农业概论 [M]. 北京：化学工业出版社，2010.

[20] 程祥之 . 园林机械 [M]. 北京：中国林业出版社，1995.

[21] 陈国元 . 园艺设施 [M]. 苏州：苏州大学出版社，2009.

[22] 别之龙，黄丹枫 . 工厂化育苗原理与技术 [M]. 北京：中国农业出版社，2008.

[23] 史玉群 . 绿枝扦插快速育苗实用技术 [M]. 北京：金盾出版社，2008.

[24] 司亚平，何伟明 . 蔬菜穴盘育苗技术 [M]. 北京：中国农业出版社，1999.

[25] 吕尚斌，位劼 . 山杏容器育苗技术 [J]. 北方果树，2011（3）：40.

[26] 周斌 . 西红柿的岩棉育苗 [J]. 农村实用工程技术，2003（8）：12 ～ 13.

[27] 王振龙 . 植物组织培养 [M]. 北京：中国农业大学出版社，2007.

[28] 刘宏涛 . 园林花木繁育技术 [M]. 沈阳：辽宁科学技术出版社，2005.

[29] 赵庚义，车力华 . 花卉商品苗育苗技术 [M]. 北京：化学工业出版社，2008.

[30] 尹守恒，刘宏敏，杨宛玉，张东丽 . 现代蔬菜育苗 [M]. 北京：中国农业科学技术出版社，2011.

[31] 王久兴，杨靖 . 图说蔬菜育苗关键技术 [M]. 北京：中国农业出版社，2010.

[32] 邢卫兵等 . 果树育苗 [M]. 北京：中国农业出版社 .1991.

[33] 陈海江 . 果树苗木繁育 [M]. 北京：金盾出版社 .2010.

[34] 殷镜堂等 . 苹果栽培实用技术 [M]. 济南：山东科技出版社 .1989.

[35] 林庆扬等 . 梨树栽培 [M]. 北京：气象出版社 .1992.

[36] 张仲诚等 . 葡萄栽培实用技术 [M]. 济南：山东科技出版社 .1989.

[37] 贾克孔 . 杏树栽培 [M]. 北京：中国农业出版社 .1990.

[38] 解进宝 . 枣树丰产栽培管理技术 [M]. 北京：中国农业出版社 .1989.

[39] 山西省教委．核桃栽培技术 [M]. 太原：山西高校联合出版社，1991.

[40] 张廷华，刘素林．园林育苗工培训教材 [M]. 北京：金盾出版社，2008.

[41] 刘振岩．果树实用新技术 [M]. 济南：山东科技出版社，1992.

[42] 高梅．果树生产技术（北方本）[M]. 北京：化学工业出版社，2009.

[43] 鞠志新．园林苗圃 [M]. 北京：化学工业出版社，2009.

[44] 黑龙江佳木斯农业学校．果树栽培学总论 [M]. 北京：中国农业出版社，1989.

[45] 俞禄生．园林苗圃 [M]. 北京：中国农业出版社，2002.

[46] 张开春．果树育苗关键技术百问百答 [M]. 北京：中国农业出版社，2009.

[47] 王国平．果树无病毒苗木繁育与栽培 [M]. 北京：金盾出版社，2002.

[48] 王国平．果树的脱毒与组织培养 [M]. 北京：化学工业出版社，2005.

[49] 李烨，赵和平，李红涛．浅谈苹果育苗存在问题及解决措施 [J]. 山西果树，2008（6）：35 ～ 36.

[50] 吕松梅．苹果育苗夏季管理技术要点 [J]. 果农之友，2008（7）：15.

[51] 王国平，洪霓，杨振英．果树的脱毒与组织培养 [M]. 北京：化学工业出版社，2005.

[52] 黄车辉，姚平．草莓高效栽培新技术 [M]. 沈阳：辽宁科学技术出版社，2001.

[53] 王凌诗．名优板栗核桃枣高产栽培技术 [M]. 北京：中国人事出版社，2006.

[54] 胡文哲．板栗育苗及嫁接技术 [J]. 河北林业，2005（1）：29.

[55] 郑金利．杂交榛子苗木繁育技术 [M]. 北方果树，2007（2）：41 ～ 42.

[56] 孟凡丽．园艺苗木生产技术 [M]. 北京：化学工业出版社，2015.